南方农区

肉羊

生态健康养殖技术

王梦芝 等 编著

中国农业科学技术出版社

图书在版编目（CIP）数据

南方农区肉羊生态健康养殖技术 / 王梦芝等编著 .—北京：中国农业科学技术出版社，2020. 8

ISBN 978-7-5116-4783-2

Ⅰ. ①南…　Ⅱ. ①王…　Ⅲ. ①肉用羊-饲养管理　Ⅳ. ①S826. 9

中国版本图书馆 CIP 数据核字（2020）第 094305 号

责任编辑　金　迪　崔改泵
责任校对　马广洋

出 版 者　中国农业科学技术出版社
　　　　　北京市中关村南大街 12 号　邮编：100081
电　　话　(010)82109194(编辑室)　(010)82109702(发行部)
　　　　　(010)82109709(读者服务部)
传　　真　(010)82109698
网　　址　http://www.castp.cn
经 销 者　各地新华书店
印 刷 者　北京建宏印刷有限公司
开　　本　710mm×1 000mm　1/16
印　　张　16. 25
字　　数　300 千字
版　　次　2020 年 8 月第 1 版　2020 年 8 月第 1 次印刷
定　　价　68. 00 元

《南方农区肉羊生态健康养殖技术》

编著委员会

主 编 著：王梦芝（扬州大学）

赵静雯（扬州大学）

副主编著：张振斌（扬州大学）

朱爱文（江苏农牧科技职业学院）

编著人员：吴非凡（扬州大学）

丁洛阳（扬州大学）

戚如鑫（扬州大学）

陈逸飞（扬州大学）

甄永康（扬州大学）

王　珊（扬州大学）

于　翔（扬州大学）

卢智奇（扬州大学）

前　言

肉羊养殖业已成为促进我国畜牧业可持续发展的重要产业之一。随着我国城乡居民生活水平逐渐提高，人们不断地对自身膳食进行改变，而羊肉因其蛋白质含量高、脂肪和胆固醇较低、肉质鲜嫩多汁的特点，越来越受到南方地区人们的喜爱，因此人们对羊肉的需求逐渐提升，为我国肉羊养殖业的发展提供了一个良好的环境。为更好地满足不断增长的市场需求，肉羊养殖人员应树立正确的养殖理念，运用科学的饲养方法、有效的疫病防治手段以及先进的品种改良等养殖对策，提升肉羊质量及产量。

本书共分为11章，包括南方农区肉羊饲养与消费现状，南方农区肉羊品种特点与选择技术，南方农区肉羊饲料资源状况，南方农区肉羊饲料加工技术，南方农区肉羊精准饲养技术，南方农区肉羊生态减排技术，南方农区肉羊饲养模式与畜舍设计，南方农区舍饲肉羊环境控制与福利生产，南方农区肉羊生产粪污处理技术等内容。全面系统地介绍了南方肉羊的饲养状态，从品种、饲料资源、饲养方式、防疫措施、饲养各环节存在的问题及其改良措施等，为提高农村肉羊养殖户的经济效益，进而推动肉羊养殖产业的稳定发展提供理论依据。

本书由扬州大学出版基金、科技部国家十三五重点研发计划子课题（2018YFD0502100）资助出版。

由于作者水平有限，书中疏漏之处在所难免，恳请同行和读者批评指正。

编著者

2020年6月

目　　录

第一章　南方农区肉羊饲养和消费状况

第一节　发展肉羊养殖的优势

我国南方主要包括江苏、安徽、湖南、湖北、四川、云南、贵州、广东、广西[①]、福建、江西、浙江、海南、台湾14个省区和重庆、上海2个直辖市，以及香港、澳门2个特别行政区（任继周和黄黔，2011）。南方地区土地肥沃，农作物品种丰富，以水稻、小麦、玉米、大豆、花生等农作物为主，是我国重要的粮食生产基地。南方地区大多位于亚热带山区和丘陵区，海拔多为800~2 500m，气候温暖湿润，雨量充沛，水热资源丰富，暖温带年降水量大于650mm，而亚热带和热带地区年降水量1 000~1 500mm，无霜期长，为180~250d，≥10℃的积温一般为6 500~9 500℃（任继周和黄黔，2011）。

在我国，发展肉羊养殖存在着多方面的优势，我国现在拥有较多的良种肉羊，如阿勒泰羊、小尾寒羊和湖羊等，并且还引进了国外的优良品种如加萨福克羊。肉羊的特点一般为体格健壮、生长较快、肌肉多于脂肪、产肉性能也最高（缪晓红，2016）。因此，近几年肉羊养殖受到广泛欢迎。肉羊对于环境的适应能力较强，饲养简单、食性较广、抗逆性很强。随着经济的进步，人们对食物的要求从原来对食品的数量需求转为对食品的质量要求。人们越来越重视高蛋白、低脂肪和低胆固醇的肉类食品，羊肉的蛋白质高于猪肉、鸡肉等，但脂肪含量却低于猪肉，特别是羊肉胆固醇低于几乎所有的肉类。因此，人们生活中对羊肉的需求量越来越大，养殖肉羊拥有广阔的市场。

---

① 广西壮族自治区简称，全书同。

第二节　我国发展肉羊养殖业的饲养现状

由于肉羊养殖业市场销路好，成本投资少，经济效益高，我国越来越多的地方提倡养殖肉羊，而肉羊养殖业也成为促进我国畜牧业可持续发展的重要产业之一。20世纪末，因为国家政策的倡导和支持，我国多数地区都发展了一定的肉羊养殖业，如山东、新疆①、内蒙古②、河南等地方，肉羊养殖业都出现了大发展的势头。但是因为我国生产力水平低，经营方式落后，肉羊养殖业尚处于发展初期，未形成系统的肉羊养殖体系，面对需求量极大的市场还远远不能满足消费者的需求。

但是近年来，我国基于对羊肉生产的认识和肉羊技术成就的积累，肉羊养殖呈现了新兴的局面，政府加大对肉羊养殖业所需的资金和科技投入，重视肉羊生产的基础设施建设，加大良种化技术推广，对肉羊养殖业的发展起到巨大的促进作用。而肉羊养殖业能够得到重视正是因为肉羊生产能充分利用天然资源、肉羊生产投资小、风险小、收益较高、市场前景广阔。现如今，我国经济快速发展，肉制品受到了人们的欢迎，全国肉羊养殖业迎来了新一轮的发展。但是，肉羊养殖业也存在着风险大、成本高的问题，这在一定程度上制约着农户加入肉羊养殖的积极性，调查显示，影响肉羊养殖经济效益的因素是多种多样的，要促进这一产业的可持续发展，需要针对这些影响因素进行深入的分析。

第三节　我国南方农区肉羊养殖业现状

近年来，随着我国城乡居民生活水平逐渐提高，人们不断地对自身膳食进行改变，而羊肉因其蛋白质含量高、脂肪和胆固醇较低、肉质鲜嫩多汁的特点，越来越受到南方地区人们的喜爱，人们对羊肉的需求逐渐提升，同时为我国肉羊养殖业的发展提供了一个良好的环境。随着肉羊养殖业的发展，农民开始逐步在南方农区开展肉羊养殖，这样不仅能降低肉羊养殖成本，而且能提高自身收入，同时实现互利共赢，并加快推动我国经济的发展。

① 新疆维吾尔自治区简称，全书同。

② 内蒙古自治区简称，全书同。

一、南方农区肉羊饲养基本概况

南方肉羊种质资源丰富，分布有29个山羊品种和9个绵羊品种，绝大部分地方品种缺乏系统选育，退化较严重，生长速度慢，产肉性能差，饲料转化率低。南江黄羊为我国培育的唯一肉用山羊品种（赵有璋，2011）。我国南方地区肉羊养殖主要以山羊为主，2005年以来，南方肉用山羊的存栏量、出栏量和羊肉产量总体呈下降趋势。其中四川省是南方肉羊养殖最重要的省份，是南方肉羊生产大省，2010年羊肉产量达24.8万t，占南方羊肉总产量的26.3%，并且一直呈持续增长的势头（国家统计局，2011）。根据2017年国家统计年鉴数据，2016年年底四川肉羊存栏1761.3万只，居全国第六位；羊肉产量26.9万t，居全国第五位。四川羊遗传资源丰富，被列入《中国畜禽遗传资源志·羊志》，通过国家鉴定的地方品种12个，培育品种3个（李强等，2018）。

2005—2009年年末，南方15个省（区、市）肉羊存栏数合计：2005年为7 343.3万只（中国农业年鉴编辑委员会，2005），2009年为5 555.7万只，2009年比2005年下降了4%（中国农业年鉴编辑委员会，2009）。除四川、湖北和上海外，其他省（区、市）年末存栏量2009年与2005年相比都有所下降。四川省年末存栏羊数居南方第一位，2009年所占比例为31%，与2005年相比呈增长态势。南方各省份以饲养山羊为主，绵羊只在云南等个别省份有一定存栏，因此，关注山羊存栏更具实际意义。南方各省份山羊存栏数2005年年末6 766.6万只，2009年年末5 205.9万只，2009年与2005年相比下降了23%，下降幅度最大的是江苏，山羊存栏量从2005年的1 155万只下降到2009年的419.2万只，下降了64%。但四川和上海仍保持增长势头：上海年末存栏山羊数从2005年的27.6万只增长到2009年的40.7万只，增长了48%；四川年末存栏山羊从2005年的1 276.2万只增长到2009年的1 573.6万只，增长了23%。南方各省份出栏量2005年7 198.6万只，2009年6 049.2万只，2009年比2005年下降了16%。在此期间，四川、云南、湖北、广东4个省保持了增长的态势，其中四川2009年出栏各类羊1 576.3万只，占南方当年出栏量的26%。南方各省份羊肉产量2005年为105.1万t，2009年为92.1万t，2009年比2005年下降了12%，只有四川、云南、湖北和广东保持了微弱的增长态势。2010年南方羊肉总产量94.4万t，占全国羊肉总产量的24%左右（国家统计局，2011）。统计数据显示，2015年我国南方地区羊存栏6 178.25万只，占全国羊存栏量的19.87%；山羊和绵羊的存栏量分别为5 778.98万只和399.27万只，2014年南方地区羊出栏及羊肉产量分别为6 434.0万只和101.0万t。2014年，南方地区羊年出栏500只以上的养殖场（户）数为5 811个，占全国的比重为13.0%（王世琴等，2017）。

二、南方农区肉羊饲养现状

南方肉羊养殖业的发展主要受区域经济和社会生态条件影响：广东、上海、江苏、浙江等经济发达省（市）羊肉消费量和销售价格较高，但肉羊产业效益比较低，很难继续扩大肉羊生产规模；贵州、广西、云南等欠发达省（区）少数民族聚居，羊肉消费量低，生态环境脆弱，肉羊业应在保护环境的前提下考虑扶贫政策慎重发展；安徽、湖北、湖南等省具有发展肉用山羊生产的优越条件，随着国家中部崛起开发战略的实施，区域性肉羊产业生态和社会效益受到重视（张子军和李秉龙，2012）。四川省肉羊养殖以放牧、散养为主，年出栏100只山羊的规模养殖比重不足20%，在规模化程度、舍饲化水平、生产效率和生产水平等方面都要落后于北方绵羊生产，在市场上容易受到北方绵羊产品的冲击。

（一）南方肉羊养殖业受制约的原因

任何产业的发展都会有一些制约条件，这些条件会限制产业发展于一定的状态，条件转变状态也会转变。找到制约南方肉羊产业发展的局限条件和突破这些条件的措施和方法，对推动产业发展至关重要。

（1）生物属性局限。羊繁殖率低，一般两年三胎或一年一胎，一胎1~3只，且出栏时间长，生产效率相对于生猪、肉兔、肉鸡和蛋鸡等畜禽较低。羊生产的低效率造成生产单位重量羊肉或活体羊的费用较高，会形成市场较高的预期生产成本，降低市场的预期收益，致使市场供应减少、价格较高。如四川省肉羊生产以山羊为主，占总存栏数的78.6%，山羊在舍饲条件下，对空间、草料品质的要求比绵羊高，生长速度普遍较绵羊慢，增加了养殖成本和管理成本。现代肉羊生产以高效为基础，首先要使用产肉效率高的肉羊品种作为生产工具，但现实中很难找到一个肉羊品种同时具有生得多、长得快、品质好等优点。所以现代肉羊生产一般采用生长速度快、胴体品质好的父系品种和繁殖力高、母性好的母系品种杂交进行商品化生产。

（2）可利用土地局限。南方农区多为小规模羊场，因其规模不足很难把成本降下来，尤其是应用新技术进行工厂化生产所增加的成本，比如按性别、按年龄阶段，按生产目的分段饲养，而分工恰恰是提高生产效率的基础。肉羊从放牧养殖到舍饲养殖会增加很多成本，包括建筑成本、人工成本、养殖设备购置和饲草料采购成本等，如果舍饲增加的预期收益小于或略高于其增加的预期成本，社会资本是不愿意进入这个产业的。

（3）饲草料供应局限。羊是草食性动物，饲养肉羊需要大量和稳定的饲草供应，南方地区草山草坡资源丰富，但地势不平，造成饲草种植、收割的成本较高；且南方地区高热高湿的气候，饲草不易加工成干草，大规模自制青贮如青贮窖、青贮槽等，管理不善很容易发霉；干草需从北方运入，运输成本较高。北方有较大平地，可以建筑大规模的羊场，北方土壤肥力和气候更适合种植玉米、饲草之类的作物，土地利用的机会成本不高，南方农区土地生长力强，可以种植很多效益较高的经济作物，但人均耕地有限，市场博弈使人们不会大面积种植适合做羊饲草的作物（比如玉米和饲草），而是种植效益更好的经济作物。

（4）市场局限。肉羊生产的低效率，造成其市场周期与生猪、肉兔、肉鸡、蛋鸡等生产效率高的产业无法相比，且传统放牧生产的养殖户机会成本较低，预期收入不高，该过程很难淘汰掉完全靠天吃饭的传统放牧生产；南方大部分地区羊肉消费仅限于冬季，季节性消费明显，且山羊肉的膻味和不易加工使羊肉很难进入老百姓的一日三餐，主要限于餐馆消费，市场羊肉消费量不大。羊肉消费市场小，加上土地、饲草料、品种等方面的局限，造成肉羊规模养殖赚钱效应不强，大的社会资本不愿意进入这个产业，产业集聚程度不足，从事这个行业的各方面人才（包括管理人员、科技人员，尤其是社会上以此为生的管理、科技、推广应用、销售人员）较少，减缓了全省肉羊的舍饲化、规模化的进程。国内商品市场的自由贸易，造成南方肉羊生产与北方绵羊相比缺乏比较优势，北方羊肉消费量较大，有较大的消费市场，更容易有社会资本进入进行大规模生产。北方从事科研的力量较多，科技的集中使其在新技术应用、各个养殖环节中的技术难题和降低生产成本等方面突破较快，生产水平较高，成本较低。从生产羊肉的角度看，北方绵羊生产成本优势明显，对南方肉羊生产和销售产生较大的冲击。

（二）南方农区肉羊养殖过程中的问题

在南方农区，肉羊饲养主要以当地肉羊品种为主，但在日常饲养过程中，很多养殖户由于不注重肉羊品种保护，不注重制订科学的饲养计划，不注重对肉羊品种性能进行改良，从而使肉羊的生产性能逐渐变差，生产能力逐渐下降，肉羊养殖周期逐渐变长（李金元，2019）。

现如今南方农区在饲养肉羊方面尚且存在一些问题，主要表现在以下几个方面：①当前，随着我国对于羊肉需求的不断提升，大部分农村地区开始开设养殖场以扩大自身的生产规模，导致肉羊质量有所下降。同时部分农民为了提升自身的利益，对养殖成本进行克扣，导致肉羊缺乏营养，进而使得肉羊质量降低，以致肉羊品质不合格。②农村地区土地较多且草地较广，因此比较适合肉羊养殖产业的发展。但是大部分农民过于重视肉羊的放养工作，却忽视对其进行饲料喂养以保证肉羊营养均衡，从而使得肉羊质量存在问题。③农民大多受传统养殖观念的影响，对肉羊的防病意识不强，因此多数参与肉羊养殖的农民不愿意在预防肉羊疾病的基础上投入大量资金，这就导致肉羊的死亡率在持续上升。④当前，南方农区养殖人员由于缺乏科学的养殖理念，对肉羊所需的饲粮配方营养尚不明确，会造成肉羊营养供给不均衡。在春夏两季时，肉羊采食青草较多易造成营养过剩；在秋冬两季时，由于肉羊采食青草较少，从而导致肉羊的营养状况渐差（甲达伍达，2015）。⑤南方农区肉羊养殖户主要以小规模养殖为主，自身筹集资金的能力有限，且地方政府部门的扶持政策不到位，在一定程度上限制了肉羊集约化、规模化养殖产业的进一步发展。但很多养殖户不注重对养殖场环境卫生的控制，肉羊饲养密度过大，饲养管理不到位，导致肉羊养殖环境较差，易发生重大传染性疫病，很大程度上影响了肉羊养殖业的发展（李金元，2019）。⑥南方地区肉羊养殖规模化程度不高，生产水平偏低，规模化羊场普遍存在羔羊死亡率高、母羊产后体况恢复慢、产羔周期长等问题（王世琴等，2017）。

（三）解决措施

在肉羊养殖过程中应建立科学系统的管理制度、积极应对养殖问题，总结经验和创新管理方法已成为肉羊养殖业面临的主要问题，也是现阶段的当务之急。此外，为保证肉羊制品健康，也要求创新管理理念、营造健康的环境卫生、建立圈养模式，促进肉羊产业更完善，提高肉羊品质，推动产业进步（黄玲红，2019）。

因此针对以上问题，南方各农区可以采取下列措施：①做好肉羊品种的改良，为了获取更高的养殖效益，养殖户应当选择优良的肉羊品种进行养殖，从而改良肉羊的质量。在引种过程中，严格按照相关规定从正规的肉羊品种培育单位进行引种，同时对引进肉羊进行全面的检疫，保证引进肉羊的健康，培育出具备更高质量的肉羊群（刘会杰，2019）；对肉羊品种改良滞后的问题，相关主管部门应当积极推广并且宣传新型的肉羊品种，帮助养殖户对其优势以及价值进行更好的了解，从而有效提高肉羊的抗病能力。②进行科学的饲养管理，在圈舍选址时，养殖户应充分考虑养殖规模以及肉羊的品种，尽可能选择靠近饲料场或牧场，同时具备良好通风条件并且干燥整洁的位置（刘会杰，2019）。羊舍设计要充分考虑当地的天气以及环境，应当在圈舍内设置专门的隔离区，羊只在引种后可经过一段时间的隔离观察，确保健康后才可混群饲养；大力推广科学的饲养方式，结合羊只不同生长阶段的营养需求提供不同的饲养方案，不可喂食发霉变质的饲料，要做好圈舍内的防寒以及保暖工作；此外，还需在养殖场内制定完善的消毒制度，做好圈舍的卫生清理以及消毒工作，为羊群提供一个良好的生长环境。③加强对肉羊疫病的防治工作，首先，应当不断提高养殖户的疫病防治意识，帮助其树立一个安全有效的防治理念；其次，养殖户还需加强对疫苗接种防疫工作的重视，在当地畜牧兽医主管部门进行疫苗的购买，从而保证疫苗的质量，严格按照相关操作规程做好羊群疫苗的接种工作；再次，在养殖过程中养殖户应当准确把握羊群的生长状态，一旦发现疫病必须进行详细的了解，及时聘请专业的兽医进行诊断及治疗；最后，在对羊群进行治疗的过程中，要对其单独饲养并加强管理，待其进入恢复阶段以后及时进行复诊，确保其康复以后才可进行混群饲养。④适度控制养殖规模，关于肉羊养殖规模的控制，要根据实际情况来定，其中包括场地的大小、成本的高低及养殖人员的数量。一般小型的养殖场地最好控制在 30~40 只，中型养殖场可以控制在 40~50 只，而大型养殖场则可以根据实际情况进行判定。倘若羊群较多，那么养殖人员的压力就会提升，并且无法进行全面管理，不仅会影响肉羊质量，而且会导致成本增加（李佳剑，2018）。⑤推广使用优质牧草，秋季青草枯萎，羊群可能会陷入缺粮的状态。因此，养殖人员应注重种植牧草。调查显示，适合肉羊生长的牧草主要有苜蓿草、三叶草。同时，在临近秋季的时候，养殖人员应注重对青草的保护及贮存，确保羊群的饮食均衡，进而保证其质量。⑥做好相应的保温措施，冬季羊群生长机能较差，抵抗力较弱，易遭受低温危害。因此，饲养人员应重视保温问题，如可以为养殖场安装供暖设备，防止肉羊生病。⑦做好驱虫和消毒工作，为肉羊提供良好的生长发育环境，降低肉羊疫病的发生几率，肉羊养殖人员应该定期进行驱虫工作。在实际驱虫中，肉羊养殖人员可以使用驱虫药物达到驱虫的目的，驱虫药物可以选择阿苯达唑、伊维菌素等广谱类药物。在使用药物驱虫前，应该先进行一定的驱虫试验，确保有效后再进行大面积使用，但需要对药物剂量进行有效的控制，避免出现用量过多或过少的状况，以达成较好的驱虫效果，并确保肉羊的健康生长发育不会受到影响。同时，饲养人员还需要重视对肉羊生长环境的消毒工作，对羊舍内进行及时清洁，为肉羊提供较好的生存环境，促进肉羊的快速、健康生长。在实际消毒中，肉羊饲养人员可以使用浓度3%的来苏尔溶液，以每20d为一个周期对羊舍以及其他用具进行彻底的消毒处理，在消毒过程中还需要做好灭鼠、杀虫等工作（李佳剑，2018）。

第四节　我国南方农区肉羊消费状况

随着经济的发展，人民生活水平的提高，动物肉食产品需求量不断增加。近几年来我国羊肉供应紧张，存在羊肉供不应求现象，导致羊肉价格不断增长，特别是寒冬季节，肉羊价格更高，极大地刺激了我国肉羊产业的发展。

一、我国南方地区肉羊消费量概况

据统计，2001—2016年我国羊肉的消费量由107.8万t增长到207.6万t，增长了92.6%，且增长势头依然强劲；同期羊肉产量由271.8万t增加到459.4万t，增长了69.0%（邵晞和苏长明，2019）。据统计，我国的羊肉需求量逐年增长，羊肉表观消费量从2005年的351.24万t增加到2015年的462.91万t，10年间增长了111.67万t（陈逸飞等，2018）。2018年受非洲猪瘟疫情流行肆虐影响，国内羊肉消费需求呈倍速增长趋势。消费市场的需求增量刺激肉羊产业快速发展，同时也暴露出肉羊产业发展后劲不足、投资乏力等问题，加快转型、适应需求正成为今后肉羊产业发展的新态势。南方羊产业发展参差不齐，2005—2009年，南方地区羊产业产值最大的省份是四川省，每年的产值均远远超过其他14个省（区、市），5年总产值为324.7亿元，其中产值最高的年份是2007年。而羊业产值最小的省份是广东省，5年的总产值为11.1亿元。2009年四川省羊产业产值达82.9亿元，是广东省羊产业产值的41倍（张子军和李秉龙，2012）。羊肉是中国重要的畜产品之一，2017年我国羊肉消费总量为494万t。

二、我国目前肉羊养殖经济效益的影响

近期，受到羊肉供给不足、市场消费需求旺盛、肉羊养殖成本上升等诸

多因素的影响，全国羊肉价格迅速上涨。羊肉价格的上涨对羊肉供给的增加有着积极的影响，直接促进羊肉进口，进而降低国产羊肉产品的价格与竞争力。但很多养殖户由于养殖规模较小，养羊业对我国的经济发展有巨大的促进作用，羊肉产品在我国的市场销量也非常快。而《全国肉羊产业发展调研报告》也表明了我国肉羊养殖业有巨大的发展潜力，羊肉产品也深受我国消费者的欢迎，我国居民的肉类消费提升特别快。由此也可以看出，肉羊养殖业与我国的经济发展和人民生活息息相关，肉羊与人们的联系越来越密切。但是毕竟我国肉羊养殖业还处于初级阶段，肉羊养殖的基础配套设施和技术还有很多欠缺，还需要不断地去改进和学习新技术，并学会合理运用肉羊专家决策咨询系统（辛冰，2014）。肉羊养殖具有养殖周期短、投资少、回报高和效益稳定的特点，同时肉羊具有耐粗饲、食性广、抗逆性强和适应能力强的特点。在我国各个地区都能养殖，与其他家畜相比，肉羊的经济效益较高。

（一）肉羊品种对于养殖经济效益的影响

品种是影响肉羊养殖经济效益的决定性因素，也是主要的因素，虽然任何品种的羊都可以为人们提供肉制品，但是不同品种的羊，其肉质与净肉率是存在一定差别的（亓辉和李华忠，2019），用于产毛的羊类是不适宜进行肉用养殖的，其净肉率仅有35%～45%。一些优质的肉羊品种，其净肉率能够达到70%，生长发育速度快，投入产出比高，这便可以有效减少农户养殖时间以及资金的投入量。此外，肉羊品种对于肉质也有着直接的影响，虽然我国一些早熟羊品种的净肉率高、出栏早，但是与其他国家的肉羊品种相比，依然差距较大，农户在肉羊的养殖中，缺乏目的性，一般会选择体型大、生长速度快的肉羊，但是这类肉羊口感差、营养低，无法与国外优质的肉羊品种相提并论，无法最大限度地提升经济效益。因此，在选择品种时，建议选择出栏快、肉质好、净肉率高的肉羊品种（陈平，2016）。

（二）繁育技术对于养殖经济效益的影响

提高肉羊繁殖率是提升养殖经济效益的重要手段（才仁措，2019），但是这一技术也是一个难点，若无法提升繁殖率，就需要引入其他品种的肉羊进行育肥，这不仅导致农户养殖成本大幅增加，且一旦引入病原菌，后果将不堪设想。调查显示，如果能够将母羊产仔间隔缩短到8个月，那么就能够将繁殖效率提高0.5倍，将原有的繁育成本降低30%。为此，可以采取合理的措施提升母羊配种成功率和羔羊的成活率，为了做到这一点，农户需要积极主动学习新技术，保证好养殖场内母羊与公羊比例搭配的合理性，保障自我繁殖的羔羊可以满足存栏需求。

（三）圈舍建造对于养殖经济效益的影响

圈舍建造属于肉羊养殖工作的一项重要前提，圈舍建造以及地址的选择会直接影响肉羊的育肥与繁育，如果圈舍选择错误，不仅会影响到肉羊的健康生长，也不利于肉羊出栏率和净肉率的提升，甚至会增加肉羊的发病率。在选择圈舍时，需要优先考虑凉爽、干燥和通风的区域，同时还要考虑到原料运输和产地问题，建议选择交通便利、原料产量丰富的区域，这可以有效降低运输成本。此外，在选择圈舍时，要注意避开污染区域重的地区，避免污染引起肉羊发病。在建造圈舍时，需要根据肉羊品种与气候环境进行选择，如果气候变化频繁，圈舍宜建造为封闭式，如果气候温和，可以选择半开放或者开放式圈舍。在圈舍大小的选择上，可以根据预计存栏量以及肉羊品种来决定，适宜大小的圈舍既能够满足肉羊的生长需求，还能够为它们提供必备的运动空间，有效提升肉羊的机体免疫力。此外，在建造圈舍时，还要充分考虑到通风和采光问题，只有综合以上各类因素，才能够为肉羊的生长提供良好的环境。

（四）饲养技术对于养殖经济效益的影响

1. 日粮搭配的影响

在肉羊养殖业中，饲料成本是最高的，采用科学的日粮搭配技术可有效提升肉羊养殖效益，饲料配方不同，那么其中的营养物质也是不同的。不同品种的肉羊，对于营养的吸收存在差异，因此，在搭配日粮时，必须要充分考虑到肉羊的品种，保障饲料供给的均衡和营养（潘永华等，2019）。

2. 育肥手段的影响

合理的育肥方式可以降低饲料成本，在养殖过程中，需要根据当地的自然环境来选择育肥方案，对于牧草丰富的地区，可以使用草料结合的育肥手段，在秋冬季节，增加饲料的配比。适宜的育肥手段能够提升肉羊生长速度，降低生产成本，提升农户养殖肉羊的经济效益。

3. 防疫技术的影响

肉羊常见的疾病包括寄生虫病、传染病以及普通疾病 3 种类型，寄生虫病会对肉羊的器官和组织造成损伤，导致肉羊贫血、消瘦；传染病则是由不同种类的病原微生物引起，有着高度的传染性，不仅会导致肉羊死亡，还会传染给其他的肉羊，导致疾病在整个圈舍中蔓延，如果未采取合理的干预措施，往往会导致大量肉羊死亡。在养殖的过程中，农户必须要提升自己的防疫意识，加强学习，采取科学合理的手段降低肉羊的发病率。此外，我国地大物博，每一个地区的人们都有着不同的消费和饮食习惯，作为养殖者，还需要时刻关注市场的变化，对于各个地区的肉羊需求进行分析，根据信息的变化来调整养殖方案，避免滞销问题的产生。

三、造成肉羊市场价格低迷的原因分析

现如今肉羊产业发展制约瓶颈多，主要体现在肉羊产业的农区散养户众多，养殖规模较小，养殖方式粗放，饲养管理水平差异大，肉羊产业组织管理标准化程度低、肉羊良种少，资金投入水平低。2017 年 6 月之前，羊价低迷了近 4 年之久，许多养殖户因此退出养羊业，没有退出的也不敢盲目补栏，且肉羊养殖周期相对较长，导致养殖出栏数量大幅降低，羊价随之上涨，寒冷季节羊肉需求旺盛，羊价呈现持续上升（樊慧丽和付文阁，2020）。

（一）价格差异大，进口羊肉保持高位

从全国来看，羊肉进口量连续 4 年处于高位。2013 年、2014 年、2015 年、2016 年我国进口羊肉分别为 25.87 万 t、28.29 万 t、23.26 万 t、22.04 万 t，2009 年我国进口羊肉数量约为 6.6 万 t，2013 年以后达到 20 多万 t，进口羊肉增长幅度大（姚华清和周玉琴，2017）。从南方地区来看，如龙山县，由于其山羊是放养饲养，因此羊肉品质好，肉鲜味美，2013 年以前，龙山县山羊基本是销售活羊，主要销往广东、浙江、上海、福建等地，2013 年以后，由于外贸羊肉进入和北方养羊业的迅速发展，对龙山县本地山羊销售带来了一定的冲击和抵制，肉羊从外销转内销，活羊价格从 28 元/kg 下滑到 16 元/kg；从价格上来看，据统计资料显示，2016 年上半年进口羊肉价格 16.916 元/kg，折算 17 元/kg，龙山县本地羊肉销售价格为 46 元/kg，进口羊肉价格远远低于本地羊肉，导致进口羊肉供给不断增加，本地羊肉销售受阻（姚华清和周玉琴，2017）。

（二）肉羊生长周期较短，形成产能过剩

我国是羊生产消费大国，羊肉产量稳居世界第一位，羊是草食动物，不与人争粮食，国家鼓励政策较多，加上羊肉价格偏高，农户盲目跟风，我国羊生产呈持续稳定增长。从全国来看，由于我国地大物博，羊只繁殖快，育肥快，肉羊发展迅速，特别是北方草原地区，规模化养殖加速发展，据资料统计，2000 年我国羊肉产量为 264.1 万 t，2015 年达到 441 万 t，增长

了67.0%。

（三）肉羊季节性销售强，形成积压滞销

从羊肉消费季节来看，羊肉性温，比较适合秋冬季天冷时进补，近年来，由于高端餐饮业不景气，购买力下降，致使羊肉需求下降；从羊只生产来看，春季是肉羊生长最佳季节，羊只生产旺盛，生长繁育迅速，养殖户舍不得卖。春节过后，肉羊逐步进入销售淡季，市场需求明显下降。每到秋冬季节，肉羊集中出栏，出现了养殖户恐慌性抛售，形成了“春季舍不得卖，冬季卖不掉”，且肉羊销售“越低越卖”，致使价格“越来越低”。

（四）肉羊销售链条长

从销售利益分配来看，从活羊到餐桌，一般要经过一至二级活羊贩运商，再经屠宰加工商、市场销售环节才上餐桌，大部分利润被中间经销商所获得，养羊人不能分享销售带来的中间利润，而养羊户作为整个产业链最底层，收益最少，直接或间接挫伤了养羊户的积极性；从宏观经济增长来看，物价上涨，工资水平整体不高，城镇居民对羊肉的购买力不够，猪肉、鸡肉消费替代羊肉，这样导致消费群体也在下降，造成产业链条受阻。

四、提高南方肉羊养殖经营效益的有效措施

（一）掌握市场经济规律，摆脱困境

养殖业成功与否主要看生产与销售，既要高效生产，还要顺畅销售，才是完整的产业链。市场低迷对于资金缺乏、技术不通、管理不精和投机取巧的养殖户来讲就意味着要倒闭或转行退出；但对于资金和技术雄厚，精于管理，逐步迈向规模化、标准化、生态化、集约化的养殖场是更大的机遇和挑战，遵循市场规律，抓好养殖各个环节的节能降耗，向生产要质量，向管理要效益，向环保要健康，向市场要地位。

（二）精心饲养管理，节能高效利用

1. 加强选育，提高羊群的繁育力

既要选好母羊，更要选好种公羊。“母羊好，好一窝，公羊好，好一坡”，选留高产母羊，及时淘汰生产性能差的母羊，充分利用杂交优势，选择优良血统的南江黄羊、波尔山羊、努比亚羊公羊作为父本进行杂交改良，繁育良好的育肥后代（姚华清等，2015）。

2. 减少羔羊死亡率，提高羊群成活率

特别是冬末初春的羔羊管理，此时草料枯尽，羊群体能消耗较大，母羊体弱奶少，如不精心管理，及时补料，易造成羔羊生病死亡，每只羔羊都要母羊妊娠 5 个月，如果羔羊不幸夭折，母羊就白白饲养了 5 个月，养殖效益就大大降低。要搞好羔羊“初生护理，早吃初乳，吃好常乳”，保证母羊中等膘性，有充足奶水。

3. 科学育肥，适时出栏

不留种用的小公羊要在 1~2 周及时去势，在 2 月龄进行断奶育肥，适时驱虫，补充微量元素和钙；增强羊群保健，适当饲喂碳酸氢钠、益生素、维生素等，可健脾胃，助消化，提高饲料转化率，降低患病率（姚华清等，2015）；广泛了解市场动态，抓住时机，根据市场需求适时出栏，一般山羊适宜在 6~8 月龄出栏，最适出栏体重本地山羊为 20~30kg/只，杂交改良羊为 30~40kg/只，南江黄羊为 40~50kg/只，既符合羊只的生长规律，又符合市场需求（姚华清和周玉琴，2017）。

4. 调整羊群结构，优化养殖效益

根据草山草坡，草地面积以“草定畜”，发展适度规模羊群，采取轮牧、轮场或休牧，让牧草有生长缓和期，收集农作物秸秆加以综合利用，种植优质牧草，让羊群在冬末初春枯草季节有料可吃，安全越冬；调整羊群结构，及时淘汰老弱病残，公母比例适当，南方放养羊群种公母比 1∶30 为宜，成年母羊数应占羊场总存栏数的 55%~70%，保持较高的繁育力，一般羊群结构为幼年羊占 20%，青壮年羊占 65%，出栏羊占 15%（姚华清和周玉琴，2017）。

5. 科学实施防疫驱虫，减少损失

根据本地流行病学科学制订防疫方案，并严格按防疫程序接种免疫，保持羊舍清洁干燥，定期消毒（夏天半个月 1 次、冬天 1 个月 1 次），定期驱虫（一般 1 个季度 1 次），在春秋可适当增加驱虫次数，消毒药、驱虫药要经常更换，保证羊只健康无疾，保证羊只生产性能在最高水平，发挥最高生产效能。

6. 抓品质创品牌，提高产品效益

南方地区草地山场广阔，全县草地覆盖率达到 71%以上，气候温暖湿润，牧草种类繁多，山羊可采食牧草近 200 种，山羊养殖以放牧为主，属于原生态放养野山羊，羊肉品质好，营养价值高，味道鲜嫩，要倾力打造属于本地特色的山羊品牌，积极创建申报有机食品、绿色食品、地理标志产品及国家级、省级名牌山羊产品，加快“三品一标”认证，提升山羊养殖品牌及羊产品加工业水平，提高养殖效益，增加附加值。

7. 充分发挥经济合作组织作用“抱团发展”

积极引导养殖户组建专业养殖合作经济组织，实现由养殖户“单打独斗”向“抱团发展”的转变，发挥企业能人带头作用，创办或引进龙头企业，走养殖一体化、产加销一条龙途径，寻找市场新蓝海，开发麻辣羊肉干、羊肉丸、鱼羊鲜火锅等新产品，延伸产业链条，促进山羊养殖业快速走出市场低迷期，增加农民收入。

8. 政府扶持，稳定市场

针对当前市场羊肉价格情况，政府应积极寻办法找途径，希望通过加强宣传、招商引资、加大储备、奖补养羊业等措施，保障市场供应，稳定羊肉价格。

五、影响消费者选择羊肉的因素

大多数人在购买羊肉方面更注重其质量，尤其是其本身的膻味，更多的是注重其感官指标，化学指标和物理指标我们肉眼是无法观察到的，因而人们更多的是注重羊肉通过其一系列感官指标所反映的质量。

在众多感官指标中，我们最为容易观察到的就是羊肉的肉色，肉色就是指生羊肉的颜色及光泽，但肉色并不影响羊肉的营养价值和风味，但它是最能影响人的感官指标，肉色的好坏决定了消费者的认同程度。席继锋等（2016）研究发现，肉羊青贮饲料组成不同也会对羊肉肉色产生显著影响。杨桂林（2017）研究发现，如果饲料中长期缺铁会导致血液中铁浓度下降，就会使羊动用肌肉中的铁来补充血液中缺乏的铁，从而会使肉的颜色变浅；同时如果维生素缺乏也会使肉色呈现苍白色，且肉质没有弹性。因此，研究表明，在日粮中添加氧化镁可提高肌肉中肌红蛋白的含量，从而改善羊肉的肉色。羊肉的大理石纹也是我们选择优质羊肉的指标之一。李义海等（2018）研究发现，在羊饲料中增加能量和蛋白质饲料，可以增加羊体内脂肪的沉积量，从而使肉的横切面呈现大理石纹。当对羊肉进行烹饪时，我们就对其香味、鲜味和膻味更加敏感。已报道的羊肉中挥发性香味有烷烃、内酯、酮、醛、醇及杂环化合物，对羊肉香味的贡献大小取决于各种挥发物香味值的大小。并且肌肉中的氨基酸含量及其组成与香味有直接关系，而日粮中蛋白质饲料氨基酸的组成直接影响肌肉中氨基酸的组成。对于羊肉的鲜味，风味物质增强了羊肉中的脂肪含量及纤维物质肌苷酸的含量，可改善羊肉鲜味；中草药可以提高肌肉中鲜味从而延长揉肉新鲜度。相较于羊肉的鲜味和香味，膻味更受大家的关注。膻味主要来源于羊脂肪中的挥发性物质，羊肉脂肪中的甲基支链饱和脂肪酸是羊肉膻味的主要贡献物质，C_6、C_8、C_{10}等低级挥发性脂肪酸视为羊肉致膻的主要成分，其中 C_{10}起主要作用。研究表明，酚类化合物和羟基化合物也可能引起羊肉的膻味。在日粮方面，给羊饲喂低能量高蛋白饲料，会使羊肉的膻味增加，主要由于高蛋白质可能使脂肪中粪臭素浓度增高，从而加重膻味。大量研究表明，以谷物作为主要饲料喂养羊，羊肉膻味较弱。前人研究发现有一种新型饲料，是磨好的和经过加工处理的多种非饱和饲料，添加料通常为向日葵籽、棉籽或花生仁等，可使肉羊成为无膻味和生长快的瘦肉型肉羊。刘德顺（2009）研究发现，限制油脂用量，使羊肉中脂肪酸含量低于 20%以下，可降低羊肉的膻味。当羊肉烹饪完成时，羊肉的嫩度又成为人们评价羊肉口感的指标。研究发现，低蛋白饲料可减少胶原蛋白合成量，不利于胶原蛋白交联结构的生成，进而影响肌肉的嫩度。因此想要改善羊肉嫩度，可以在日粮中添加高水平的维生素 E，也可以改变日粮中脂肪的组分和含量，还可以添加油籽、半胱胺和维生素 D。研究表明，羊肉的多汁性与系水力和脂肪含量紧密相关，通常系水力越大，多汁性就越好。

六、南方农区肉羊市场特点

南方羊肉市场有自己的特点，羔羊肉需求增长很快，对大羊肉需求基本保持稳定。羔羊肉是 4~12 月龄羊生产的肉，大羊肉是大于 12 月龄羊生产的肉（姜勋平等，2018）。南方羔羊肉主要用于烤全羊、火锅或生鲜，大羊肉主要用于羊汤。随着人民生活水平的提高，我国羊肉消费由以前冬季消费为主转变为全年消费，为了适应南方羊肉市场需求，主要用本地品种作母本，引入父本品种杂交，生产二元或三元杂交羔羊（旭日干，2015）。山羊常用的优势杂交组合有：波尔山羊（♂）×本地品种（♀）、努比亚山羊（♂）×本地品种（♀）、波尔山羊（♂）×［努比亚山羊（♂）×本地品种（♀）］。绵羊常用的优势杂交组合有：杜泊羊（♂）×湖羊（♀）、杜泊羊（♂）×小尾寒羊（♀）、杜泊羊（♂）×［东弗里生（♂）×湖羊（♀）］（姜勋平等，2018）。

在肉羊产业链上，家庭羊场主要承担繁殖任务，公司搞集中育肥和屠宰加工，生产链用订单方式组织。家庭羊场有自己的地产原料，生产管理精细，饲料成本优势明显，成活率高，采用绿色环保的循环农业模式，环保成本低、压力小。大公司则具有资金优势，市场推广能力强，大规模集中育肥效率高，屠宰加工后市场价值容易实现。产业链上的这种分工是多年摸索出来的，因为这种生产模式能充分利用双方的生产优势，发挥公司和家庭羊场各自的长处，生产效率和效益都较好。在产业发展初期，一些企业期望实现全产业链经营，实践证明这种模式不可行，主要问题在于绵羊集中繁殖成本高。山羊集中繁殖不仅成本高，而且母羊和羔羊的死亡率也很高。经过多年反复亏损的教训，他们找到了自己在产业链中的位置，逐渐成为产业链经营的组织者和领导者，开展与家庭羊场的深度合作，双方都提升了经营能力。毫无疑问，利用肉羊“分散繁殖，集中育肥”的生产特点，摸索多年的“公司＋家庭羊场”的生产组织模式是高效和成功的（姜勋平等，2018）。

第五节　总结

随着我国社会经济的快速发展，人们对羊肉的需求也在不断提升。为更好地满足不断增长的市场需求，农村地区的肉羊养殖人员应该树立正确的养殖理念，运用科学的饲养方法、有效的疫病防治以及先进的品种改良等养殖对策提升肉羊质量及产量，提高农村肉羊养殖户的经济效益，进而推动肉羊养殖产业的稳定发展。

参考文献

才仁措. 2019. 影响肉羊养殖效益的关键因素分析［J］. 今日畜牧兽医，35（9）：50.

陈平. 2016. 肉羊养殖经济效益分析［J］. 中国畜牧兽医文摘，32（3）：89.

陈逸飞，邹益东，倪俊芬，等. 2018. 南方农区肉羊养殖存在的问题及对策［J］. 现代农业科技（18）：227，233.

樊慧丽，付文阁. 2020. 我国羊肉市场价格波动影响因素分析［J］. 畜牧兽医杂志，39（1）：27-31，34.

国家统计局. 2011. 中国统计年鉴［M］. 北京：中国统计出版社.

黄玲红. 2019. 肉羊养殖存在的问题与应对策略［J］. 畜牧兽医科技信息（3）：53-54.

甲达伍达. 2015. 农村地区肉羊养殖的主要问题及其解决对策［J］. 湖北畜牧兽医（12）：25-26.

姜勋平，朱德江，沈洪学，等. 2018. 南方家庭羊场舍饲生产模式和品种选择［J］. 养殖与饲料（11）：28-29.
李佳剑. 2018. 农村地区肉羊养殖存在的问题及对策［J］. 河南农业（11）：70，72.
李金元. 2019. 肉羊养殖现状与养殖技术［J］. 畜牧兽医科学（电子版）（6）：84-85.
李强，王小强，杨舒慧，等. 2018. 四川肉羊产业的局限条件及发展思路［J］. 中国畜牧业（23）：31-33.
李义海，张禹，张效生，等. 2018. 日粮对羊肉风味和品质的影响［J］. 黑龙江畜牧兽医（23）：39-42.
刘会杰. 2019. 肉羊养殖中的问题与解决策略［J］. 畜牧兽医科技信息（2）：75.
刘顺德. 2009. 饲料能量、品种类型和加工形态对羊肉风味的影响［J］. 饲料广角（7）：24-26，30.
缪晓红. 2016. 影响肉羊养殖效益的关键因素［J］. 兽医导刊（14）：240.
潘永华，邱卫东，甘露. 2019. 肉羊养殖效益的提升与技术措施［J］. 中国畜禽种业，15（5）：125.
亓辉，李华忠. 2019. 肉羊养殖中的问题与应对策略初探［J］. 农业开发与装备（5）：237.
任继周，黄黔. 2011. 岩溶山区的绿色希望：中国西南岩溶地区草地畜牧业考察报告［M］. 北京：科学出版社.
邵晞，苏长明. 2019. 当前肉羊产业发展现状分析与前景展望［J］. 畜牧兽医科技信息（3）：7-8.
苏菲娅·哈斯木，克依木江·吾斯曼. 2019. 肉羊养殖现状及养殖技术［J］. 畜牧兽医科学（电子版）（8）：82-83.
王世琴. 2017. 我国南方地区肉羊养殖现状及饲料对策［C］. 中国畜牧兽医学会养羊学分会. 2017 年全国养羊生产与学术研讨会暨养羊学分会第七次全国会员代表大会论文集 . 中国畜牧兽医学会养羊学分会：中国畜牧兽医学会养羊学分会，2017：148.
席继锋，邓双义，王香祖. 2016. 影响羊肉风味的因素研究进展［J］. 中国畜牧兽医，43（5）：1237-1243.
辛冰. 2014. 肉羊养殖现状及肉羊专家系统的开发与应用［J］. 农民致

富之友（20）：261.
旭日干. 2015. 专家与成功养殖者共谈现代高效肉羊养殖实战方案［M］. 北京：金盾出版社.
杨桂林. 2017. 影响羊肉品质的饲料因素及营养调控措施［J］. 现代畜牧科技（3）：49.
姚华清，姚华鑫，彭永斌. 2015. 南方山区山羊养殖管理技术要点［J］. 中国畜牧兽医文摘（6）：83-84.
姚华清，周玉琴. 2017. 浅谈提高南方山区山羊养殖效益的应对措施［J］. 基层农技推广，5（6）：86-88.
张子军，李秉龙. 2012. 中国南方肉羊产业及饲草资源现状分析［J］. 中国草食动物科学，32（2）：47-51.
赵有璋. 2011. 羊生产学［M］. 3 版 . 北京：中国农业出版社.
中国农业年鉴编辑委员会. 2006. 中国农业年鉴［M］. 北京：中国农业出版社.
中国农业年鉴编辑委员会. 2007. 中国农业年鉴［M］. 北京：中国农业出版社.
中国农业年鉴编辑委员会. 2008. 中国农业年鉴［M］. 北京：中国农业出版社
中国农业年鉴编辑委员会. 2009. 中国农业年鉴［M］. 北京：中国农业出版社.
中国农业年鉴编辑委员会. 2010. 中国农业年鉴［M］. 北京：中国农业出版社.

第二章　南方农区肉羊品种特点与选择技术

第一节　南方农区肉羊品种概况

自然区划概念的南方农区，特指我国东部季风区的南部，主要包括秦岭—淮河一线以南的汉地九州地区，其东临东海，南临南海。行政区划上主要包括江苏大部、浙江、上海、湖南、湖北、安徽大部、云南大部、江西、贵州、福建、四川东部、重庆、陕西南部、广东、广西、海南、台湾、香港及澳门等地区。南方农区地势上西高东低，地形以平原、盆地和高原为主。气候上该地区以热带亚热带季风气候为主，夏季高温多雨，冬季温和少雨，年降水量在 1 000~1 500mm。在这些得天独厚的气候条件下，其以水稻、玉米、大豆、花生等为主的农作物产品丰富，2019 年南方农区粮食总产量为 27 233.12 万 t，约占全国粮食总产量的 41.39%。除了有着丰富的农作物秸秆资源，优越的水热条件还使得南方农区有着丰富的饲草资源。我国总的草原面积约为 39 283 万 hm^2，其中南方农区共有天然草地面积约 7 958 万 hm^2。另外，与北方地区相比，南方水热条件好，单位面积牧草产量高，牧草生长期长，能够全年为草食家畜提供饲料资源。

一、南方地区肉羊品种及品种概述

（一）肉羊品种概述

我国作为羊肉产值大国，自 1990 年以来，我国年存栏量、出栏量及羊肉产量均稳步增长，并稳居世界前列。我国南方农区优秀的饲料及饲草资源使得南方地区成为我国肉羊生产的重要产区。我国南方农区饲养肉羊种质资源非常丰富，各省（区、市）分别有自己的主打品种。如表 2-1 所示，我国南方农区分布着约 29 个山羊品种，及 9 个绵羊品种（张子君和李秉龙，2011）。

表 2-1　中国南方农区各省（区、市）饲养的主要肉羊品种

省（区、市）	主要肉羊品种
江苏	湖羊　黄淮山羊　波尔山羊　小尾寒羊　罗姆尼羊　德国美利奴羊　长江三角洲白山羊
浙江	长江三角洲白山羊
湖南	宜昌白山羊　马头山羊
湖北	吐根堡山羊　宜昌白山羊　马头山羊　波尔山羊　努比亚山羊　罗姆尼羊　乌骨山羊
安徽	萨能山羊　波尔山羊　黄淮山羊　小尾寒羊　罗姆尼羊
云南	圭山山羊　云岭山羊　波尔山羊　云南半细毛羊　罗姆尼羊　杜泊羊　藏羊　兰坪乌骨绵羊
江西	广丰山羊　波尔山羊　赣西山羊
福建	戴云山羊　波尔山羊　萨能山羊　福清山羊
四川	南江黄羊　马头山羊　吐根堡山羊　乐至黑山羊　西藏山羊　凉山半细毛羊　波尔山羊　建昌黑山羊　萨能山羊　板角山羊　安哥拉山羊　努比亚山羊　成都麻羊　藏羊
海南	雷州山羊
广东	雷州山羊
广西	隆林山羊　波尔山羊　都安山羊　努比亚山羊
上海	长江三角洲白山羊
贵州	贵州白山羊　贵州黑山羊　波尔山羊　榕江香羊　藏羊
重庆	宜昌白山羊　板角山羊

资料来源：张子君和李秉龙，2011。

1. 湖羊

湖羊是太湖流域的重要品种之一，其主要分布于浙江省沿太湖南部，主要产地有嘉兴地区的吴兴、桐乡、嘉兴、德清、海盐等县，杭州市郊及余杭县等。除浙江省外，江苏省沿太湖东北部的常熟、吴江、江州、无锡、太仓及江阴，上海市郊的嘉定等县也是湖羊的主要产地。湖羊是我国一级保护地方畜禽品种，其体格中等，无角，颈、躯干、四肢细长而高，背腰平直，腹微下垂，尾巴大多呈扁圆形状，体质结实（图 2-1）。一般成年雄性湖羊体重可达 40~50kg，雌性成年湖羊可达 35~45kg。湖羊性成熟早，常年发情，

繁殖力高。可通过合理安排配种时间实现两年三产。除初产外，每胎多在2只以上。产羔后，母羊母性强。此外，湖羊被毛全白，羔皮轻柔，花案美观，皮板轻薄而致密，是一种特有的羔皮两用绵羊品种（赵有璋，2002）。

湖羊公羊

湖羊母羊

图 2-1 湖羊

2. 黄淮山羊

黄淮山羊，俗名槐山羊，因其广泛分布于黄淮流域而得名。目前黄淮山羊主要分布在河南周口地区，安徽的阜阳、宿州、滁州、六安及合肥、蚌埠、淮南、淮北等市郊，江苏的徐州、淮阴地区（赵有璋，2005）。黄淮山羊通体呈白色，颈中等长，肋骨拱张良好，背腰平直，躯高体长，结构均匀，体质结实（图 2-2）。健康的成年公羊体格高大，四肢强壮，头大颈粗，胸部宽深，腹部紧凑。体高和体长能分别达到66cm和67cm，平均体重能达到34kg。而成年母羊一般体重可达22kg左右。雌性黄淮山羊的初情期一般为120d左右，发情周期为20d，母羊常年可发情，平均产羔率可达215%。

黄淮山羊公羊

黄淮山羊母羊

图 2-2 黄淮山羊

繁殖母羊的利用年限一般为 7~8 年。而公羊一般四月龄性成熟，利用年限为 4~5 年。

3. 波尔山羊

波尔山羊（图 2-3）原产于南非。1994 年引入我国，主要在江苏、山西等省养殖，随后各地陆续引进。具有罕见的抗病能力，性情温顺、活泼好动、产仔率高，以体型大、增重快、产肉多、耐粗饲而著称。一年四季都可发情配种，70%集中在秋季。平均产羔率为 180%~200%，双羔较多，生育期限长达 10 年（赵有璋，2005）。

波尔山羊公羊

波尔山羊母羊

图 2-3　波尔山羊

4. 小尾寒羊

小尾寒羊（图 2-4）是河北、河南、皖北、苏北和山东一带长期繁育所形成的混型毛地方良种羊。中心产区在山东的菏泽、济宁地区。具有多胎和早熟的特性，是用于杂交生产肉羊的好母体。6 月龄即可配种怀孕，产后

小尾寒羊公羊

小尾寒羊母羊

图 2-4　小尾寒羊

68d 又可发情配种。终年可繁殖，繁殖力极强，两年三产，还可以一年两产，平均产羔率为 281.9%，最多一胎可产 9 羔（王金文，2010）。

5. 罗姆尼羊

罗姆尼羊又名肯特羊，原产于英国东南部的肯特郡罗姆尼和苏塞克斯地，是世界著名的毛用品种。现除英国以外，罗姆尼羊还广泛分布在新西兰、澳大利亚、美国、加拿大和俄罗斯等地。我国自 20 世纪 90 年代，分别从英国、新西兰和澳大利亚引入数千只罗姆尼羊。英国罗姆尼羊实际是旧型罗姆尼羊和莱斯特公羊配种改良后的品种。经改良后的罗姆尼羊体躯长且高，体质结实，四肢较长并且后驱比较发达，有较好的游走能力。一般成年公羊体重可达 80kg，成年母羊的体重可达 41kg。与英国罗姆尼羊相比，新西兰罗姆尼羊的四肢相对短矮，背腰宽平，体躯更长，成年公羊体重可达 77.5kg，而成年母羊一般可达 43kg（图 2-5）。但是其放牧游走能力稍差。而澳大利亚罗姆尼羊的生产性能介于两者之间。除了优秀的肉用性能，罗姆尼羊还有较好的产毛能力，其羊毛光泽好，羊毛纤维弯曲明显，净毛率可达 65%~72%。此外，罗姆尼羊的平均发情周期为 16d，发情持续时间为 45h，妊娠期一般在 146d 左右，产羔率可达 116%（赵有璋，2005）。

罗姆尼羊公羊

罗姆尼羊母羊

图 2-5　罗姆尼羊

6. 德国美利奴羊

德国美利奴羊原产于德国，该品种以早熟、羔羊生长发育快、产肉多、繁殖力高、被毛品质好而著称，是世界上著名的肉毛兼用型细毛羊。如图 2-6 所示，该羊体格大、体质结实、结构匀称、体躯长而深、背腰平直、臀部宽广、肌肉丰满，一般来说，成年美利奴公羊的平均体重可达 100~140kg，而成年母羊平均体重可达 70~80kg，其平均屠宰率可达 48%~50%，呈现良好的肉用特性。此外，德国美利奴羊还具有产毛量高、毛质好的特性。一般成年羊的剪毛量为4~7kg，羊毛细度可达30~34μm。德国美利奴羊具有较高的繁殖率，母羊常年发情，12月龄即可配种，通过合理的配种方案可以实现两年三产，母羊产羔率可达150%~250%，并且母羊的保姆性和泌乳性能好，羔羊存活率高。我国从20世纪90年代开始引进德国美利奴羊，并主要饲养在内蒙古和黑龙江，德国美利奴羊在本土化的过程中生长、产肉性能好。

德国美利奴公羊

德国美利奴母羊

图2-6　德国美利奴羊

7. 长江三角洲白山羊

长江三角洲白山羊是一种优秀的肉、皮、毛兼用的地方品种。因其产区主要分布于江苏海门、启东及上海崇明一带，也被称作海门山羊。如图2-7所示，长江三角洲白山羊体格中等偏小，头呈三角形，面部微凹。前驱狭窄，后躯丰满，背腰平直，成年公羊体高、体长和体重分别可达48.4cm、

长江三角洲白山羊公羊

长江三角洲白山羊母羊

图2-7　长江三角洲白山羊

52.5cm和28.6kg，成年母羊的体高、体长和体重一般分别可达45.5cm、49.3cm和18.4kg。公母均有角，有髯，公羊角长可达17cm，母羊角相对细短，长度约在11cm。平均屠宰率可达45.9%，并且肉质鲜美细嫩，膻味小。除了优秀的肉用性能，长江三角洲白山羊全身被毛短而直，羊毛洁白，光泽好，弹性佳，是制作毛笔的优质原料。此外，长江三角洲白山羊四季发情，妊娠期一般在147.9d左右，母羊产羔率高（可达224%），母性强（赵有璋，2005）。

8. 宜昌白山羊

宜昌白山羊是我国优秀的皮肉兼用型地方山羊品种，主产于宜昌地区长阳、宜都、远安、夷陵、秭归、兴山等县区（张年等，2009）。如图2-8所示，公母羊均有角，角质结实，角基扁粗，因其角颜色有粉红色和青灰色，宜昌白山羊也被称为“粉角羊”和“青角羊”。宜昌白山羊体型匀称、体质紧凑、背腰平直、胸宽而深、腹大而圆、后驱丰满、肷部明显、尻宽而略斜、尾短上翘。公羊头大小适中，颈部较短，四肢强健粗壮，善于攀登。母羊颈较细长，清秀。乳房基部大，乳头整齐明显。一般成年公羊平均体高、体长、胸围和体重分别为54.5cm、64.4cm、76.1cm和35.7kg；成年母羊则分别为52.3cm、58.9cm、69.7cm和27.0kg。此外，宜昌白山羊肉质细嫩，味鲜美。通常于1岁时屠宰，中等膘情的育肥羊屠宰前体重平均为23.9kg，胴体重平均为9.9kg，屠宰率平均为47.4%。而2~3岁屠宰的羊，屠宰前体重平均为37.3kg，屠宰率可达56.4%。宜昌白山羊性成熟时间早（4~5月龄），6~8月龄即可配种。一般种公羊利用年限为2~4年。母羊常年发情，但发情配种主要集中在春秋两季。一般发情周期在18d左右，妊娠期在150d

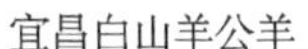

宜昌白山羊公羊

宜昌白山羊母羊

图2-8 宜昌白山羊

左右，第一胎多产单胎，随后多产双羔和三羔。繁殖率可达340%。昌宜白山羊初生重在1.7~1.99kg，哺乳期羔羊生长发育快，3月龄体重即可达10.6~12.66kg。

9. 马头山羊

马头山羊是我国湖北、湖南两省优秀的皮肉兼用型地方品种（张作仁等，2004)，主产地在湖北省十堰、恩施等地，以及湖南省的常德、黔阳等地。头山羊皮厚而松软，毛稀无绒。毛被白色为主，有少量黑色和麻色。按毛短可分为长毛型和短毛型两种类型。按背脊可分为“双脊”和“单脊”两类。马头山羊公羊、母羊均无角、头似马形、体形呈长方形、结构匀称、胸部深厚、胸围肥大、骨骼坚实，背腰平直，肋骨开张良好，臀部宽大，稍倾斜，尾短而上翘（图2-9)。并且四肢坚强有力，行走时步态如马，频频点头。马头山羊初生公羊体重为2.0kg，初生母羊体重约1.9kg。在主产区粗放饲养条件下，公羔3月龄重可达12.96kg，母羊可达12.82kg。一般成年雄性马头山羊体重为40~50kg，重的可达60kg以上；而成年母羊体重在35~40kg，重的可达55kg以上。此外，马头山羊还有着很高的肉用价值，其肌肉发达，肌肉纤维细致，肉色鲜红，膻味较轻，肉质鲜嫩。一般6月龄阉羊的屠宰率约为48.99%，满周岁阉羊屠宰率可达55.90%。马头山羊性成熟早，公羔4~6月龄性成熟，母羔3~5月龄性成熟。一般在8~10月龄配种，并且四季可发情，在南方地区春、秋和冬季配种较多。一般妊娠期为140~154d，哺乳期2~3个月，合理安排配种计划可以实现两年三产或一年两产。由于各地环境及饲养条件的差异，产羔率差异较大。一般情况下，妊娠母羊单胎产羔率为182%左右。并且，初产母羊多产单羔，经产母羊多产双羔或多羔。

马头山羊公羊

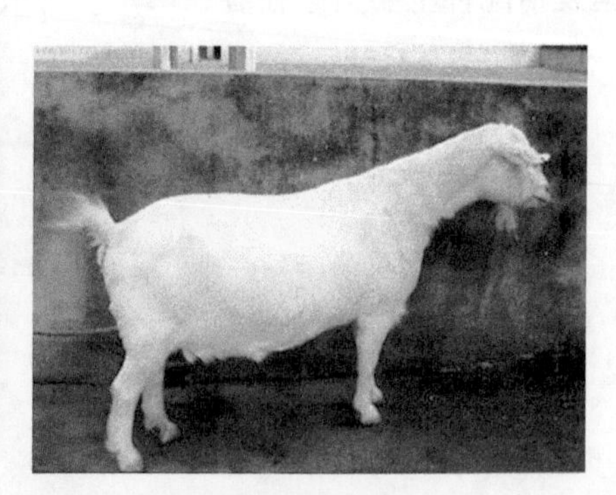

马头山羊母羊

图2-9　马头山羊

10. 吐根堡山羊

吐根堡山羊是一种优秀的乳用山羊品种，原产于瑞士东北部圣仑州吐根堡盆地。因其具有极强的适应性，被欧洲、美洲、亚洲、非洲及大洋洲的许多国家大量引入，进行纯种繁育和地方品种的改良。我国最早于20世纪40年代，于四川、山西以及东北等地引进此品种，并与当地奶山羊进行杂交，繁育出适合当地生存环境的优秀吐根堡山羊子代（张伯钧等，2004）。与萨能山羊相比，吐根堡山羊体型略小，被毛褐色或深褐色，随年龄增长颜色会变浅。在脸颊两侧各有一条灰白色的条纹，在腹部、臀部、尾下、四肢、鼻端及耳缘下端均为灰白色。公、母羊均有须，部分有角，有的还长有肉垂。其骨骼结实，体质健壮，四肢较长，蹄壁蜡黄色。公羊体长，颈细瘦，头粗大；母羊皮薄，骨细，颈长，乳房大而柔软，发育良好，具有乳用羊特有的楔形体型（图2-10）。一般成年公羊体高80~85cm，体重60~80kg；成年母羊体高70~75cm，体重45~55kg。此外，吐根堡山羊性情温顺，耐粗饲，耐炎热，对放牧或舍饲都能很好地适应。遗传性能稳定，与地方品种杂交，能将其特有的毛色和较高的泌乳性能遗传给后代。公羊膻味小，母羊奶中的膻味也较轻。吐根堡奶山羊全年发情，但多集中在秋季。母羊在18月龄开始配种，公羊24月龄配种，平均妊娠周期151.2d，产羔率为173.4%。平均泌乳期约287d，总的产奶量在600~1 200kg。

吐根堡山羊公羊

吐根堡山羊母羊

图2-10　吐根堡山羊

11. 努比亚山羊

努比亚山羊是一种优秀的乳肉兼用型的山羊品种，因其起源于埃及尼罗河第一瀑布阿斯旺与苏丹第四瀑布库赖迈之间的地区而得名。现在一般而言的努比亚山羊主要是指19世纪英国结合世界各地优秀的遗传资源专门培育的适应热带条件的山羊品种。因其具有体型大、生长快、泌乳性能好等特点，被世界各国引进用作杂交改良。20 世纪 90 年代，我国四川省从英国引进努比亚山羊对当地品种进行杂交改良。努比亚山羊的体躯长，胸部宽而深，背宽且直，四肢细长，后躯肌肉丰满，腹部比较大且下垂，一般成年公羊体高和体重分别可达 120cm 和 157.4kg，成年母羊体高和体重分别可达 103cm 和 98.5kg。其头短小，呈圆形，额部和鼻梁隆起呈明显的三角形，俗称“兔鼻”。两耳宽大而长，且下垂至下颌部，有些有角，有些无角，有角的一般角呈三棱形或扁形螺旋状向后，至达颈部。努比亚山羊原种毛色较杂，但多以棕色、暗红为主，被毛细短、富有光泽（图 2-11）。努比亚公羊 6~9 月龄即可配种，母羊一般配种时间在 5~7 月龄，发情周期 20d，发情间隔时间 70~80d，妊娠期一般在 146~152d，平均产羔率达 230.1%，年均产羔 2 胎。此外，努比亚羊乳房比较丰满，乳头比较大，泌乳性能好，母性佳，羔羊成活率可达 96%~98%（赵有璋，2002）。

努比亚山羊公羊

努比亚山羊母羊

图 2-11　努比亚山羊

12. 乌骨山羊

乌骨山羊是目前发现的唯一一种在体内含有大量黑色素的哺乳类动物，因其个体适应性强，耐粗饲和极高的药用和保健价值，成为我国特有的一类珍稀品种（邓卫东等，2009）。原产地在云南省兰坪县通甸镇弩弓村，因该村主要居住着普米族，也称“普米乌骨羊”。乌骨山羊体型外貌与一般山羊基本一致（图 2-12），公羊背腰平直，体躯呈长方形，肋狭窄。四肢粗细适中，腿高，蹄质黑且坚硬。公羊睾丸大小适中，左右对称。母羊乳房紧凑，发育良好，乳头大小适中且均匀，无副乳头。一般成年公母羊体高和体重分别可达 69cm 和 40kg。乌骨山羊头型大小适中，耳型小且直立，鼻部平直，颈粗细适中，无皱褶，无肉垂但是多数羊有角，公羊角型一般呈倒八字形，少数螺旋形；母羊角型多呈螺旋形，少数倒八字形。其被毛颜色以全黑色为主，全黑占 33.55%、黑白花占 29.03%、黄色占 18.07%、黄白花占 19.35%，而皮肤颜色多为白色，皮肤偏黑者约占 10%。其最明显的外观鉴别特征是牙齿黑，眼睑黏膜微黑。乌骨山羊为季节性发情动物，且性成熟早，母羊初怀期为 9~10 月龄，一般 12 月龄可初次配种，发情周期平均为 21d，妊娠期为 148d，平均窝产仔 1~2 羔，产羔率在 90%以上，母羊平均利用年限在 6~8 年，公羊利用年限也在 6~8 年。

乌骨山羊公羊

乌骨山羊母羊

图 2-12　乌骨山羊

13. 圭山山羊

圭山山羊是我国云南省昆明市石林县的特有品种羊，因其耐粗饲、繁殖力、抗病力和适应性强，是云南省“六大名羊”之首，也是我国农产品地理标志之一。圭山山羊体格中等，体质结实，胸部宽而长，腹部大而充实，体躯丰满，四肢结实有力，蹄结实，呈黑色（图 2-13）。一般成年公羊体高可达 68cm，体长可达 76cm，体重可达 43.6kg。成年母羊体高、体长和体重则分别可达 63cm、71cm 和 43.5kg。此外，圭山山羊产肉性能较好，成年圭山山羊屠宰率 47.79%，而成年母羊屠宰率可达 45.13%。圭山山羊头小而额宽，耳大且灵活，眼睛大而有神，鼻直，颈扁浅。公母羊皆生有角和须。公羊睾丸大，左右对称。母羊乳房圆大紧凑，羊皮薄而有弹性。大部分圭山山羊被毛呈全黑，约 20%的圭山山羊被毛为棕色。圭山山羊为季节性发情，发情季节一般在春秋两季，发情周期 17d，妊娠期 145~152d，初配年龄在 12~18 月龄，一般一年产一胎，产羔率约为 145%。一般公羔初生重约为 2.2kg，母羔初生重约为 1.8kg。此外，圭山山羊还有着非常好的泌乳性能，一个泌乳期为 5~7 个月，平均日产奶量为 1.5kg，个别优秀的圭山山羊日产奶量可达 2kg（张莹等，2016b）。

圭山山羊公羊

圭山山羊母羊

图 2-13　圭山山羊

14. 云岭山羊

云岭山羊是一种肉皮兼用型山羊，旧称云岭黑山羊，是云南省数量最多、分布最广的优秀山羊品种（张莹等，2016a）。其主产地位于云南省云岭山系及哀牢山，无量山和乌蒙山地区。云岭山羊头大小适中，额前凸。鼻梁平直、两耳稍直立，公母羊均有角，且角呈倒八字形。公母羊颌下皆有须。胸宽而深，背腰平直，体躯类似长方形，肋部微供，尻部微倾斜，尾部粗短上扬。四肢粗短结实，蹄质坚硬，呈黑色（图 2-14）。一般成年公羊体重可达 38.50kg，母羊 32.90kg，羯羊 41.50kg。平均胴体重 17kg 左右，屠宰率约为 43.48%。云岭山羊被毛以黑色为主，黄褐色、青色较少。一般公羊纤毛较长，如蓑衣状，绒毛较多。而阉羊和母羊的羊毛纤毛短而绒毛较多。云岭

云岭山羊公羊

云岭山羊母羊

图 2-14　云岭山羊

山羊属地方性早熟类品种。公羊一般在 5~6 月龄性成熟，8~9 月龄便可配种。母羊初情期在 7~8 月龄，发情周期在 20d 左右，发情持续期 1~2d，妊娠期 150d，合理调节配种方案可以实现母羊两年产三胎。产羔率一般在 120%，产双羔率为 10%~20%。

15. 杜泊羊

杜泊羊原产于南非，是以南非黑头波斯母羊作为母本，引进英国有角陶赛特羊作为父本杂交培育而成的优秀肉用绵羊品种。根据其头部被毛颜色的不同可以分为黑头杜泊和白头杜泊（曹斌云和王建刚，2006）。这两种杜泊羊全身及四肢皆为白色，头顶平直、头长适中，额宽，鼻梁微隆，耳小而平直，部分无角或有小角根。颈粗短，肩宽厚，背平直，肋骨拱圆，前胸丰满，后躯肌肉发达。四肢强健而长度适中，肢势端正（图 2-15）。虽然杜泊羊个体中等，但体躯丰满，体重较大。一般成年公羊和母羊的体重分别在 120kg 和 85kg 左右。其屠宰性能较优，一般 4 月龄左右体重为 36kg 的杜泊羊屠宰后胴体重可达 16kg。此外，杜泊羊还具有优秀的毛用性能，并且根据毛型长短，杜泊绵羊还可分为长毛型和短毛型两个品系，长毛型杜泊羊适应寒冷的气候条件，所产羊毛多用于生产地毯。杜泊羊全年均可发情配种，但是配种季节多集中在秋季，平均发情周期为 19.3d，一般发情持续时间为 33~46h。杜泊母羊初次发情在 5~6 月龄，6~7 月龄即性成熟可配种。初产羊产单羔几率较高，经产母羊产双羔居多。产羔率可达 138%。

杜泊羊公羊

杜泊羊母羊

图 2-15　杜泊羊

16. 藏羊

藏羊又称藏系羊，因其具有抗严寒、耐粗饲、体质强壮、行动敏捷、善于攀爬等特点，而广泛分布于我国青藏高原及青海等地。并且依据其生产、经济特点，分为高原型、山谷型和欧拉型3类。其中以高原型藏羊为主，约占全部藏羊的90%。以高原型藏羊为例，一般其体格较大，胸部宽广且深，背腰平直，身躯较长，整个体型似长方形。头较大，额部较宽，鼻梁隆起。多数有角，少数羊颈下有肉铃，雄性藏羊角粗大，长而扁直，呈螺旋状，尖端向外、向左右伸展。母羊角扁平，大小较公羊稍小。其四肢粗壮，筋腱发达，蹄质坚实，蹄呈黑色或深褐色。高原型藏羊的毛色较杂，体躯白色的约占48.41%，体躯有花斑的约占44.5%，全白的约占6.6%，全黑的约0.6%。毛瓣粗长而明显，头部、腹部、四肢下部着生刺毛（图2-16）。藏羊肉嫩味美，膻味小，是牧民的主要肉食品之一，一般在自然放牧条件下，藏羊屠宰率在42%~49%，净肉率均在30%左右。此外，成年藏羊皮板结实，毛长，含绒毛多，保暖性强，多用于制成皮袄御寒。而6~10月龄的羔皮，皮板薄，羊毛较长，有一定的弯曲，常用来制作皮衣。藏羊为季节性发情，一般集中在6—9月发情，正常情况下一年产一胎，极少数母羊二年三胎。其性成熟早，一般12月龄左右性成熟，18~24月龄即可配种，妊娠期一般在151.8d左右，一胎多产一羔。公羊的利用年限为6年，母羊为8年（赵有璋，2002）。

藏羊公羊

藏羊母羊

图2-16　藏羊

17. 广丰山羊

广丰山羊是我国江西优秀的肉皮两用型地方品种山羊，因其具有性情温顺、耐粗饲、抗病力强、适应性好、繁殖率高等特点，在我国江西省东部广为饲养。如图2-17所示，其体型中等偏小，头长额宽，公母羊均有角。公母羊的下颚前端有一撮胡须，公羊比母羊长。全身被毛呈白色。一般成年公羊体重约30.2kg，成年母羊体重为28.3kg。其皮质柔软，毛孔细密，是皮类中的上品；羊毛：软中见硬，弹性好，是羊毛衫、毛线、毛笔的主要原料。此外，广丰山羊还具有较高的屠宰性能，一般成年公羊屠宰率在 54.1%左右，成年母羊约在 46.1%。其肌肉细嫩，口感好，膻味少，不油腻，性燥热，且低脂肪，低胆固醇含量。因此广受消费者喜爱。公羊一般 4~5 月龄性成熟，母羊 4 月龄即性成熟，一般母羊两年产三胎，也有部分母羊可年产两胎，每胎 2~5 羔，平均繁殖率高达 285.6%。公羊一般利用年限为 4~5 年，母羊利用年限可达 6~8 年。此外，广丰山羊还具有较好的泌乳性能，2 月龄公羔断奶体重可达 7.95kg，母羔则可达 7.46kg（赵有璋，2002）。

广丰山羊公羊

广丰山羊母羊

图 2-17　广丰山羊

18. 赣西山羊

赣西山羊主产区在我国栗县、万载县及江西省的铜鼓、袁州、宜丰、上高、修水和湖南省的浏阳、醴陵等县、市及区（李静和黄丽珍，2007）。赣西山羊耐粗饲、抗病力强、适应性好。其体型偏小，肌肉欠丰满，头大小适中，脸呈三角形，额平而宽，颈粗长，躯干较长，肋狭窄，背腰平直且宽，从侧面看呈长方形，腿短而结实。公母羊皆生有角，其角向外、向上拆开，呈倒八字形生长。公羊角比母羊角粗且长，公羊颈下生有肉垂，母羊则无。其毛色多数为白色，有一部分为麻色（图 2-18），被毛光亮、美观，是制作裘皮衣的好原料。而成年公羊体重则可达 33kg，成年母羊体重则为 29kg。12 月龄赣西山羊屠宰率在 45%~49%。赣西山羊四季均发情，但主要集中在春、秋两季，一般公羊在 4~5 月龄性成熟，于 7~8 月龄开始初配，母羊初配年龄则在 6 月龄。多数母羊一年可产两胎，每胎产两羔，少数可达 3~4 羔。平均产羔率高达 164%，羔羊成活率在 70%~76%。

赣西山羊公羊

赣西山羊母羊

图 2-18　赣西山羊

19. 戴云山羊

戴云山羊是一种小型肉用山羊，因其耐高温、耐高湿、适应性强、耐粗饲，抗病力强等特点，成为福建省优良的地方肉用山羊品种（董晓宁等，2009）。其养殖历史悠久，目前主要在戴云山脉一带的德化、大田、永春、尤溪等地养殖。如图 2-19 所示，其头部细长、呈三角形。多数戴云山羊生有角，公羊角较粗大，向后侧弯曲生长，髯毛长而密。少数羊颌下生有两个肉铃，且一般生有肉铃者多无角。戴云山羊体躯结实，背线平直，体躯前低后高，四肢健壮，臀部倾斜，尾短小而上翘，公羊两侧睾丸大小适中、对称。母羊后躯较丰满，乳房发育良好，呈梨形状，一对乳头匀称。其全身被毛以全黑为主，仅有较少数为褐色，极少数为白色。一般成年公羊体高为 49. 2cm，体长为 55. 7cm，体重则可达 23. 6kg，成年公羊屠宰率可达 47%~

戴云山羊公羊

戴云山羊母羊

图 2-19　戴云山羊

52%。而母羊的体高、体长和体重则分别可达 48.0cm、55.8cm 和 24.3kg，屠宰率可达 44%~49%。戴云山羊常年发情，其种羊利用率较高，母羊一般 6 月龄初次发情，8 月龄即可开始配种，每次发情周期 18~21d，持续 2~3d。妊娠期在 148~150d，一般两年产三胎，平均产羔率为 214.5%。利用年限为 6~8 年。而公羊一般在 4 月龄初次发情，6 月龄即可配种。

20. 福清山羊

福清山羊原产地在高山地区的“六十”（东瀚、蓬峰、大丘、陈庄等村）、“六一”（沙浦、江夏、锦城等村）一带，故而也称福清高山羊（赵有璋，2002）。因具有性成熟早、耐粗饲、适应性强、屠宰率高、肉质鲜美等特点，被列入国家地方优良品种志。福清山羊体格中等，外貌特征明显，羊头略呈三角形，耳朵薄小、呈青色，大多数福清山羊生有角，两角分别先后向下、向外弯曲，颌下均长有一撮胡子。颈部强壮有力，胸宽，背腰平直，体型近似一个长方形，臀大，尾短而上翘，四肢细短但强壮，蹄黑。四肢在膝、跗关节以下毛为纯黑色（图 2-20）。一般成年公羊平均体高约为 53.4cm、体长约为 58.3cm，体重约为 27.9kg，而成年母羊的平均体高、体长和体重则分别约为 49.1cm、55.1cm 和 26kg。而经过育肥的 18 月龄羯羊的平均体重可达 40.5kg，屠宰率平均为 55.8%，母羊则一般为 47.6%。毛色一般为深浅不一的褐色或灰褐色。鼻梁上有一个近视三角形的黑毛区，再从颈脊向后延伸，形成一带状黑色毛区，俗称“乌龙背”。福清山羊性成熟时间早，一般 3 月龄即性成熟，4~5 月龄即可配种，利用年限为 8~12 年，母羊四季皆可发情，但主要产羔季节集中在春、冬两季，发情周期 20d 左右，每次持续 3d，妊娠期为 150d 左右，哺乳期一般为 60d。多产双羔，平均年繁

福清山羊公羊

福清山羊母羊

图 2-20　福清山羊

殖率可达170%。

21. 南江黄羊

南江黄羊产于四川省南江县，是以奴比山羊、成都麻羊、金唐黑羊为父本，南江县本地山羊为母本，并导入吐根堡山羊的血液，采用形状对比观测，限值留种继代、综合指数选种、分段选择培育等复杂育成杂交方法培育成的肉用山羊新品种（张红平等，2004）。因其具有生长发育快、屠宰率高、适应性强、繁殖力高、板皮品质优等优势，也被称为中国肉用性能最好的山羊新品种。如图2-21所示，其羊头大小适中，耳大微垂，鼻微拱，额平而宽，部分有角，颈部长度适中，体格高大，前胸深广、颈肩结合良好，肋骨开张，背腰平直，结构匀称，体躯呈圆桶形，四肢粗长。成年公羊体高、体长和体重分别可达76.8cm、79.8cm和66.9kg。一般成年母羊体高、体长和体重则分别可达67.7cm、71.71cm和45.64kg。被毛短而富有光泽，被毛呈黄色，面部毛色黄黑，鼻梁两侧各有一条浅色条纹相互对称，公羊颈部及前胸着生黑黄色粗长被毛，自枕部沿背脊处有一条黑色毛带。南江黄羊常年皆可发情配种，且性早熟，母羊一般3月龄即出现初情，4月龄即可配种受孕，但最佳初配年龄为6~8月龄，发情周期平均为19.5d，妊娠期148d，平均产羔率为205.4%。

南江黄羊公羊

南江黄羊母羊

图2-21　南江黄羊

22. 乐至黑山羊

乐至黑山羊是一种肉皮兼用型地方品种，产于四川省资阳市乐至县（陈建等，2007）。具有体格高大，繁殖力高，性成熟早，耐粗饲，适应性强，产肉率高，肉质好，板皮结构致密，富有弹性等优点。如图2-22所示，其体型中等大小，颈部长短适中，头呈三角形，额部宽而微突，鼻梁微拱，耳较大，部分垂耳，部分半垂耳，也有少数立耳。部分有角、部分无角，公羊角较粗，向后弯曲生长，母羊角则较细小，形式镰刀。公羊下颌皆生有髯，少数羊颈下生有肉垂。躯干结构匀称，背腰平直，四肢粗壮，蹄部呈黑色。公羊体态雄壮，睾丸发育良好；母羊体型相对清秀，乳房发育良好，呈梨形在两侧均匀分布。成年公羊体长可达87cm，体高则可达80cm，而体重一般可达73kg。而成年母羊的体长、体高和体重一般分别可达70cm、74cm和50kg。此外，成年公羊屠宰率约48.3%，净肉率则约37.3%，而成年母羊屠宰率和净肉率则分别为45.9%和36.3%。其全身被毛黑色，且油亮有光泽，冬季被毛内生有短而细密的绒毛。少数羊头顶生有“栀子花”样白毛。在繁殖力方面，乐至黑山羊四季发情，一般母羊的初配年龄为5~6月龄，母羊发情周期约20d，每次发情持续2~3d，妊娠期为150.1d，一般年产1.7胎，且产羔率高，初产母羊一般为231.2%，而经产母羊则可达268.9%。此外，黑山羊母羊的产奶量高，母性好，因此羔羊成活率极高，几乎可达100%。

乐至黑山羊公羊

乐至黑山羊母羊

图2-22　乐至黑山羊

23. 西藏山羊

西藏山羊为产于青藏高原地区的山羊品种，其中90%以上为绒山羊（赵有璋，2005）。其产品集绒、毛、皮、奶于一身，其中尤以绒最好。西藏山羊的绒细而柔软，色泽明亮，手感细嫩，广受市场欢迎。如图2-23所示，公母羊皆生有角，公羊角较粗壮，有的向外扭曲生长，有的呈倒八字形生长。而母羊角则相对较细，向两侧扭曲生长。此外，公母羊均有额毛和髯，鬐甲略低，颈部细长。背腰平直，前胸发达，肋骨拱张良好，胸部深广，腹部大但不下垂。母羊乳房不发达，乳头较小。一般西藏山羊成年公羊平均体高可达54.4cm，体长约为61.2cm，体重为24.0kg，而成年母羊的平均体高、体长和体重分别可达 52.3cm、59.2cm 和 21.6kg。与其他山羊品种相比，西藏山羊的产肉性能略低，一般周岁公母羊的屠宰率分别为 46.3%和 44.7%，而成年公母羊的屠宰率则分别为 46.4%和 45.9%。西藏山羊毛多由长而粗的粗毛和细而柔软的绒毛组成。其毛色较杂，其中白色占 7.88%，全黑占 27.88%，青色占 27.88%，褐色占 6.06%，体白、头肢花者占 18.78%，黑褐白斑者占 11.51%。西藏山羊的性成熟时间较晚，多在 18 月龄才开始初配，母羊的配种季节多集中在 10~11 月龄，发情周期 15~21d，多数一年产一胎，每胎产一羔，平均产羔率约为 110.0%。

西藏山羊公羊

西藏山羊母羊

图 2-23　西藏山羊

24. 凉山半细毛羊

凉山半细毛羊原产于四川省凉山彝族自治州，是 20 世纪 50 年代引进新疆细毛羊、苏联美利奴羊细毛品种羊，与本地藏系绵羊进行级进杂交改良后，又引进了边区莱斯特羊、林肯羊和考力代羊等品种进行杂交后育成的新品种（陈圣偶，2002）。其外貌清秀整齐，公母羊均无角，头型大小适中，前额处有绺毛下垂，眼大且明亮，两耳向侧前方平伸，鼻梁微微隆起。颈部长短适中，胸部宽深，肋骨圆拱，背腰平直宽厚，侧面看体型类似圆筒状，尻部宽平，大腿及臀部丰满，四肢结实粗壮，蹄质坚实呈黑色。并且全身被毛为纯白色，呈辫状毛丛形分布（图 2-24）。凉山半细毛羊一周岁内生长速度较快，一周岁后体重增长逐渐减慢，一般一周岁公羊的体高和体长分别可达 63.2cm 和 67.8cm，体重则可达 45.9kg，而周岁母羊的体高、体长和体重则分别可达到 62.2cm、69.8cm 和 40.6kg。凉山半细毛羊为季节性发情，一般每年的 3、4 月开始发情，直到 12 月结束发情，持续发情时间约 10 个月，母羊初配年龄在 10~12 月龄，发情周期 16~18d，妊娠期在 147.2~148.6d。

不同年龄的母羊产羔率存在差异，但平均维持在110%左右。

凉山半细毛羊公羊　　凉山半细毛羊母羊

图2-24　凉山半细毛羊

25. 建昌黑山羊

建昌黑山羊是我国特有的一个地方品种山羊，主产区在四川省会理县及米易县（边仕育等，2006）。其肌肉纤维柔软并富有弹性，脂肪含量少，因此肉质鲜美，无膻味，广受消费者喜爱。如图2-25所示，建昌黑山羊头呈三角形，大小中等，鼻梁挺直，两眼大而有神，两耳向上方平伸。公母羊多生有角，公羊角粗大，呈镰刀状向后向外扭曲生长，母羊角则相对较小，多向上向外侧弯曲生长。多数羊生有胡须，少数长有肉铃。其体格中等大小，体躯匀称紧凑，呈长方形，骨骼坚实，四肢强壮有力，活动灵敏，全身被毛富有光泽，颜色多以黑色为主，少数为白色、黄色和杂色，根据被毛长短可分为长毛型和短毛型两种类别。建昌黑山羊生长发育快，六月龄公母羊体重即分别可达25.5kg和23.8kg。而成年公羊平均体高、体长分别可达

建昌黑山羊公羊　　建昌黑山羊母羊

图2-25　建昌黑山羊

57.7cm、60.6cm，体重一般可达31.1kg。成年母羊的体高、体长及体重一般分别可达56.0cm，58.9cm及28.9kg。此外，建昌黑山羊还具有较好的产肉性能，6月龄及成年公羊的屠宰率分别达到38.9%和52.8%；6月龄及成年母羊的屠宰率分别可达40.9%和49.2%。其繁殖性能也较好，母羊一般4~5月龄初次发情，6~7月龄即可开始配种，公羊7~8月龄性成熟，12~18月龄开始正式配种，母羊四季皆可发情，发情周期15~20d，发情持续一般24~72h，妊娠期在150d左右，多产双羔，初产母羊产羔率可达193%，经产母羊产羔率可达246%。

26. 板角山羊

板角山羊主产于四川省万源市和重庆市，是一种当地选育而成的皮肉兼用型山羊品种（钟银祥等，2003）。具有生长快、产肉性能好、适应性强、抗病力高及耐粗饲等优点。其头部中等大小，颈部粗短，额头微微隆起，鼻梁平直，公母羊皆生有角和胡须，角粗实而光滑，角型宽而略扁，向后方弯曲扭转生长。板角山羊体型高大，胸部深而广，肋骨开展，背腰平直，尻部略斜，体型呈圆筒形，四肢粗壮，骨骼坚实，后肢略弯，蹄质坚实。板角山羊全身被毛细短，颜色绝大多数都为白色，有极少的为黑色及杂色（图2-26）。板角山羊体格大小因产地不同而有所差异，其中以万源、城口和武隆县的体高较大，其成年公、母羊的体高可分别达58.4cm，体重则分别可达40.6kg和30.3kg。板角山羊性成熟较早，公羊4~5月龄即初次发情，8~10月龄即可开始配种。母羊初次发情在5~8月龄，发情周期24d左右，发情持续一般40~60h，妊娠期在150d左右，平均产羔率可达183%。

板角山羊公羊

板角山羊母羊

图2-26　板角山羊

27. 安哥拉山羊

安哥拉山羊是一种历史久远的毛用山羊品种，原产于土耳其首都安卡拉（原名安哥拉）周围，因此而得名。该品种山羊产毛量高，羊毛长而有光泽，羊毛纤维弹性大且结实，常用于生产高级精梳纺，因此被世界各国引进饲养。我国自1984年起引进安哥拉山羊，并主要饲养于内蒙古、山西、陕西及甘肃等省区（蔺文琪等，2007）。如图2-27所示，安哥拉山羊体格中等，头呈三角形，脸部平直，嘴唇端及耳缘有深色斑点，两耳大而下垂，颈部较短。胸部偏窄，尻倾斜，骨骼细，体质较弱。一般成年公羊体重可达45kg，而成年母羊体重一般可达35kg。其最明显的特点是全身被毛由辫状结构组成，呈波浪形，具有绢丝光泽，毛辫长度可垂地，被毛颜色多呈白色。公、母羊剪毛量分别为3.5~6.0kg和2.5~3.0kg。安哥拉山羊为季节性发情，8—10月为其发情高峰期。且一般性成熟较晚，母羊通常在18月龄才开始初配，平均发情周期为17.9d，发情持续时间一般为24~48h。妊娠期平均为149.9d，一般一年一胎，多产单羔，平均产羔率约为158.5%。

安哥拉山羊公羊

安哥拉山羊母羊

图2-27　安哥拉山羊

28. 成都麻羊

成都麻羊（图2-28）分布于四川成都平原及其附近丘陵地区，目前引入河南、湖南等省。具有生长发育快、早熟、繁殖力高、适应性强、耐湿热、耐粗放饲养、遗传性能稳定等特性。4~5月龄性成熟，12~14月龄初配，常年发情，每年产两胎，妊娠期142~145d，产羔率为215%（王杰和欧阳熙，1995）。

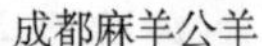

成都麻羊公羊　　成都麻羊母羊

图 2-28　成都麻羊

第二节　南方农区优秀肉羊品种现状与选种技术

一、南方农区肉羊品种现状

一个地区肉用种羊产业发展的好坏，对该地区肉羊产业的发展起着决定性作用。因此，大力发展优秀肉用种羊品种选择，有利于加快地方肉羊生产产业结构的调整与升级，从而提高整个肉羊生产产业的经济效益。如上文所述，尽管我国南方农区有着丰富的种质资源，但是在种羊培育及管理技术上，还存在着许多问题。

南方农区肉羊存在的主要问题

1. 种羊市场监管混乱，体系不健全

种羊市场管理薄弱，种羊市场混乱，尤其是在种羊的引种上，由于缺乏专门化的肉羊品种管理条例，大规模盲目引种，混乱杂交，导致种羊纯度下降（荣威恒，2014）。引进国外优秀种羊是为了改良我国现有品种的弊端，但是一些炒种行为出于利益驱使引进优良的纯种肉羊，引进后的种羊大多周转于企业，却很少进入生产环节。此外，由于企业在这些种羊繁育过程中，不经选择及淘汰，只重数量不重质量，使得引进的纯种羊产生的后代遗传性能不稳定，生产性能退化严重，用于杂交改良的优势也不高。此外，一些不加引导的盲目炒种，使得种羊市场混乱，如之前出现的波尔山羊炒种热潮，全国各地不少地方为了促进波尔山羊产业的发展，盲目跟风引种，甚至出现了竞价拍卖种羊的现象，1 只纯种 4~5 月龄的波尔山羊公羔，竟卖出了高达

1 万多元的价格，特级公羔价格更是高达 5 万元以上，这样的价格远远高出了生产的成本价，促使很多农民及养殖大户加入这一炒种活动中，这对我国一些特有的优良种羊资源带来了极大的冲击，极有可能造成优良遗传资源的损失，使品种遗传的多样性趋于单一。有些地方甚至还出现了以杂种羊冒充种羊出售的情况，极大地影响了种羊市场的健康发展。而随着“炒种”热潮的褪去，种羊价格暴跌，导致很多企业及养殖户亏损严重，同时造成生产规模大大降低，进一步损伤种羊市场的发展。

2. 种羊育种方式落后，繁育体系不合理

目前，在南方地区乃至全国还没有健全的良种繁育体系。一套完整的繁育体系应该由原种场、扩繁场和商品场组成，然而目前我国南方地区却缺少这样的合理的生产经营格局。例如，原种场的经营规模较小，设备简陋，专业化水平低，在选种和繁育手段上技术落后，有些种羊场甚至出现多品种混养的情况。而在有些地区，甚至缺乏商品场的建设，直接由种羊场和扩繁场向市场供应种羊。并且主管种羊生产的各部门之间的协调联系不紧密，基础设施和条件较差，服务手段落后，服务功能不全（谭晓山等，2015）。

3. 品种良种化程度低，生产水平不高

此外，阻碍南方地区优秀肉用种羊发展的另一大助力是种羊市场的生产准入准则不明确。在种羊生产管理过程中，对于开设种羊场的生产经营者，从事种羊选育及饲养相关生产过程的技术人员都应该有较高的准入标准。例如起码应该具备畜牧兽医相关专业大专及以上的学历，并且应有 3 年以上的生产实践经验。但是目前南方地区对于设立种羊场的门槛不高，部分种羊场设立后，生产管理人员不按饲养标准饲喂管理种羊。另外，在种羊管理推广过程中，由于地方畜牧部门科研基础差，缺乏对种羊饲养管理及疾病防控等方面的专业指导，使得很多引种者引种后，缺乏对种羊及其饲养管理知识的基本了解，导致种羊引入后膘情差、生长发育不良、品种退化严重（谭晓山等，2015）。

二、南方农区优秀肉羊选择技术及推广

选择技术

1. 制定严格的质量标准，科学地推广种羊服务体系

首先，对于各地特色的优秀肉用羊品种，应确保种羊管理等各项工作有理可依，大力宣传由国务院畜牧行政主管部门制定的《种畜管理条例》，按照条例中的具体要求，对南方地区特有的肉羊种质资源实行分级保护，各省

（区、市）对于被列入国家保护品种的肉羊品种，一方面，可以通过建立品种肉羊基因库及品种肉羊性能测定站，对各地特有的肉用羊品种的生产性能进行检测，并建立地方品种肉羊保护区（场）等方法，实现遗传材料及活体共同保存。另一方面，对于现存的种羊场，尽快进行整顿验收，对于不符合种羊质量标准和种畜管理制度的种羊场一律停业整顿或取消其生产资格，对于验收合格的颁发畜牧生产许可证，并建立起良种登记制度。此外，为了确保将品种保护的工作落到实处，应通过建立完善、公正及权威的监督体系，定期开展生产性能检测，将种羊品质质量标准贯彻落实下去。首先，对于个别地区，种羊鉴定管理不到位，造成种羊生产、市场混乱及种羊品质退化的个人或组织严厉追责，从而切实将品种保护的工作落到实处。其次，对于种羊的进口管理，一定要落实科学严格的管理制度。种羊场是肉羊产业生产的第一环节，必须正确制定种羊场长期的发展规划及管理制度。政府部门，尤其是主管肉羊生产的畜牧部门，必须重视当地的种羊引进及推广工作，充分发挥职能部门的指导及服务作用。例如通过开设农民培训班，利用电视、报纸等多媒体技术，向养殖户及引种工作者推广种羊场基础设施的建设，科学的管理模式，改善提高饲养管理的新技术等与生产紧密相关的具体技术环节。并在人才、资金及物资方面对于养殖户给予大力支持，调动农民生产的积极性（吴晓平和金停祥，2012）。

2. 加强种羊管理并推动种羊产业化进程

在种羊的保护及推广上，必须时时牢记与产业开发相结合这一基本原则。在组织各地进行肉羊生产的过程中，可以通过推广建设肉羊产业联盟的方法，通过技术集成与创新，加速培育新品种，促进科技创新和规模化生产（张居农和濮方德，2005）。并通过及时向政府主管部门反映企业的意见与要求，协调不同企业间及地区间生产经营的问题，维护农民及生产企业的合法权益不受侵犯，促进种羊产业健康协调发展。为企业和农民在生产经营、市场营销、政策法规、科学技术、经营决策等方面提供咨询服务。积极发挥产业联盟的服务和纽带作用，实现地方龙头企业与农牧民真正的互惠互利，营造肉羊产业发展的良好环境。

3. 养殖户、养殖场肉羊品种改良的技术推广

（1）建立科学的种群选择技术。对于养殖户及养殖场等一线的生产单位，切忌盲目跟风开展种群选择工作，要严格遵循科学的种群选择步骤开展。即在开展选种工作前，首先应明确选种的目标。通常情况下，养殖户及养殖场等引入肉用种羊的目的主要有 3 个：其一是用作纯繁推广，即引入国

外优秀肉用种羊，建立起引进品种的良种生产体系，以满足国内肉羊生产的产业发展需求。其二是通过引进优良品种与地方品种杂交导入优良基因，以改善原始品种的生产性能及综合品质。其三是引进新品种用作育种材料与一些优秀地方品种进行杂交改良，培育出一些新品种或新品系。因此，当开展种羊选种、引种工作时，应充分考虑各地经济发展需求，结合各地肉羊养殖户或养殖场自身生产的实际情况，明确科学的引种目标。

在明确引种目标后，下一步就是确定引进的品种类型。通常情况下，选择的引进品种应具有种用价值高，经济效益好及适用性强等特点。即按照引种的目标及要求，参照当地特殊的养殖条件（地理位置、自然环境、养殖业生产水平及规模、饲料资源生产状况等），并与引种地的社会、自然环境进行认真对比，有针对性地对待引进种羊的生长性能、繁殖性能、屠宰性能及羊肉品质等特性进行考察。此外，不能忽略对引进种羊的适应性进行考察，主要包括对该品种在耐热、耐寒、耐粗饲及抗病力等性状的比较。在综合生产性能及适应性的考察结果后，选择合适的品种进行引进。

在制定合理的引种目标，选择了引进品种类型后，接下来需要做的就是进行实地考察，选择购买合适的种用肉羊。在种羊选择的时候首先应注意查验种羊的来源，即仔细审阅种羊的品系来源，同时应细心查看比对种羊的体重、体长、胸围、毛色等外貌特征，如果待引进种羊有后代的话，还应对后代生产性能指标进行针对性对比，根据后代的好坏直接对种羊的品质进行评价，最终选择出最佳的种羊进行引种。

（2）选用合适的品种改良模式及改良技术。根据引种前制定的引种目标，结合具体引进的肉羊类型，选择合适的品种改良模式。一般养殖户及养殖场主要使用二元杂交及三元杂交方式对地方品种进行改良（董成存，2018）。在二元杂交时，首先选择本地优秀的母羊作母本，以对该地方品种的优势进行突出后用作后续配种使用。而在三元杂交中，从当地品种中选择出优秀母本，以外部引进的优秀公羊作为父本，在杂交一代中产生的公羊作育肥饲养处理，而母羊则保留并与肉用优良品种的公羊进行杂交处理，在这种模式下，羔羊将具有更长的生产周期。此外，当杂交母羊产羔后，应对产羔母羊进行短期的补充哺乳处理，并在泌乳期间母羊的饲养管理过程中做好科学饲喂措施的使用，如加强营养性调控，加强母羊的运动管理等。由于肉羊发情具有较强的季节性及规律性，通常情况下，在当年的 9—10 月至翌年初春这段时间是最佳的配种时间。尤其是对于母羊初次发情配种，更应注意把握肉羊发情季节的特点，合理配种，以提高母羊受胎率。此外，对于一些年龄较大的经产母羊，则应尽量尽早开展配种工作。反之，对于一些年龄较小的母羊，则可以适当晚一些开展配种工作。一般而言，对于15月龄左右的母羊，当其体重达到30~40kg时，即满足配种要求，此时开展配种工作可大大提高生产效益。

（3）建立高效科学的饲养管理技术。此外，除了使用高效的改良模式外，还应结合具体引进的肉羊类型制定科学高效的饲养管理技术，以确保充分发挥种羊的生产性能。因此在种羊饲养环节，应注意把握不同阶段种用公母羊的特点，结合生产需求，进行科学管理。尤其应注意加强在配种及非配种期间公母羊体质管理，即针对多个种公羊个体体质上的差异，认真研究比对，根据体质差异实行分开饲喂和管理，促进种公羊整体健康水平的提高，进而确保在后期配种过程中自身作用的充分发挥。如在配种前饲喂一些优质青干草及一些多汁饲草或胡萝卜，并补充一些蛋白含量高的配料。保证种公羊以一种最佳状态进行配种，此外在配种期间，可以在饲料中每天添加2~3个鸡蛋补充体力。对于集中调教好的公羊，可以采取自然发情配种或人工授精这两种方式进行配种，也可采取人工授精与自然配种互补配合的方式进行配种工作。一般情况下，成年种公羊一天可自然配种2~3次，每次配种后中间至少休息2~3h再开始下一次配种，连续配种3~4d，中间应休息1d，一个月平均可自然配种60次左右。对于自然发情配种公羊，如果在配种期间性欲不强，配种次数达不到平均水品，可以通过灌服补充地龙、淫羊藿等中药粉末，促使公羊恢复到正常的配种状态，以提高种公羊生产性能。或者结合人工授精的方法进行配种，一般情况下，成年种公羊一次射精量在1~2mL，稀释2~3倍后可供10~30只母羊配种使用。

除了加强对种公羊的饲养管理外，对于种用母羊的饲养管理更应格外重视，因为母羊在体质上的差异，会导致不同的发情表现，使得配种时间难以掌握，从而影响到最终的配种效果。因此在配种前期，需要严格实行公母羊分群饲养，适当加强种用母羊的营养及运动量，保证充足的光照及羊舍的清洁，在开展配种工作前，将种公羊引入母羊羊舍，通过公羊爬跨等行为给母羊施加异性诱导催情，从而刺激母羊分泌卵泡激素，促进排卵，提高受胎率。此外，为了方便种羊场的管理和提高生产效率，可以通过注射前列腺素类药物进行同期发情管理。例如，可以通过颈部肌肉注射0.1mg的氯前列烯醇制剂，一般在1~5d内母羊发情率可达90%~96%。另外，可以通过注射6~8mg的前列腺素进行调控，一般在注射后72h内会有50%~60%的母羊发情，因此一般在第一次注射11d以后进行第二次补充注射，这时可以提高发情率至80%以上。但是在使用前列腺素的时候，尤其要注意对配种母羊是否怀孕进行B超检查，因为前列腺素的注射会引起妊娠母羊的流产。此外，还可以通过注射5~10mg的已烯雌酚、12.5mg左右的黄体酮、8~15mg的二酚乙烷，4~8mg的苯甲酸雌二醇或者0.5~1mL的三合激素（含25mg/mL丙酮酸睾丸素，12.5mg/mL黄体酮及1.5mg/mL苯甲酸雌二醇）进行催情，同时注意催情期间的营养补充，从而提高配种期间的受精怀孕比例。此外，除了注射药物进行催情外，还可以通过补充中药对配种母羊进行催情，如通过煎服益母草、南瓜叶、红花、当归、香附、芦比子等对母羊进行催情调理（李保国，2014）。

参考文献

曹斌云，王建刚. 2006. 杜泊羊种质特性初步研究［C］. 中国羊业发展大会.

陈圣偶. 2002. 凉山半细毛羊的选育及其生产性能［J］. 草食家畜（2）：21-24.

陈建，何焕周，姜栾平，等. 2007. 乐至黑山羊优良性状的研究［J］. 中国草食动物科学（z1）：45-46.

边仕育，木乃尔什，马庆，等. 2006. 建昌黑山羊生产性能测定［J］. 中国草食动物科学，26（1）：26-27.

邓卫东，席冬梅，苟潇，等. 2009. 乌骨绵羊的发现及其种质特征［C］. 全国动物遗传育种学术讨论会.

董晓宁，李文杨，张晓佩. 2009. 戴云山羊调查研究［J］. 中国草食动物，29（1）：66-67.

李保国. 2014. 肉羊同期发情控制技术［J］. 河南畜牧兽医：综合版，35（6）：20-21.

李文杨，刘远，张晓佩，等. 2012. 福清山羊品种资源调查研究［J］. 中国畜牧兽医文摘，11：64-65.

李静，黄丽珍. 2007. 优质地方特色羊——赣西北黑山羊［J］. 农村百事通（9）：41-41.

蔺文琪，赵辉，张选民，等. 2007. 引进新西兰安哥拉山羊改良国内安哥拉山羊的研究［J］. 西北农业学报，16（3）：41-46.

荣威恒. 2014. 中国肉羊种业发展研究［J］. 中国草食动物科学（S1）：

415-419.
童成存. 2018. 浅谈肉羊品种的改良［J］. 当代畜禽养殖业，433（10）：27.
谭晓山，李冰，赵永聚. 2015. 我国绵、山羊育种工作现状与发展前景［J］. 中国畜牧杂志，16：21-25.
王杰，欧阳熙. 1995. 成都麻羊生长发育及繁殖性能研究［J］. 草业与畜牧（3）：31-33.
王金文. 2010. 小尾寒羊种质特性与利用［M］. 北京：中国农业大学出版社.
吴晓平，金停祥. 2012. 肉羊品种改良的四项关键技术［J］. 山东畜牧兽医（9）：22-24.
赵有璋. 2002. 面向21世纪课程教材羊生产学（动物科学专业用）［M］. 第2版. 北京：中国农业出版社.
赵有璋. 2005. 现代中国养羊（精）［M］. 北京：金盾出版社.
张伯钧，祁树彬，张洪芝，等. 2004. 吐根堡奶山羊引种、繁殖的报道［J］. 养殖技术顾问（8）：14-15.
张子军，李秉龙. 2011. 中国南方肉羊产业及饲草资源现状分析［J］. 中国草食动物科学（2）：47-51.
张作仁，吴惠珍，熊金洲，等. 2004. 马头山羊生长发育特性的调查研究［J］. 湖北畜牧兽医（3）：25-27.
张居农，濮方德. 2005. 调整思路加速我国肉羊产业化发展进程［C］. 中国畜牧兽医学会养羊学分会全国养羊生产与学术研讨会议.
张年，陈明新，索效军，等. 2009. 宜昌白山羊种质特性及其利用［J］. 湖北农业科学（11）：175-177.
张红平，王维春，熊朝瑞，等. 2004. 南江黄羊的种质特性［J］. 中国草食动物科学（z1）：113-114.
张莹，黄绍义，达永仙，等. 2016. 云岭山羊种质特性探究［J］. 中国畜禽种业（4）：54-55.
张莹，黄绍义，达永仙，等. 2016. 圭山山羊种质特性探究［J］. 黑龙江畜牧兽医（11）：101-102.
钟银祥，杨忠诚，王武. 2003. 板角山羊的鉴定与选择［J］. 畜牧与兽医，35（8）：18.

第三章　南方农区肉羊饲料资源状况

第一节　我国饲料资源概况

我国的饲料资源总体情况可以概括为“三缺一不足”的现状，即精饲料、粗蛋白质饲料和优质粗饲料缺乏，饲料资源总量严重不足（纪苗苗，2010）。具体表现为我国谷物饲料的短缺和能量饲料的供应不足，蛋白质饲料原料的缺乏和蛋白质饲料自给率的低下，在粗饲料内部，牧草和青绿多汁饲料等优质粗饲料的缺乏，加之秸秆和秕壳等劣质粗饲料偏多，而可开发利用的饲料资源总量不足已然是制约畜牧业生产整体效率提高的因素之一（纪苗苗，2010）。

存在这些问题的原因有以下几点：首先，能量饲料资源开发的不足。我国玉米产量仅 1.1 亿 t/年，而美国则达到了 2.5 亿 t/年；虽然我国的稻谷和小麦年产分别为 2 亿多 t 和 1 亿多 t，但是这两种谷物的售价通常高于玉米，且这两种谷物的有效能值仅为玉米的 75%～95%；虽然我国拥有丰富的块根块茎类饲料资源，酱渣和酒糟及玉米浆等农作副产物的年产量也多达 1 亿 t，但整体在饲料工业中的利用率低于 10%，其主要原因是传统加工工艺的落后、投入与产出比竞争力低、产品的能量转化率低（纪苗苗，2010；李爱科等，2007）。其次，饲料行业技术落后、潜在饲料资源数量不清，主要是因为长久以来，一直缺乏全国性的饲料资源统一调查，导致现有饲料资源数据不一（纪苗苗，2010）。加之，根据我国中长期的人口增长趋势、农业生产技术水平提升的速度和土地资源状况分析，我国常规饲料资源已远不能满足畜牧业发展的需要，因此，非常规饲料的开发与利用显得尤为重要（纪苗苗，2010）。

非常规饲料，是指区别于大豆和玉米等粮食饲料，在配合饲料中使用较少或是在动物饲养中非主要饲料的一类资源（李景伟，2015）。由于大多数非常规饲料的营养成分不均衡，必须经过科学合理的加工处理后才能利用（李景伟，2015）。

非常规饲料的种类繁多，主要有以下几种：①农作物秸秆、秕壳。我国的农作物秸秆和秕壳不仅种类多而且产量大，此类资源主要包括水稻秸秆及秕壳、小麦秸秆及秕壳、玉米秸秆及玉米芯、高粱秸秆及秕壳、花生蔓、薯秧等（李景伟，2015）。②糟渣类。在传统的加工过程中，酒、酱油、淀粉等产品的生产加工会产生大量的酒糟、酱油渣和淀粉下脚料等糟渣类副产物（李景伟，2015）。③林业副产物。林业副产物通常指树叶、嫩枝、树籽等，其维生素和生物激素含量丰富，同时也是较好的蛋白质补充料（李景伟，2015）。

先进的科学技术使非常规饲料的资源化利用成为可能，随着畜牧行业的迅速发展，非常规饲料的兴起也属意料之中。但在开发非常规饲料资源的同时也暴露出了许多问题（李景伟，2015）。在很多地区人们对非常规饲料资源的认识和重视度还是不够，大量的资源因得不到科学合理的利用而被当成农业废弃物抛弃或焚烧，因此需要做好科普工作，让人们意识到非常规饲料资源的潜在价值（李景伟，2015）。此外，在利用非常规饲料资源的时候，还需要注意因地制宜，积极发展当地产量大、易开发的资源，尤其是蛋白类资源和粗饲料的开发利用（李景伟，2015；孟令芝，1988）。由于我国非常规饲料资源种类多、数量大，不同地区、不同处理方式生产出的产品质量会有所差异，很难统一质量标准（李景伟，2015）。

开发利用非常规饲料资源或能起到缓解人畜争粮的作用，但这也需要在科学合理的方式方法下进行。

第二节　我国南方地区农作及其废弃物资源概况

我国的南方地区主要是指秦岭—淮河一线以南的地区，该地区约占全国25%的陆域面积，主要包括江苏、安徽、湖北、湖南、浙江、福建、广东、广西、江西、贵州、重庆、四川、云南、海南等14个省（区、市）（瞿明仁，2013）。南方地区主要以热带亚热带季风气候为主，温热潮湿，产水稻、甘蔗、油菜、桑类、木薯、麻类等经济作物，每年可产生大量的农作副产物（李晟等，2015）。

一、南方地区农作物总播种面积

由表3-1可知，2018年全国农作物总播种面积较2014年相比增加了719千hm^2。2014—2018年，南方地区的农作物总播种面积占全国农作物总播种面积的 46.9%~49.1%，其中，四川省的农作物总播种面积为南方地区中农作物总播种面积最大的省，其次是安徽省。

表 3-1　2014—2018 年南方地区农作物总播种面积　（单位：千 hm^2）

项目	年份				
	2014	2015	2016	2017	2018
江苏	7 678.6	7 745.0	7 676.9	7 556.4	7 520.2
安徽	8 945.5	8 950.5	8 893.6	8 726.7	8 771.1
湖北	8 112.3	7 952.4	7 843.5	7 956.1	7 952.9
湖南	8 764.5	8 717.0	8 793.3	8 322.0	8 111.1
浙江	2 274.0	2 290.5	2 274.4	1 981.1	1 978.7
福建	2 305.2	2 331.3	2 327.3	1 549.3	1 577.3
广东	4 744.9	4 784.7	4 830.8	4 227.5	4 279.4
广西	5 929.9	6 134.7	6 145.3	5 969.9	5 972.4
江西	5 570.5	5 579.1	5 560.7	5 638.5	5 555.8
重庆	3 540.4	3 575.8	3 600.7	3 339.6	3 348.5
四川	9 668.6	9 689.9	9 728.6	9 575.0	9 615.3
贵州	5 516.5	5 542.2	5 596.8	5 659.4	5 477.2
云南	7 194.4	7 185.6	7 164.5	6 790.8	6 890.8
海南	859.6	845.3	823.3	709.4	712.9
合计	81 104.9	81 324.0	81 259.7	78 001.7	77 763.6
全国	165 183.0	166 829.0	166 939.0	166 332.0	165 902.0

资料来源：《2015 中国统计年鉴》《2016 中国统计年鉴》《2017 中国统计年鉴》《2018 中国统计年鉴》《2019 中国统计年鉴》

二、南方地区水稻及其副产物

由表 3-2 可知，2018 年南方地区水稻播种面积合计为 23 704.3 千 hm^2（占全国水稻播种面积的 78.5%）、稻谷产量为 16 339.6 万 t（占全国稻谷产量的 77.0%），稻草产量为 16 993.2 万 t（占全国稻草产量的 77.0%），在南方地区中湖南省的水稻播种面积最广、稻谷产量和稻草产量最高，分别为 4 009.0 千 hm^2（占南方地区水稻播种面积的 16.9%、占全国水稻播种面积的 13.3%）、2 674.0 万 t、2 781.0 万 t；其次是江西省，水稻播种面积为 3 436.2 千 hm^2（占南方地区水稻播种面积的 14.5%、占全国水稻播种面积的 11.4%）、稻谷产量为 2 092.2 万 t、稻草产量为 2 175.9 万 t。

表 3-2　2018 年南方地区水稻种植及其副产物产出情况

项目	播种面积（千 hm^2）	稻谷产量（万 t）	稻草产量（万 t）
江苏	2 214. 7	1 958. 0	2 036. 3
安徽	2 544. 8	1 681. 2	1 748. 4
湖北	2 391. 0	1 965. 6	2 044. 2
湖南	4 009. 0	2 674. 0	2 781. 0
浙江	651. 1	477. 4	496. 5
福建	619. 6	398. 3	414. 2
广东	1 787. 4	1 032. 1	1 073. 4
广西	1 752. 6	1 016. 2	1 056. 8
江西	3 436. 2	2 092. 2	2 175. 9
重庆	656. 4	486. 9	506. 4
四川	1 874. 0	1 478. 6	1 537. 7
贵州	671. 8	420. 7	437. 5
云南	849. 6	527. 7	548. 8
海南	246. 1	130. 7	135. 9
合计	23 704. 3	16 339. 6	16 993. 2
全国	30 189. 0	21 212. 9	22 061. 4

资料来源：《2019 中国统计年鉴》，稻草产量为估算值（按草谷比 1. 04：1 估算）（王晓玉等，2012）

三、南方地区小麦及其副产物

由表 3-3 可知，2018 年南方地区小麦播种面积合计为 7 652. 5 千 hm^2（占全国小麦播种面积的 31. 5%）、小麦产量为 3 717. 8 万 t（占全国小麦产量的 28. 3%）、小麦秸秆产量为 4 758. 8 万 t（占全国小麦秸秆产量的 28. 3%），在南方地区中安徽省的小麦播种面积最广、小麦产量和小麦秸秆产量最高，分别为 2 875. 9 千 hm^2（占南方地区小麦播种面积的 37. 6%、占全国小麦播种面积的 11. 9%）、1 607. 5 万 t、2 057. 6 万 t；其次是江苏省，小麦播种面积为 2 404. 0 千 hm^2（占南方地区小麦播种面积的 31. 4%、占全国小麦播种面积的 9. 9%）、小麦产量为 1 289. 1 万 t、小麦秸秆产量为 1 650. 0 万 t。

表 3-3　2018 年南方地区小麦种植及其副产物产出情况

项目	播种面积（千 hm²）	小麦产量（万 t）	小麦秸秆产量（万 t）
江苏	2 404.0	1 289.1	1 650.0
安徽	2 875.9	1 607.5	2 057.6
湖北	1 105.0	410.4	525.3
湖南	23.4	8.0	10.2
浙江	85.4	35.8	45.8
福建	0.2	0.1	0.1
广东	0.4	0.2	0.3
广西	3.0	0.5	0.6
江西	14.6	3.2	4.1
重庆	24.8	8.2	10.5
四川	635.0	247.3	316.5
贵州	141.6	33.2	42.5
云南	339.2	74.3	95.1
海南	—	—	—
合计	7 652.5	3 717.8	4 758.8
全国	24 266.0	13 144.0	16 824.3

资料来源：《2019 中国统计年鉴》，小麦秸秆产量为估算值（按草谷比 1.28：1 估算）（王晓玉等，2012）

四、南方地区玉米及其副产物

由表 3-4 可知，2018 年南方地区玉米播种面积合计为 8 298.0 千 hm²（占全国玉米播种面积的 19.7%）、玉米产量为 4 301.2 万 t（占全国玉米产量的 16.7%）、玉米秸秆产量为 4 602.3 万 t（占全国玉米秸秆产量的 16.7%），在南方地区中四川省的玉米播种面积最广、玉米产量和玉米秸秆产量最高，分别为 1 856.0 千 hm²（占南方地区玉米播种面积的 22.4%、占全国玉米播种面积的 4.4%）、1 066.3 万 t、1 140.9 万 t；其次是云南省，玉米播种面积为 1 785.2 千 hm²（占南方地区玉米播种面积的 21.5%、占全国玉米播种面积的 4.2%）、玉米产量为 926.0 万 t、玉米秸秆产量为 990.8 万 t。

表 3-4　2018 年南方地区玉米种植及其副产物产出情况

项目	播种面积（千 hm^2）	玉米产量（万 t）	玉米秸秆产量（万 t）
江苏	515.8	300.0	321.0
安徽	1 138.6	595.6	637.3
湖北	781.2	323.4	346.0
湖南	359.2	202.8	217.0
浙江	49.3	20.6	22.0
福建	28.8	12.6	13.5
广东	120.1	54.5	58.3
广西	584.4	273.4	292.5
江西	35.0	15.7	16.8
重庆	442.3	251.3	268.9
四川	1 856.0	1 066.3	1 140.9
贵州	602.1	259.0	277.1
云南	1 785.2	926.0	990.8
海南	—	—	—
合计	8 298.0	4 301.2	4 602.3
全国	42 130.0	25 717.4	27 517.6

资料来源：《2019 中国统计年鉴》，玉米秸秆产量为估算值（按草谷比 1.07：1 估算）（王晓玉等，2012）

五、南方地区豆类及其副产物

由表 3-5 可知，2018 年南方地区豆类播种面积合计为 3 341.9 千 hm^2（占全国豆类播种面积的 32.8%）、豆类产量为 660.3 万 t（占全国豆类产量的 34.4%）、豆类秸秆产量为 891.4 万 t（占全国豆类秸秆产量的 34.4%）。在南方地区中安徽省的豆类播种面积最广为 687.6 千 hm^2（占南方地区豆类播种面积的 20.6%、占全国豆类播种面积的 6.8%），其次是四川省，但四川省的豆类产量及豆类秸秆产量均为南方地区中最高的，分别为 121.5 万 t 和 164.0 万 t。

表 3-5　2018 年南方地区豆类种植及其副产物产出情况

项目	播种面积（千 hm^2）	豆类产量（万 t）	豆类秸秆产量（万 t）
江苏	257.1	65.0	87.8
安徽	687.6	103.0	139.1

（续表）

项目	播种面积（千 hm^2）	豆类产量（万 t）	豆类秸秆产量（万 t）
湖北	247. 1	38. 4	51. 8
湖南	148. 2	36. 3	49. 0
浙江	113. 1	28. 2	38. 1
福建	37. 9	10. 8	14. 6
广东	41. 1	11. 3	15. 3
广西	155. 4	26. 2	35. 4
江西	127. 6	29. 4	39. 7
重庆	201. 4	40. 9	55. 2
四川	524. 9	121. 5	164. 0
贵州	325. 1	29. 3	39. 6
云南	469. 4	118. 1	159. 4
海南	6. 0	1. 9	2. 6
合计	3 341. 9	660. 3	891. 4
全国	10 186. 0	1 920. 3	2 592. 4

资料来源：《2019 中国统计年鉴》，豆类秸秆产量为估算值（按草谷比 1. 35：1 估算）（王晓玉等，2012）

六、南方地区甘蔗及其副产物

由表 3-6 可知，2018 年南方地区甘蔗播种面积合计为 1 403. 8 千 hm^2（占全国甘蔗播种面积的 99. 8%）、甘蔗产量为 10 794. 1 万 t（占全国甘蔗产量的 99. 9%）、甘蔗渣产量为 1 727. 1 万 t（占全国甘蔗渣产量的 99. 9%）、甘蔗梢产量为 3 670. 0 万 t（占全国甘蔗梢产量的 99. 9%），在南方地区中广西的甘蔗播种面积最广、甘蔗产量、甘蔗渣和甘蔗梢产量最高，分别为 886. 4 千 hm^2（占南方地区甘蔗播种面积的 63. 1%、占全国甘蔗播种面积的 63. 0%）、7 292. 8 万 t、1 166. 8 万 t、2 479. 6 万 t；其次是云南省，甘蔗播种面积为 260. 0 千 hm^2（占南方地区甘蔗播种面积的 18. 5%、占全国甘蔗播种面积的 18. 5%）、甘蔗产量为 1 640. 1 万 t、甘蔗渣产量为 262. 4 万 t、甘蔗梢产量为 557. 6 万 t。

表 3-6　2018 年南方地区甘蔗种植及其副产物产出情况

项目	播种面积（千 hm^2）	甘蔗产量（万 t）	甘蔗渣产量（万 t）	甘蔗梢产量（万 t）
江苏	0. 9	5. 3	0. 8	1. 8

（续表）

项目	播种面积（千 hm²）	甘蔗产量（万 t）	甘蔗渣产量（万 t）	甘蔗梢产量（万 t）
安徽	1.7	10.1	1.6	3.4
湖北	6.5	27.7	4.4	9.4
湖南	7.4	33.8	5.4	11.5
浙江	6.2	40.6	6.5	13.8
福建	4.9	26.1	4.2	8.9
广东	172.6	1 412.7	226.0	480.3
广西	886.4	7 292.8	1 166.8	2 479.6
江西	14.3	64.6	10.3	22.0
重庆	2.2	9.1	1.5	3.1
四川	9.3	36.2	5.8	12.3
贵州	10.6	62.5	10.0	21.3
云南	260.0	1 640.1	262.4	557.6
海南	20.8	132.5	21.2	45.1
合计	1 403.8	10 794.1	1 727.1	3 670.0
全国	1 406.0	10 809.7	1 729.6	3 675.3

资料来源：《2019 中国统计年鉴》，甘蔗梢产量为估算值（按草谷比 0.34：1 估算），甘蔗渣产量为估算值（甘蔗渣系数为 0.16）（李晟等，2015）

七、南方地区油菜及其副产物

由表 3-7 可知，2018 年南方地区油菜播种面积合计为 5 516.1 千 hm²（占全国油菜播种面积的 84.2%）、油菜籽产量为 1 115.7 万 t（占全国油菜籽产量的 84.0%）、油菜秸秆产量为 3 235.5 万 t（占全国油菜秸秆产量的 84.0%），在南方地区中湖南省的油菜播种面积最广为 1 222.2 千 hm²（占南方地区油菜播种面积的 22.2%、占全国油菜播种面积的 18.7%），其次是四川省为 1 218.5 千 hm²（占南方地区油菜播种面积的 22.1%、占全国油菜播种面积的 18.6%）；而油菜籽产量和油菜秸秆产量最高的则是四川省，分别为 292.2 万 t 和 847.4 万 t。

表 3-7　2018 年南方地区油菜种植及其副产物产出情况

项目	播种面积（千 hm²）	油菜籽产量（万 t）	油菜秸秆产量（万 t）
江苏	159.1	45.7	132.5
安徽	357.0	84.3	244.5

（续表）

项目	播种面积（千 hm^2）	油菜籽产量（万 t）	油菜秸秆产量（万 t）
湖北	933.0	205.3	595.4
湖南	1 222.2	204.2	592.2
浙江	104.9	23.3	67.6
福建	5.3	0.9	2.6
广东	4.7	1.1	3.2
广西	24.4	2.3	6.7
江西	483.0	69.1	200.4
重庆	250.2	48.6	140.9
四川	1 218.5	292.2	847.4
贵州	497.7	86.2	250.0
云南	256.1	52.5	152.3
海南	—	—	—
合计	5 516.1	1 115.7	3 235.5
全国	6 551.0	1 328.1	3 851.5

资料来源：《2019 中国统计年鉴》，油菜秸秆产量为估算值（按草谷比 2.90 : 1 估算）（王晓玉等，2012）

八、南方地区薯类及其副产物

由表 3-8 可知，2018 年南方地区薯类播种面积合计为 4 778.7 千 hm^2（占全国薯类播种面积的 66.6%）、薯类产量为 1 827.2 万 t（占全国薯类产量的 63.8%）、薯类秸秆产量为 968.4 万 t（占全国薯类秸秆产量的 63.8%），在南方地区中四川省的薯类播种面积最广、薯类产量和薯类秸秆产量最高，分别为 1 261.2 千 hm^2（占南方地区薯类播种面积的 26.4%、占全国薯类播种面积的 17.6%）、541.3 万 t、286.9 万 t；其次是贵州省，薯类播种面积为 902.0 千 hm^2（占南方地区薯类播种面积的 18.9%、占全国薯类播种面积的 12.6%）、薯类产量为 291.2 万 t、薯类秸秆产量为 154.3 万 t。

表 3-8　2018 年南方地区薯类种植及其副产物产出情况

项目	播种面积（千 hm^2）	薯类产量（万 t）	薯类秸秆产量（万 t）
江苏	35.7	22.8	12.1
安徽	60.2	14.9	7.9
湖北	308.1	97.0	51.4

（续表）

项目	播种面积（千 hm^2）	薯类产量（万 t）	薯类秸秆产量（万 t）
湖南	188.6	95.0	50.4
浙江	72.7	35.2	18.7
福建	142.4	75.1	39.8
广东	199.8	94.7	50.2
广西	267.7	50.7	26.9
江西	102.0	49.1	26.0
重庆	672.6	284.9	151.0
四川	1 261.2	541.3	286.9
贵州	902.0	291.2	154.3
云南	531.6	160.7	85.2
海南	34.1	14.6	7.7
合计	4 778.7	1 827.2	968.4
全国	7 180.0	2 865.4	1 518.7

资料来源：《2019 中国统计年鉴》，薯类秸秆产量为估算值（按草谷比 0.53：1 估算）（王晓玉等，2012）

我国作为世界农业生产大国，农作副产物在日常生活不仅来源广泛，而且产量庞大，但农作副产物的综合利用率确有待进一步提升。通常大多数农作副产物会作为农村燃料或肥料，且由于传统观念认为农作副产物的适口性差、粗蛋白含量低、动物采食量低等，致使农作副产物的饲用价值难以被重视（李晟等，2015）。由表 3-9 可知，稻草、小麦秸秆、、玉米秸秆、豆秸秆、甘蔗渣、甘蔗梢、油菜秸秆、木薯渣、红薯藤这几种常见的农作副产物的养分含量也是各有不同，红薯藤的粗蛋白含量相对较高、甘蔗渣的中性洗涤纤维和酸性洗涤纤维含量相对较高、玉米秸秆的粗脂肪含量相对较高。粗饲料的合理加工处理对农作副产物的资源化利用有重要的意义，通过物理、化学、生物学处理可在一定程度上提升其营养价值（李晟等，2015），粗饲料经过一般的粉碎处理后可以提升动物采食量约 7%、加工制粒可以提升动物采食量约 37%、经过化学处理可以提升有机物消化率 30%～50%（李晟等，2015；林伟，2010）、通过生物学处理可以提升粗饲料降解率约 11%（李晟等，2015；吴文韬，2013）。农作副产物除了饲料化利用外，还可以进行肥料化、基料化、能源化等处理（刘进法，2018）。

表 3-9　部分农作副产物养分含量　(%)

项目	干物质	粗蛋白	中性洗涤纤维	酸性洗涤纤维	粗纤维	粗脂肪	粗灰分	资料来源
稻草	85.0	4.8	—	—	35.6	1.4	12.4	高翔，2010
小麦秸秆	85.0	4.4	—	—	36.7	1.4	6.0	高翔，2010
玉米秸秆	94.4	5.7	—	—	29.3	16.0	6.6	高翔，2010
豆秸秆	90.8	4.6	56.0	42.3	—	—	5.8	孟梅娟，2015
甘蔗渣	—	1.5	89.7	65.3	—	—	—	吉中胜等，2018
甘蔗梢	29.5	5.3	71.3	40.0	—	1.6	6.4	朱妮等，2019
油菜秸秆	96.6	5.9	67.2	55.4	—	2.6	7.7	闫佰鹏等，2019
木薯渣	—	8.2	—	—	13.9	1.1	7.9	李北等，2019
红薯藤	89.8	12.6	51.5	36.6	—	—	—	张吉鹍等，2016

第二节　我国南方地区农作废弃物资源化利用

农作副产物虽属农业废弃物，但是也具有一定的再利用价值，加之农作副产物目前的综合利用率有待提升，因此农作副产物的资源化利用或能在一定程度上有利于农作副产物综合利用率的提升。按照用途分类，农作副产物的利用方式可分为：肥料化、饲料化、能源化、基料化、原料化利用（刘宇虹，2018）。农作副产物肥料化利用即通过直接还田与间接还田等方式将农作副产物作为土壤肥料，以改善土壤物理性质、提高土壤肥力、改善田间生态环境等（刘宇虹，2018）。农作副产物饲料化利用即将农作副产物通过青贮、微贮、氨化、压块成型、挤压膨化等技术将农作副产物合理调制后作为动物可食用的饲料，以减少农作副产物对环境的污染。农作副产物能源化利用即将农作副产物通过直燃供热、制沼等技术将农作副产物循环利用，以改善农业生态环境（刘宇虹，2018）。农作副产物基料化即将农作副产物用于食用菌的栽培，食用菌产业若能科学合理地利用农作副产物作为栽培食用菌的基料，或能进一步提升农作副产物的综合利用率（刘宇虹，2018）。农作副产物原料化利用即将农作副产物作为原料制作成环保绿色的新型材料（刘宇虹，2018）。

一、稻谷副产物

水稻是一种常见的粮食作物，也是主要的口粮作物（曹栋栋等，2019），结合表 3-2 可以看出，2018 年南方地区水稻播种面积约占全国水稻播种面积的78.5%、稻谷产量约占全国稻谷产量的77.0%、稻草产量约占全国稻草产量的77.0%。庞大的稻草产量需要多样性的资源化利用方式。杨雪等（2019）为了探究醋酸预处理提高厌氧发酵产气量的原因，研究用醋酸预处理水稻秸秆，之后将预处理后的水稻与牛粪混合进行厌氧发酵，测定发酵初始环境和发酵过程中纤维素酶活力、还原性糖、VFA含量、pH值、日产气量，并对其发酵过程中的稳定性系数进行分析，结果发现醋酸预处理能够显著提高沼气产量。夏炎（2010）通过试验发现在现有的种植制度和施肥水平条件下，秸秆还田不仅能提高稻麦的产量、提高稻麦品质、提高土壤的供肥和保肥的能力，同时还可以提高当季氮素的利用率，在一定程度上有利于稻麦高产、优质、高效、生态、安全之间的协调统一。班允赫等（2019）通过设置两种秸秆还田处理（以秸秆混土处理模拟旋耕还田，以秸秆不混土处理模拟秸秆沟埋还田），并采用尼龙网袋法，通过测定秸秆降解率和秸秆半纤维素、纤维素和木质素的含量，研究两种还田方式下施用降解菌系和助腐剂后水稻秸秆的降解规律，结果发现秸秆降解菌系和秸秆助腐剂均能提高水稻秸秆的降解效率，且不混土处理的施用效果好于混土处理。陈亮等（2019）以平菇为研究对象，研究基质中水稻秸秆含量对平菇生长的影响，结果发现基质中水稻秸秆含量会影响平菇的出菇时间和基质生物学效率，随着基质中水稻秸秆含量的降低，第二和第三潮菇的出菇时间会延迟，基质生物学效率会降低。文佐时（2017）通过试验发现，不同处理对于不同秸秆的降解率受其本身特性的影响很大，因干物质、粗蛋白、中性洗涤纤维、酸性洗涤纤维等含量的不同，在瘤胃里的降解率和降解特性也不同，为小肠提供可消化粗蛋白和干物质的潜力也不同。倪奎奎（2016）通过试验发现，乳酸菌和纤维素酶混合处理添加至水稻秸秆青贮饲料中比单独添加纤维素酶能有效地改善发酵过程，抑制有害菌的增殖，产生较高的乳酸和快速降低pH值。康建斌等（2015）为了进一步提高水稻秸秆酶解还原糖产量，对水稻秸秆饲料汽爆加工工艺进行了研究，结果发现改进与优化后的汽爆加工工艺能明显提高水稻秸秆酶解后还原糖产量。郑子乔等（2019）认为适当的青贮发酵方法可以提高水稻秸秆的营养价值，酶添加剂的使用与良好的管理措施可以提高和保证青贮水稻秸秆质量的稳定性。

二、小麦副产物

结合表3-3可以看出，2018年南方地区小麦播种面积约占全国小麦播种面积的31.5%、小麦产量约占全国小麦产量的28.3%、小麦秸秆产量约占全国小麦秸秆产量的28.3%。赵凯等（2019）通过分批厌氧消化试验探究了异养小藻球和小麦秸秆的厌氧消化性能，结果发现异养小藻球和小麦秸秆联合厌氧消化可以获得更好的厌氧消化性能。尹东海（2018）通过试验发现，将小麦秸秆还田可提升水稻产量、改善水稻品质。胡诚等（2017）开展了小麦秸秆替代部分化肥钾在水稻上的应用试验，对各处理土壤理化指标以及水稻生长、产量和养分吸收等相关指标进行了监测，结果发现小麦秸秆替代部分化肥钾在水稻上的应用是可行的，其中以秸秆替代1/2化肥钾较为适宜，可以获得相对较高的稻谷产量和相对较低的稻草产量，其谷草比较高。朱远芃等（2019）为探究氮肥和腐熟剂对小麦秸秆腐解的协同作用，采用田间堆腐的方法，设置自然堆腐、堆腐+氮肥、堆腐+腐熟剂、堆腐+氮肥和腐熟剂共4个处理进行试验，发现添加氮肥主要通过提高水解酶活性加速小麦秸秆腐解，而添加腐熟剂主要通过促进氧化酶活性加速小麦秸秆腐解，同时添加氮肥和腐熟剂主要通过提高氧化酶活性，进而加速小麦秸秆腐解。张路（2019）通过试验发现，小麦秸秆土表覆盖促进了当季水生蔬菜对氮磷钾的吸收利用，处理水生蔬菜硝酸盐含量降低，蔬菜品质得到提升。李建臻等（2016）通过试验发现，微贮制剂可改善微贮秸秆的色泽、气味、质地，使微贮秸秆质量提高。孟梅娟（2015）为了探究小麦秸秆与其他非常规饲料间的组合效应，将小麦秸秆分别与喷浆玉米皮、大豆皮、橘子皮、苹果渣、醋糟、米糠粕以0：100、25：75、50：50、75：25、100：0的比例进行组合，通过体外产气技术分析产气量、产气参数及产气组合效应等指标，发现小麦秸秆与喷浆玉米皮、大豆皮、米糠粕的最优组合是75：25，小麦秸秆与橘子皮、苹果渣、醋糟的最优组合是50：50。付潘潘等（2015）通过试验发现，饲料添加一定量的小麦秸秆生物质炭可以减少肉鸡腹脂沉积，降低血清总胆固醇和三酰甘油含量，在一定程度上有助于改善肉鸡的屠宰性能和生产性能。庞秀芬等（2017）在前期利用纤维素酶降解小麦秸秆的基础上（田萍等，2012），通过混合菌群的协同发酵作用，有效转化秸秆粗纤维，提高了菌体蛋白含量。

三、玉米副产物

玉米秸秆是一种巨大的潜在饲料资源，开发利用玉米秸秆具有重要的经济意义和生态意义（柴磊等，2018）。结合表3-4可以看出，2018年南方地区玉米播种面积约占全国玉米播种面积的19.7%、玉米产量约占全国玉米产量的16.7%、玉米秸秆产量约占全国玉米秸秆产量的16.7%。袁玲莉等

（2019）认为产甲烷潜力受到多种原料性质的影响，尤其是木质纤维素、可溶性化学需氧量、还原糖、挥发性脂肪酸；含水率随着玉米秸秆存储时间的增加而下降，存储20d以后秸秆呈干草状；木质纤维素含量随着存储时间的增加略有上升；可溶性化学需氧量和还原糖等浸提性质含量均在存储0~5d间迅速下降，之后随着存储时间的延长趋于稳定。谭娟等（2019）通过试验发现，玉米秸秆还田量为7 000kg/hm^2，小麦SOD活性与产量均提高，且小麦MAD含量降低较理想。李录久等（2017）通过试验发现，实施玉米秸秆粉碎直接还田能有效提高后季小麦拔节期、孕穗期和开花期等主要生育期0~10cm和10~20cm 2个层次土壤含水量，显著增加0~20cm土层水分含量，为小麦生长发育创造适宜的土壤水分条件，总体上以3 000kg/hm^{2}秸秆还田处理土壤水分含量较高，有利于春季小麦生长发育。付薇等（2019）通过试验发现，异型发酵乳酸菌单独或与同型发酵乳酸菌复合添加，可有效抑制玉米秸秆青贮的有氧腐败，并且前者有氧稳定性效果更好。韩健宝（2010）通过试验发现，玉米秸秆与橘子皮、干苹果渣，或水稻秸秆与橘子皮、干苹果渣、苜蓿混合青贮时，混合材料中橘子皮的水溶性糖分含量很高，较易获得理想的发酵品质。唐庆凤等（2018）通过试验发现，将桑枝叶与玉米秸秆以1∶1鲜质量比混贮并添加6%的植物乳杆菌制剂（占青贮原料鲜重）时，发酵品质最佳。王凤芝（2019）认为玉米秸秆的黄贮技术就是对干玉米秸秆进行发酵的技术，可以显著提高玉米秸秆的适口性，并且可提高饲料营养价值，提高饲料利用率。杨大盛等（2019）通过试验发现，添加乳酸菌和烷基多糖苷可增加黄贮玉米秸秆中乳酸产量，降低pH值，降低蛋白质的分解，提高玉米秸秆的黄贮品质与营养价值。

四、甘蔗副产物

甘蔗是一种热带和亚热带作物，光饱和点高，二氧化碳补偿点低，光合强度大（易芬远等，2014）。代正阳等（2017）认为甘蔗副产物可作为反刍动物重要的粗饲料来源之一，研究其营养价值并提高其饲料化利用效率具有很大的意义。结合表3-6可以看出，2018年南方地区甘蔗播种面积约占全国甘蔗播种面积的99.8%、甘蔗产量约占全国甘蔗产量的99.9%、甘蔗渣产量约占全国甘蔗渣产量的99.9%、甘蔗梢产量约占全国甘蔗梢产量的99.9%。甘蔗叶、甘蔗渣等甘蔗收获加工中产生的副产物，资源丰富，有一定的综合利用潜力。王智能等（2019）对综合营养成分及抗营养因子等分析表明，甘蔗副产物饲草资源从优到劣依次是蔗梢、蔗叶与蔗渣，尤其是蔗梢可与优质牧草皇竹草媲美，其产量丰富，是一种优质的潜在饲草资源；王智能等（2019）还认为蔗梢在2月底采集最佳，此时采集的蔗梢不仅营养物质含量大，且半纤维素、木质素等不易消化部分及抗营养因子含量都较低。王坤等（2020）通过试验发现，饲喂努比亚山羊的甘蔗尾叶青贮饲料中，添加植物乳杆菌、干酪乳杆菌、发酵乳杆菌和鼠李糖乳杆菌混合青贮能提高饲料效率。王定发等（2015）通过试验发现，添加纤维素酶或1.0g/kg丙酸青贮甘蔗尾叶可提高甘蔗尾叶青贮饲用品质。朱妮等（2019）探究了不同浓度的营养型添加剂（尿素）、发酵抑制型添加剂（乙酸）、发酵促进型添加剂（纤维素酶）对新鲜甘蔗梢青贮品质的影响，结果发现，在甘蔗梢青贮过程中添加0.6%尿素、1.4%乙酸和1.0%纤维素酶获得的青贮饲料品质较好。陈鑫珠等（2017）为开发利用葛藤和甘蔗梢，生产优质青贮，调制了多种混合比例的葛藤与甘蔗梢混合青贮，结果发现当葛藤和甘蔗梢质量比为6∶4时，pH值、氨态氮含量较低，粗蛋白质含量和乳酸含量较高，青贮品质较好。吉中胜等（2018）认为利用碱化蔗渣来制造饲料是可行的。陈鑫珠等（2018）通过试验发现，甘蔗梢绿汁发酵液能够降低菌糠青贮饲料的pH值、乙酸、丙酸和丁酸含量，提高青贮饲料的乳酸含量，能够有效促进菌糠发酵。钟少颖等（2019）认为甘蔗梢是一种粗纤维含量较高的粗饲料，通过试验发现在鹅饲料中使用10%以内甘蔗梢对1~21日龄马冈鹅的生长性能、免疫器官以及胃肠道发育无显著影响。吴兆鹏等（2016）通过试验发现，在甘蔗梢青贮时，同时添加尿素、糖蜜、乳酸菌，能有效降低其粗纤维含量，提高消化利用率。

五、油菜副产物

结合表3-7可以看出，2018年南方地区油菜播种面积约占全国油菜播种面积的84.2%、油菜籽产量约占全国油菜籽产量的84.0%、油菜秸秆产量约占全国油菜秸秆产量的84.0%。黎力之等（2014）通过试验发现，油菜秸秆粗蛋白、粗脂肪和钙含量处于较高水平，纤维含量偏高。张吉鹍等（2016）认为油菜秸秆是一种具有开发潜力的肉羊秸秆饲料。饶庆琳等（2019）通过试验发现，以油菜秸秆全量还田+复合肥10kg/667m^2的处理可兼顾后茬作物花生的生长与产量，以及秸秆的合理处置，能取得较好的环境保护效应及经济效益。宋燕（2012）通过试验发现，油菜秸秆可以作为杏鲍菇深层培养中的替代碳源。董瑷榕等（2019）研究了发酵油菜秸秆对山羊生长性能和养分降解率的影响，结果发现，用发酵油菜秸秆替代日粮中部分粗饲料对山羊的采食量无显著影响，但可提高日增重和日粮养分表观消化率，当替代量为10%时，经济效益最佳。孟春花等（2016）研究了氨化对油菜秸秆营养成分及山羊瘤胃降解特性的影响，结果发现，添加15%和20%碳酸氢铵氨化能显著提高油菜秸秆干物质、粗蛋白和酸性洗涤纤维的山羊瘤胃降解率，油菜秸秆经15%碳酸氢铵、30%水分条件下氨化处理效果最好、最经济。杨停等（2017）研究了油菜秸秆对四川白鹅生长及屠宰性能的影响，结果发现，油菜秸秆替代部分麦麸可以满足四川白鹅的日粮需求，并对其生长及屠宰性能无显著影响。

六、薯类副产物

结合表3-8可以看出，2018年南方地区薯类播种面积约占全国薯类播种面积的66.6%、薯类产量约占全国薯类产量的63.8%、薯类秸秆产量约占全国薯类秸秆产量的63.8%。杨琴等（2014）认为通过生物质联产方式能实现木薯茎秆的能源利用，保障联产系统高能效。陶光灿等（2011）认为木薯茎秆是较好的生物质原材料，具有开发固体成型燃料及热电联产的价值。徐缓等（2016）认为木薯是典型的热带、亚热带作物，具有高生物量的特性，同时其嫩茎叶含有丰富的粗蛋白和脂肪等营养物质，是南方重要的饲料蛋白质来源。兰宗宝等（2016）通过试验发现，30%木薯渣与70%玉米秸秆混贮的效果最佳。王高鑫等（2019）认为参薯茎叶具有饲用的潜质，可以作为饲料开发利用。

参考文献

班允赫，李旭，李新宇，等. 2019. 降解菌系和助腐剂对不同还田方式下水稻秸秆降解特征的影响［J］. 生态学杂志，38（10）：2982-2988.

曹栋栋，吴华平，秦叶波，等. 2019. 优质稻生产、加工及贮藏技术研究概述［J］. 浙江农业科学，60（10）：1716-1718.

柴磊，杨美荣，寇秋霜，等. 2018. 玉米秸秆发酵饲料在养殖业中的应用现状［J］. 畜禽业，29（10）：19-20.

陈亮，姜性坚，武小芬，等. 2019. 基质中水稻秸秆含量对平菇生长的影响［J］. 湖北农业科学，58（15）：87-89，94.

陈鑫珠，高承芳，张晓佩，等. 2017. 不同混合比例对葛藤甘蔗梢混合青贮品质的影响［J］. 中国农学通报，33（2）：138-141.
陈鑫珠，李文杨，刘远，等. 2018. 甘蔗稍绿汁发酵液对菌糠发酵品质的影响［J］. 草地学报，26（2）：474-478.
代正阳，邵丽霞，屠焰，等. 2017. 甘蔗副产物饲料化利用研究进展［J］. 饲料研究（23）：11-15.
董瑷榕，周勇，郭春华，等. 2019. 发酵油菜秸秆对山羊生长性能和养分降解率的影响［J］. 中国饲料（23）：105-109.
付潘潘，董娟，李恋卿，等. 2015. 饲料添加小麦秸秆生物质炭对肉鸡生长、屠宰性能和脂质代谢的影响［J］. 中国粮油学报，30（6）：88-93.
付薇，陈伟，韩永芬，等. 2019. 添加不同乳酸菌对玉米秸秆青贮有氧稳定性影响的研究［J］. 畜牧与饲料科学，40（9）：45-49.
高翔. 2010. 江苏省农作物秸秆综合利用技术分析［J］. 江西农业学报，22（12）：130-133，140.
韩健宝. 2010. 添加啤酒糟对农作物秸秆和农副产品混合青贮发酵品质的影响［D］. 南京：南京农业大学.
胡诚，刘东海，乔艳，等. 2017. 小麦秸秆替代化肥钾在水稻上的应用效果［J］. 天津农业科学，23（11）：91-95.
纪苗苗. 2010. 青贮水葫芦作为反刍动物饲料的研究［D］. 杭州：浙江大学.
吉中胜，黄耘，农秋阳，等. 2018. 碱化甘蔗渣制作牛羊饲料的研究［J］. 轻工科技，34（7）：34-35.
康建斌，李骅，缪培仁，等. 2015. 水稻秸秆饲料汽爆加工工艺改进与优化［J］. 南京农业大学学报，38（2）：345-349.
兰宗宝，姜源明，韦力，等. 2016. 木薯渣与玉米秸秆混合微贮饲料对摩本杂水牛饲养效果的影响［J］. 四川农业科技（9）：47-50.
李爱科，郝淑红，张晓琳，等. 2007. 我国饲料资源开发现状及前景展望［J］. 畜牧市场（9）：13-16.
李北，李永恒，黄允升，等. 2019. 木薯渣生物发酵饲料开发设计［J］. 轻工科技，35（11）：30-31.
李录久，吴萍萍，蒋友坤，等. 2017. 玉米秸秆还田对小麦生长和土壤水分含量的影响［J］. 安徽农业科学，45（24）：112-113，117.
黎力之，潘珂，袁安，等. 2014. 几种油菜秸秆营养成分的测定［J］.

江西畜牧兽医杂志（5）：28-29.
李建臻，徐刚，吴永胜，等. 2016. 不同微贮制剂处理农作物（小麦、油菜）秸秆效果研究［J］. 黑龙江畜牧兽医（9）：151-153.
李景伟. 2015. 木薯渣对肉牛生产性能、屠宰性能、胴体品质及血清生化指标的影响［D］. 泰安：山东农业大学.
李晟，燕海峰，李昊帮，等. 2015. 南方草食动物产业中农副产品资源利用现状［J］. 安徽农业科学，43（23）：127-132.
林伟. 2010. 肉牛高效健康养殖关键技术［M］. 北京：化学工业出版社.
刘进法. 2018. 新余市"五化"推进秸秆综合利用［J］. 江西农业（3）：49.
刘宇虹. 2018. 湖北农作物秸秆资源分布及其综合利用政策研究［D］. 武汉：华中师范大学.
孟春花，乔永浩，钱勇，等. 2016. 氨化对油菜秸秆营养成分及山羊瘤胃降解特性的影响［J］. 动物营养学报，28（6）：1796-1803.
孟令芝. 1988. 开发非常规饲料资源 促进畜牧业生产发展［J］. 四川草原（3）：9-12.
孟梅娟. 2015. 非常规饲料营养价值评定及对山羊饲喂效果研究［D］. 南京：南京农业大学.
倪奎奎. 2016. 全株水稻青贮饲料中微生物菌群以及发酵品质分析［D］. 郑州：郑州大学.
庞秀芬，王浩菊，段若依，等. 2017. 混合菌群发酵秸秆合成菌体蛋白及其动力学分析［J］. 生物资源，39（3）：217-222.
饶庆琳，胡廷会，成良强，等. 2019. 油菜秸秆还田与复合肥配施对花生生长及产量的影响［J］. 贵州农业科学，47（7）：18-20.
宋燕. 2012. 油菜秸秆在杏鲍菇深层培养中的应用［D］. 芜湖：安徽师范大学.
谭娟，陈楠，董伟，等. 2019. 玉米秸秆还田量对小麦生理生态特征和产量的影响［J］. 安徽农业科学，47（18）：41-42，45.
唐庆凤，杨承剑，彭开屏，等. 2018. 添加植物乳杆菌对桑枝叶与玉米秸秆混合青贮发酵品质的影响［J］. 饲料工业，39（19）：38-43.
陶光灿，谢光辉，Hakan Orberg，等. 2011. 广西木薯茎秆资源的能源利用［J］. 中国工程科学，13（2）：107-112.
田萍，王浩菊，马齐，等. 2012. 纤维素酶降解小麦秸秆最适条件的研究及其动力学分析［J］. 氨基酸和生物资源，34（2）：13-15.
王定发，李梦楚，周璐丽，等. 2015. 不同青贮处理方式对甘蔗尾叶饲用品质的影响［J］. 家畜生态学报，36（9）：51-56.
王高鑫，黄东益，周汉林，等. 2019. 参薯茎叶营养成分和饲用价值分析［J］. 饲料工业，40（8）：17-21.
王凤芝. 2019. 玉米秸秆黄贮料的优点和制作技术［J］. 现代畜牧科技（7）：39-40.
王坤，周波，穆胜龙，等. 不同微生物处理甘蔗尾叶青贮对努比亚山羊生长性能、养分消化和瘤胃发酵的影响［J］. 中国畜牧杂志：1-11［2020-02-20］. https://doi.org/10.19556/j.0258-7033.20190703-01.
王晓玉，薛帅，谢光辉. 2012. 大田作物秸秆量评估中秸秆系数取值研究［J］. 中国农业大学学报，17（1）：1-8.
王智能，沈石妍，杨柳，等. 2019. 蔗梢及皇竹草干制饲料的品质分析［J］. 饲料研究，42（1）：93-96.
吴文韬，鞠美庭，刘金鹏，等. 2013. 一株纤维素降解菌的分离、鉴定及对玉米秸秆的降解特性［J］. 微生物学通报，40（4）：712-719.
吴兆鹏，蚁细苗，钟映萍，等. 2016. 添加剂对甘蔗梢叶青贮营养价值的影响［J］. 广西科学，23（1）：51-55.
夏炎. 2010. 高产稻麦两熟制条件下秸秆还田效应的研究［D］. 扬州：扬州大学.
徐缓，林立铭，王琴飞，等. 2016. 木薯嫩茎叶饲料化利用品质分析与评价［J］. 饲料工业，37（23）：18-22.
闫佰鹏，王芳彬，李成海，等. 2019. 利用近红外光谱技术快速评定油菜秸秆的营养价值［J］. 草业科学，36（2）：522-530.
杨大盛，汪水平，韩雪峰，等. 2019. 乳酸菌和烷基多糖苷对玉米秸秆黄贮品质及其体外发酵特性影响研究［J］. 草业学报，28（5）：109-120.
杨琴，郑华. 2014. 我国木薯茎秆资源的能源利用［J］. 南方农业，8（30）：110-111.
杨停，雷正达，张益书，等. 2017. 油菜秸秆对四川白鹅生长及屠宰性能的影响［J］. 黑龙江畜牧兽医（14）：187-189.
杨雪，邹书珍，唐赟，等. 2019. 醋酸预处理对牛粪与水稻秸秆混合厌氧发酵特性的影响［J］. 安徽农业大学学报，46（4）：697-705.

易芬远，赖开平，叶一强，等. 2014. 甘蔗的营养生理与肥料施用研究现况［J］. 化工技术与开发，43（2）：25-28，31.

尹东海. 2018. 麦秸还田机插粳稻高产高效技术［D］. 扬州：扬州大学.

袁玲莉，刘研萍，袁彧，等. 2019. 存储时间对玉米秸秆理化性状及产甲烷潜力的影响［J］. 农业工程学报，35（13）：210-217.

瞿明仁. 2013. 南方经济作物副产物生产、饲料化利用之现状与问题［J］. 饲料工业，34（23）：1-6.

张吉鹍，李龙瑞. 2016. 花生藤、红薯藤与油菜秸秆饲用品质的评定［J］. 江西农业大学学报，38（4）：754-759.

张路. 2019. 设施水田土表覆盖小麦秸秆对蔬菜及土壤性质的影响［D］. 扬州：扬州大学.

赵凯，刘悦，倪振松，等. 2019. 小球藻与小麦秸秆联合厌氧消化产沼气研究［J］. 中国沼气，37（4）：67-71.

郑子乔，罗星，祝经伦. 2019. 添加剂对青贮水稻秸秆发酵品质的改善作用［J］. 中国饲料（10）：17-21.

中华人民共和国国家统计局. 2015. 2015 中国统计年鉴［M］. 北京：中国统计出版社.

中华人民共和国国家统计局. 2016. 2016 中国统计年鉴［M］. 北京：中国统计出版社.

中华人民共和国国家统计局. 2017. 2017 中国统计年鉴［M］. 北京：中国统计出版社.

中华人民共和国国家统计局. 2018. 2018 中国统计年鉴［M］. 北京：中国统计出版社.

中华人民共和国国家统计局. 2019. 2019 中国统计年鉴［M］. 北京：中国统计出版社.

钟少颖，汪珩，朱勇文，等. 2019. 甘蔗梢对鹅饲用价值及其饲喂效果［J］. 动物营养学报，31（7）：3346-3355.

朱妮，陈奕业，吴汉葵，等. 2019. 不同类型添加剂对甘蔗梢青贮品质的影响［J］. 黑龙江畜牧兽医（23）：99-102.

朱远芃，金梦灿，马超，等. 2019. 外源氮肥和腐熟剂对小麦秸秆腐解的影响［J］. 生态环境学报，28（3）：612-619.

文佐时. 2017. 化学处理和生物处理对农作物秸秆降解特性的影响［D］. 长沙：湖南农业大学.

第四章　南方农区肉羊粗饲料加工技术

粗饲料常用的处理方法有物理、化学和生物学处理3种。物理处理方法主要通过机械力、热力等物理方法改变粗饲料的物理形态和结构，包括切短和粉碎、浸泡、碾青、蒸煮、膨化、射线照射、颗粒化等。化学处理则是通过化学试剂改变粗饲料的化学结构，包括碱化、酸化、氨化和氧化等方法。碱化包括NaOH、$Ca(OH)_2$碱化及其复合处理；氨化也是一种碱化处理方式，氨源主要有液氨、氨水、尿素、碳酸氢钠4种；酸化有硫酸、盐酸、磷酸、甲酸等酸处理。生物学处理法即用细菌、真菌或酶制剂对秸秆进行处理，使粗纤维分解，提高秸秆饲料的适口性和消化率的加工处理方法（赵广永，2003）。生产实践中，几种方法可以组合使用，通过化学或生物学的方法处理复杂结构与化学键，通过物理处理改变形态便于进一步加工成行为颗粒或草饼，不仅提高粗饲料的营养价值、采食量和消化率，也便于贮存、运输、机械化饲喂和商品流通。

第一节　物理处理技术

新鲜牧草、饲料作物以及用这些原料调制而成的干草和青贮饲料类一般适口性好，营养价值较高，可以直接饲喂家畜。但饲草、秸秆等粗饲料结构松散，体积大，密度低，给贮存和运输带来很大不便。低质粗饲料资源如秸秆、秕壳、荚壳、竹笋壳等，由于适口性差、可消化性低、营养价值不高，直接饲喂反刍动物，往往难以达到应有的饲喂效果。将其进行物理加工，可在一定程度上提高其饲用价值。

物理处理法是把粗饲料切碎、粉碎、揉搓、压块或制粒，通过改变物理性状来提高采食量和利用率。

一、粗饲料的切碎处理

切碎处理的目的是使家畜便于咀嚼，且可减少饲料的浪费，同时也便于与其他饲料进行合理搭配利用。一般的秸秆饲料切碎至2~3cm长较适宜，切碎可部分地破坏秸秆纤维素晶体结构，削弱纤维素、半纤维素和木质素之间的结合，增加秸秆与消化液接触面积，同时改善适口性，利于提高家畜的采食量和消化率，提高秸秆的利用价值，且便于同其他饲料混合。切短是进行其他处理的预处理，是简便且重要的处理方法。

切碎机也称铡草机，主要用来切断茎秆类饲料，如牧草、麦秸、玉米秸秆和青贮玉米秸秆等。按机型大小可分为小型、中型和大型。小型铡草机适用于农户和小规模饲养户，用于铡碎干草、秸秆或青饲料。中型铡草机用于切碎干秸秆和青饲料，故又称秸秆青贮饲料切碎机。大型铡草机常用于规模较大的养殖场，主要用于切碎青贮饲料，故又称青贮饲料切碎机。

二、粗饲料的粉碎处理

粉碎处理可使粗饲料横向和纵向得到破坏，便于家畜咀嚼，增加采食量，减少饲喂过程中饲料的浪费；同时，扩大粉碎料和微生物接触面积，有利于细菌集群和消化，提高微生物的发酵效率。秸秆粉碎后可改善其制粒特性，进行制粒或膨化处理，改善成品质量，降低加工成本。并可与其他饲料混合配制、加工制成各种颗粒料，利于运输和储藏，适口性好，营养价值高，采食量和利用率大幅提高。粉碎虽能增加采食量，但由于缩短了饲料在瘤胃内停留时间也可能降低纤维物质的消化率。有研究报道，秸秆粉碎后，挥发性脂肪酸的生成速度和丙酸比率将有所增加，同时引起反刍次数减少、瘤胃 pH 值下降等现象。秸秆切碎和粉碎方法简单易行，在我国农村有较长的历史，现在还被广泛地采用。

常用粉碎机为锤片式粉碎机，按照进料方向的不同可分为切向进料、径向进料和轴向进料 3 种。按照喂料方式不同可分为自重进料、人工进料和强制进料 3 种。秸秆、牧草等粗纤维饲料具有纤维含量高，不易粉碎和制粒性能差异大等特点，使得粉碎设备与普通畜禽和水产饲料加工设备有所不同。通常用于牧草、秸秆等粗饲料粉碎的机械设备有 FSP 型和 MFCP 型系列锤片式粉碎机。

三、粗饲料的压块成形处理

经粉碎或揉碎处理后的农作物秸秆、牧草等结构松散，密度小，体积大，不易贮存。采用一定的压块设备对以上粉碎后的物料进行压块加工，经加工后的秸秆块等便于存放、储运，可作为冬季反刍动物很好的饲料来源。块状粗饲料俗称草块饲料或草饼饲料，是指将秸秆饲料或牧草饲料先经切碎或揉搓后，经特制的机器压制成高密度块状饲料。

将秸秆等压制成块具有以下优点：①能最大限度地保存秸秆的营养成分，减少养分流失。②便于贮存运输。秸秆经压块处理后密度提高，一般为400~800kg/m^3，堆积容量400~700kg/m^3。由于密度大，不易起火，有利于安全存贮，成品秸秆块含水率低于15%，可长期贮存。③ 便于机械化作业。压块机生产效率时产在1.5~2.0t，适于规模化生产。可机械化饲喂，给饲方便。④ 配饲方便。可根据饲喂对象的饲养标准，按科学配方，生产出适合于不同生长阶段的块状饲料。⑤ 提高饲养效果。饲喂块状饲料，牲畜难以自由择食，采食剩余物少，提高饲料的利用率。同时因摄取的营养均衡，提高增重率或产奶量。

粗饲料压块加工工艺过程是：农作物秸秆原料经晾晒风干后，经铡切系统进行铡切，铡切长度以3~5cm为宜。然后将铡切后的秸秆进行搅拌堆积，使温度均匀，水分控制在20%为宜。然后通过输送系统上料，上料时要求保持均匀，尽量去除原料中的杂质，把原料送入搅拌系统搅拌，此系统装有去铁装置，可以有效地去除原料中的金属物质。经搅拌后的原料进入压缩系统，在压缩系统进行摩擦挤压，并通过模块形成块状成品挤出，出口最高温度可达100℃以上，由此原料由生变熟，饲料块通过冷却输出系统输出，经晾晒后，使水分控制在14%左右，进行称重包装，便可贮存或运输（杨爱军和徐敏，2009）。牧羊集团研制开发的大力神压块机是专用于压制纤维高、比重轻的牧草、秸秆、稻壳等粗饲料的一种成形机械，压块前可在原料中添加糖蜜、水等液体，对物料的粉碎粒度要求低。

四、粗饲料的压粒成形处理

成形饲料是由配合粉料、干草粉、秸秆或干草段经压制而成颗粒状、片状或饼状的饲料。粗饲料压粒成形营养分布均匀，可避免畜禽挑食而造成的营养不良，保证了贮运和饲喂过程中的一致性。在压制颗粒过程中通过碱化、高温高压处理使半纤维素溶解，同时，由于水分、温度和压力的综合作用，改善了饲料的适口性，淀粉糊化，酶的活性增强，饲料的消化率得到提高，还可杀灭动物饲料中的沙门菌。

压粒成形饲料体积减小（1/3~1/2），密度增加，可缩短畜禽的采食时间（约为粉料的1/3），饲喂方便，还可提高采食量30%~50%。此外，压制成形后的饲料颗粒体积小，可减少仓容，便于贮运和饲喂机械化，减少流通过程中饲喂的损失，便于散装运输和贮存，节约费用。秸秆压粒或压块后其密度增加10倍以上，方便贮存和运输，可减少在贮存、运输和饲喂过程中的损失20%~30%（毛华明等，1989）。压制成形后颗粒饲料还具有流动性强的特性，降低了成品贮存过程中料仓结拱的可能性，节约成本，管理方便。避免自动分级，减少环境污染。在装卸过程中，不易产生自动分级，不起尘，也减少了环境污染和自然损耗。目前，在牧草和秸秆等粗饲料制粒的主要设备有环模制粒机和平模制粒机两种。

五、膨化处理和热喷处理法

膨化和热喷技术是利用热效应在高温高压下处理秸秆等粗饲料。膨化处理技术设备简单，易与其他的工艺联合使用。膨化处理的机理比较复杂，主要包括热效应和机械效应。热效应是在高温、高压蒸汽作用下，使细胞壁内各层间木质素融化和高温水解，氢键断裂而吸水。膨化还有机械效应。机械效应是使膨化口处产生极大的摩擦力，使饲料撕碎，乃至细胞游离，细胞壁疏松，细胞间木质素分布状态改变，饲料颗粒骤然变小，密度增大，总体变小，总面积增加，利于消化酶接触面扩大，从而提高饲料的消化率和采食率。另外，可有效破坏影响养分分解的硅酸盐和木质素，以提高适口性和利用率。郭庭双等（1993）报道稻壳膨化后粗脂肪、粗蛋白、有机物质和含氮量分别比膨化前提高25.5%、26.3%、8.0%和23.5%，在蛋鸡日粮中添加5%~10%的膨化稻壳，对生产性能无不良影响。沈阳农业大学农业工程学院于1997年开始研制秸秆膨化机，已取得初步进展。通过膨化及饲喂试验，证明膨化确实可改变秸秆的理化性状和营养成分，提高了秸秆的利用率和消化率。膨化后玉米秸的粗纤维和酸性洗涤纤维分别降低了8.02%和2.95%，无氮浸出物增加了9.83%。膨化后豆秸的粗纤维和酸性洗涤纤维分别降低了17.67%和9.2%，无氮浸出物增加了31.54%。目前，秸秆膨化技术还未能广泛推广使用，秸秆膨化机械及膨化秸秆的饲喂试验等仍有待进一步研究。

粗饲料热喷处理技术原理是利用蒸汽的热效应在170℃使木质素溶化，纤维素分子断裂，发生水解。同时，高压力突然解压，产生内摩擦力，破坏了纤维结构，使细胞壁疏松。经热喷处理后的麦秸其消化率可达75.12%，玉米秸秆可达68.02%，稻草可达64.42%。热喷处理麦秸、玉米秸、稻草的有机物离体消化率比原始样分别提高了16.81%、23.42%和19.47%（贺健等，1989）；通过瘤胃尼龙袋法测定，经热喷处理的秸秆消化率明显提高，动物增重速度明显加快（卢德勋等，1990）。热喷后麦秸与未处理麦秸相比，每增重1kg节约精料5.95kg，增重率提高119.6%；单产7 000kg的奶牛群粗饲料中，用热喷玉米秸秆代替28.5%的羊草饲喂奶牛不会降低产奶量和乳脂率，其经济效益明显提高。但热喷工艺复杂，费用高，难以推广使用。

第二节　化学处理技术

物理处理一般是改变粗饲料的物理性状，而化学处理则不同，可溶解半纤维素和一部分木质素，使纤维素膨胀，从而使瘤胃液易于渗入。化学处理有碱化、氨化、酸化和氧化等技术。碱化处理1890年始于德国，现已有贝克曼法、轮流喷洒法、浸泡法等多种处理方法，是简单、低廉的秸秆处理方法。其原理是在一定浓度的碱液作用下，打破粗纤维中纤维素、半纤维素与木质素之间连接的键团，溶解与细胞壁多聚糖结合的酚醛酸、糖醛酸、乙酰基，使细胞壁膨胀、疏松，增大瘤胃微生物附着的数目，提高纤维素的降解率，以利于瘤胃微生物的作用，电镜观察也证实了碱化处理可使粗饲料的组织结构发生变化，易为瘤胃微生物附着和消化（Silva等，1988）。普通的碱处理，基本上没有脱木质素作用，用一些氧化剂如次氯酸钠、高锰酸钾、过氧化氢、臭氧、二氧化硫、亚硫酸盐等可以部分地脱掉木质素，处理后可以提高秸秆的消化率和在一定程度上改善适口性。碱化处理也包括利用液氨、氨水、尿素、碳酸氢钠等氨化处理技术。利用硫酸、盐酸、磷酸、甲酸等酸化处理成本相对较高。下面主要介绍几种常用技术。

一、氢氧化钠处理

在19世纪末，人们就开始用氢氧化钠处理秸秆来提高消化率的试验，在处理条件几经修改和试验后，1919年Bechman总结出了氢氧化钠的湿法处理方法，即以1.5%的氢氧化钠溶液将秸秆在室温下浸泡3d，多余的碱用水冲掉。以后进一步的试验证明浸泡时间缩短10~12h，对处理效果没有什么影响。1939—1940年挪威开始修订和完善Bechman的处理方法。1964年之后，科学家的注意力转向干法氢氧化钠处理，工业化处理和农场处理的方法得到了发展。

秸秆的氢氧化钠碱化方法有湿法和干法两种，湿法处理是提高秸秆和其他劣质粗饲料营养价值的有效方法，但要消耗大量的碱（每100g秸秆8~10g）和水（每100g秸秆3~5L），并且在冲洗过程中损失20%的可溶性营养物质。干法处理简便易行、成本低廉，又可工厂化使用，提高了秸秆消化率且没有可溶性养分损失，省时间、耗水少，但存在着氢氧化钠残留问题。现代碱化技术一般采用干法处理。常用的方法有：常温常压法将稀氢氧化钠溶液（2%~3%）均匀喷洒到切好的秸秆上，经过一段时间后可将秸秆压制成饼或直接饲喂。高温高压法用水蒸气处理秸秆 3~4min，再用氢氧化钠溶液处理，而后压制成饼块，此法可将营养价值提高 1 倍，但成本较高。

氢氧化钠处理法是改善细胞壁结构，提高低质秸秆消化率最有效的化学方法，且有处理时间短（一般不超过一周）、不受温度限制、四季均可操作、可大规模工厂化生产等优点。同时也存在着造价高、污染环境、对人畜有潜在的危害等缺点，因此该方法的使用受到了极大的限制。我国只在北方某些农区有些应用。

二、氢氧化钙处理

氢氧化钙处理法可利用价廉的生石灰来处理，造价低，有可能成为氢氧化钠处理的替代品。毛华明等（1991）在稻草中添加占干物质 7%的氢氧化钙并在常温下对含水量 40%的稻草密封处理 60d，使其在牛瘤胃内的干物质降解率（48h）提高 33.6%。以 1.5%氢氧化钙调整 pH 值为 12~13，浸泡稻草 12~24h 后直接饲喂奶牛，可显著提高奶牛的产奶量和乳脂率，特别在饲喂低 pH 值日粮的条件下，可起到保持瘤胃内正常的 pH 值（pH 值应高于 6.0）的作用。

三、氨化处理

氨化处理的研究始于 20 世纪 40 年代，直到 70 年代后期才转向处理各种粗饲料以提高其营养价值的研究上。氨化处理技术利用氨溶于水中形成的强碱氢氧化铵，使秸秆软化，秸秆内部木质化纤维膨胀，提高秸秆的通透性，便于消化酶与之接触，因而有助于纤维素的消化；氨与秸秆有机物产生作用，生成铵盐和络合物，使秸秆的粗蛋白从 3%~4%提高到 8%以上，从而大大改进了秸秆的营养价值。秸秆氨化后可提高消化率 20%左右，采食量也相应提高 20%左右，其适口性和家畜的采食速度也能得到明显改善和提高，总营养价值可提高 1 倍。另外，氨溶于水后形成的氢氧化铵对秸秆具有碱化作用。因此，氨化处理通过碱化与氨化双重作用提高低质秸秆的营养价值。氨化后的秸秆质地松软、气味糊香，改变了秸秆组织结构，提高了消化率，改善了适口性，增加了采食量，处理技术成本低廉、经济效益显著，是较为实用的一种方法，但也存在污染环境的问题。

氨化处理法常用的氨源有液氨、氨水、尿素和碳酸氢铵四种。

液氨处理秸秆的堆贮法在挪威创立，该法是调整秸秆水分至20%~30%，将秸秆堆用聚乙烯塑料密封，然后向堆中注入占干物质含量3%的液氨。由于液氨的贮存、运输需要压力罐及货源供应的限制，氨水和尿素成为氨化处理常用的氨源。

氨水处理即用氨的18%~20%的水溶液，采用喷洒或垛顶倾注法按秸秆干物质重量加入3%~5%的纯氨量。由于氨水含有水分，在处理青绿秸秆时，可以不向秸秆中洒水。氨水的贮存、运输及使用也需要专用的设备，且应做好操作人员的安全防护工作。

尿素氨化法的原理是秸秆中含有脲酶，尿素在脲酶的作用下分解出氨对秸秆进行氨化。方法是按秸秆重量的3%~5%添加尿素，一般将尿素配成15%~20%的水溶液均匀地喷洒在秸秆上。尿素分解成氨需要一定的时间，尤其是在低温条件下所需的时间更长，因此延长了尿素氨化的时间，这给低温下的生产带来了一定的困难。

氨化处理可有效地抑制真菌、放线菌、酵母的生长。玉米秸秆氨化后，粗蛋白由原来的3.3%~4.42%提高到11.8%~13.46%，小麦秸秆氨化后粗蛋白由原来的3.6%提高到11.6%（董卫民等，2001）。经氨化处理的秸秆，其含氮量可提高4个百分点，相当于玉米中粗蛋白的含量，粗纤维消化率可提高6.4%~11.7%，有机物的消化率比一般秸秆提高4.7%~8.0%，蛋白质消化率提高了10.6%~12.2%，改善了秸秆的营养价值，使其接近中等品质的干草。同时，还能使秸秆的采食量提高10%~25%。氨化秸秆饲喂肉牛，可有效地提高日增重（韩世元等，1999）。

作为改善秸秆营养价值的方法，在常温条件下使用占干物质2.65%的尿素处理30d或使用3.0%的氨处理15d较为适宜（杨连玉等，2001）。陈杰等（1992）将麦秸氨化后，有机物消化率提高了27.4%，粗纤维消化率提高了3.03%。张红莲（2004）将稻草氨化后，有机物、粗蛋白、粗纤维的消化率比未氨化稻草分别提高了11.49%、19.48%和8.27%。Pearece等（1983）对32种农作物废弃物和10种禾本科牧草的研究显示，氨化分别使消化率提高了15%和16%，尿素使进食量提高了13%，消化率提高了2.3%。据中国农业大学等单位试验，氨化处理1t农作物秸秆，可节省精饲料300kg以上，经济效益和社会效益明显。

四、氨碱复合处理

复合处理秸秆的氢氧化钠湿法处理和干法处理分别在20世纪60年代前

后发挥了重要作用。但由于氢氧化钠价格高，易造成环境污染且喂量受到限制。而霉菌和效率问题是氢氧化钙处理秸秆中遇到的主要问题。由于氢氧化钙碱性较弱，与秸秆发生化学反应的时间比氢氧化钠长。进入 20 世纪 80 年代，碱化处理就逐渐被氨化处理所代替。氨化处理除了可提高秸秆消化率外，还可提高粗蛋含量，提高秸秆的采食量和家畜的生产性能。氨化在生产中得到普遍推广，特别是在发展中国家。但氨化处理存在两点不足，一是提高消化率的幅度不大，明显低于氢氧化钠处理。如尿素处理，尿素用量达6%时，秸秆消化率只能提高 12%左右；若只用 3%的尿素处理，秸秆的消化率只能提高 6%~8%。二是使用要注意氨中毒。为了防止家畜氨中毒，氨化秸秆在饲喂前必须挥发掉部分氨，即加入的氮源约 2/3要损失掉。

采用氢氧化钙加尿素的复合化学处理可获得较满意的效果。为了提高秸秆的堆积容重，便于秸秆的贮存和运输，同时减轻秸秆处理过程中的劳动强度，以利于秸秆处理方法在生产中推广运用。毛华明等（2001）将不同秸秆加入尿素和氢氧化钙的复合化学处理剂，并经制粒处理后，小麦秸、大麦秸、黑麦秸和稻草经 2. 5%尿素+5. 0%氧化钙复合化学处理并压粒，中性洗涤纤维 NDF 降到 67%~75%，平均下降 6. 5 个百分点；粗蛋白从 3. 5%提高到 9. 5%~11. 4%，平均提高了一倍多；体外有机物消化率从 38%~45%提高到 57%~65%，平均提高了 17. 5%，接近或超过了东北羊草和玉米青贮的水平。复合化学处理还提高了秸秆在瘤胃的降解率和降解速度。

常用复合处理来提高处理效率，并解决霉变问题。氢氧化钙处理的秸秆中同时加入占 DM 2%以上的尿素则可有效防止霉变。Chaudhry（1998）用高浓度的氢氧化钙（氢氧化钙占秸秆 DM 的 16%，水：料=2：1）处理小麦秸未观察到霉变现象，其处理效果可提高到与氢氧化钠相似的程度，但低于氢氧化钠。因此，在实践中需探索适合本地区的石灰碱化及其复合处理的方法，从而解决氢氧化钙处理的霉变和效率问题。

第三节　生物学处理技术

生物处理法即用细菌、真菌或酶制剂对秸秆进行处理，使粗纤维分解，提高秸秆饲料的适口性和消化率的加工处理方法。生物学方法在合理处理的情况下不仅可以降解饲料中的纤维结构，还能提升饲料的营养价值（马彩梅等，2016）。

一、青贮处理

青贮处理属于生物学方法的一种，且操作相对简单，同时青贮饲料是反刍动物的重要饲料来源之一（Gallegos 等，2017）。青贮是目前改进粗饲料饲喂价值的主要方法，其原理主要是通过乳酸菌发酵，利用青贮原料中的可溶性碳水化合物（主要是糖类）合成有机酸（主要是乳酸），使 pH 值下降到 3.8~4.2，从而抑制各种微生物的繁衍，达到保护饲料品质的目的。同时提高了饲料的适口性、解决在北方冬季缺乏青饲料和晒制过程中的养分损失。调制青贮饲料主要掌握好水分含量适宜（60%~75%），原料含糖量高（禾本科较高，豆科需要与禾本科混贮），切短、压实和密封，适宜的环境温度。在华东和华中地区，调制青贮几乎成为养牛专业户和奶牛厂秋季自然的工作，青贮饲料常年饲喂。

青贮菌种

适于青贮的农作物秸秆主要是玉米、高粱和黍类作物的秸秆。青贮能有效地保存青绿植物的维生素和蛋白质等营养成分，同时还增加了一定数量的能为畜禽利用的乳酸和菌体蛋白质。青贮的秸秆含水量在 70%左右，质地柔软、多汁、适口性好，利用率高，是反刍动物冬春季节理想的青饲料。下面主要介绍目前主要研究与利用的青贮菌种。

1. 乳杆菌属

乳杆菌属（*Lactobacillus*）是青贮饲料微生物区系中的有益菌群，菌种众多，优势菌种主要有：植物乳杆菌、布氏乳杆菌、短小乳杆菌（*Lactobacillus brevis*）、类谷糠乳杆菌（*Lactobacillus parafarraginis*）等。Aksu 等（2004）将植物乳杆菌接种于青贮饲料中，pH 值有下降趋势，且乳酸含量明显增加。关皓研究发现，添加植物乳杆菌的多花黑麦草（*Lolium multiflorum* Lam.）青贮饲料，乳酸含量显著提高，pH 值显著减小，有效改善了多花黑麦草的青贮品质。Liu 等（2016）也发现植物乳杆菌和纤维素酶的组合能提高青贮全混合日粮（羊草、甜玉米苞叶、苜蓿和啤酒糟等组成）的青贮发酵品质、营养特性和体外消化率。将短小乳杆菌 SDMCC050297 以及类谷糠乳杆菌 SDM-CC050300 分别添加到玉米秸秆青贮，可以增加乙酸的生成量，调节其他微生物菌群的组成。Hu 等（2009）研究显示，加入布氏乳杆菌处理的玉米青贮饲料相对于之前好氧稳定性均有所提高。徐振上从青贮饲料中筛选出了嗜淀粉乳杆菌 CGMCC11056、嗜酸乳杆菌 CCTCC AB2010208、香肠乳杆菌

CCTCC AB2016237和发酵乳杆菌CCTCC AB2010204这4株可以产生大量阿魏酸酯酶、降解酚酸酯、代谢酚酸的乳酸菌，预示它们对秸秆中的酯键有降解能力，为青贮微生物制剂优良菌株的研发提供了参考。不同种类乳杆菌属微生物制剂及其复合微生物制剂在不同品种的牧草和饲料作物中接种的剂量和效果有所差异，另外，其提高青贮品质的作用机制还需要进一步研究。

2. 明串珠菌属

明串珠菌（*Leuconostoc*）是具有发酵潜力的异型发酵乳酸菌，是从青贮饲料的微生物群体中筛选出的优势菌群（陈鑫珠和张建国，2017），优势菌种主要有：柠檬明串珠菌（*Leuconostoc citreum*）、肠膜明串珠菌（*Leuconostoc mesenteroides*）等。明串珠菌属细菌目前在食品发酵工程中是一类重要的新型微生态制剂，也是乳品生产中重要的商业化菌株（杨再良，2018）。高莉莉（2009）研究发现，有受体的肠膜明串珠菌通过发酵产生不同聚合度的低聚糖，从而改善动物机体肠道内有益微生物的生长和繁殖情况，促进动物对营养物质的消化和吸收。魏小雁（2008）研究发现，从传统乳制品中分离出的明串珠菌DM1-2-2具有较强的合成葡聚糖的能力，可作为具有研发潜力的优良菌株。孙喆等（2014）研究发现，由于肠膜明串珠菌菌株可以产生大量的蛋氨酸以及赖氨酸，在奶牛发酵饲料中应用可提高饲料中总蛋白含量、蛋氨酸含量以及赖氨酸含量，明显改善奶牛发酵饲料的适口性。骆超超等（2010）在奶牛发酵饲料中添加肠膜明串珠菌，不仅显著提高奶牛平均日产奶量，乳品质也有一定程度的提高，该菌具有营养保健和提高机体免疫力等作用，也是该菌属的优势菌种。

3. 肠球菌属

肠球菌属（*Enterococcus*）以其能产生抑制致病菌和有害菌的细菌素而广泛应用于食品工业中，具有作为饲料添加剂和天然食品保藏剂的潜力（王涛，2013），优势菌种主要有：粪肠球菌、耐久肠球菌（*Enterococcus durans*）、屎肠球菌（*Enterococcus faecium*）、蒙氏肠球菌（*Enterococcus mundtii*）等。侯美玲（2017）研究发现，将耐久肠球菌IMAUH2和纤维素酶联合接种于草甸草原天然牧草中，其青贮发酵品质和有氧稳定性均显著改善，降低了营养成分的流失。郭刚等（2016）研究发现，将蒙氏肠球菌和粪肠球菌分别作为青贮接种剂均可使青贮玉米秸秆中乙酸以及氨态氮的含量显著降低，乳酸与乙酸的比例显著提高。屎肠球菌在畜禽生产中应用广泛，可以有效提高畜禽生产性能和机体免疫能力，在青贮中的应用还有待研究（马丰英等，2019）。黄丽卿等（2017）研究表明，屎肠球菌（日粮中含量为

5.1×10^{10}CFU/g）在大肠杆菌O78攻毒肉鸡生产性能的应用中，可以减弱大肠杆菌感染对肉鸡的影响，提高肉鸡的免疫能力。肠球菌属不同菌株的应用效果有较大差异，经研究发现，粪肠球菌、蒙氏肠球菌、耐久肠球菌可以作为青贮微生物发酵菌株，屎肠球菌的应用潜力有待发掘，肠球菌属作为青贮微生物制剂的抑菌特性及其作用机理还有待进一步研究。

4. 片球菌属

片球菌属（*Pediococcus*）是具有产酸能力的兼性异型厌氧菌，广泛存在于植物和动物体中，优势菌种有：戊糖片球菌、乳酸片球菌（*Pediococcus acidilactici*）、酒窖片球菌（*Pediococcus cellicola*）等。张红梅（2016）、秦丽萍（2014）等研究表明，添加戊糖片球菌作为青贮微生物制剂可提高乳酸菌在垂穗披碱草青贮饲料中的数量。何轶群（2013）的研究表明，玉米青贮饲料中添加戊糖片球菌可以提高其发酵质量和好氧稳定性。王洋等（2018）研究表明，戊糖片球菌可以显著提高苜蓿青贮中的乳酸含量。江迪等（2018）在发酵以鲜苜蓿和豆腐渣为主要原料的全混合日粮中添加戊糖片球菌，能够提高其好氧稳定性。隋鸿园（2013）研究表明，在青贮料中分别添加乳酸片球菌以及戊糖片球菌均可以显著提高乳酸菌数量，且可使pH值显著降低。戊糖片球菌、乳酸片球菌等均可以作为青贮微生物制剂以提高青贮产品的品质，目前的研究方向在于青贮效果更佳的复合微生物制剂的研发和筛选。

青贮技术问世已有100多年。我国从20世纪50年代开始推广，现在已形成规模和广泛应用，主要是在北方牧区应用。但制作青贮时正值秋节大忙季节，人力、机力十分紧张，这是限制青贮制作的主要因素。

二、微贮处理

微贮法是近年来推广的一种秸秆处理方法。微贮与青贮的原理相似，只是在发酵前通过添加一定量的微生物添加剂如秸秆发酵活杆菌、白腐真菌、酵母菌等，在适宜温度、湿度和密闭厌氧的条件下，利用这些微生物分解，使秸秆软化，将粗饲料中的纤维素、半纤维素和木质素分解为糖类，糖类又经有机酸发酵菌转化为乳酸和挥发性脂肪酸，使pH值降低，从而抑制了霉菌、丁酸菌、腐败菌等有害微生物的生长繁殖，使粗饲料转变为带有酸、香、酒味，家畜喜食。近年来，经过科研人员的努力，应用经过特殊培育方法得到的菌种和两步发酵法，更可以将粗饲料制作成与麸皮、米糠等相媲美，能用于所有畜禽养殖的精饲料原料。其主要优点是成本低廉，适用范围广，饲喂效果相当于氨化饲料，且无毒无害安全可靠。

微贮微生物种属

按照微贮过程中微生物降解或转化底物的类型，来分别介绍微生物种属的生物学和酶学特性及其在微贮过程中的作用与地位。

1. 木质素降解菌

木质素是植物体的重要组分，是一类以苯丙烷的衍生物为基本结构的复杂聚合物。研究表明，土壤中的真菌和细菌以及破坏树木的真菌等均能分解木质素。但与其他的新陈代谢活力相比，细菌降解木质素的速度慢到几乎可被忽略的程度。所以，目前自然界中木质素的降解仍然是以真菌为主，可分为两个类群：一类被称为褐腐菌，会引起树木发生褐色腐烂，使树木表面出现红褐色物质，这可能是这类真菌降解了木材中纤维素和半纤维素组分，而残留具有呈色效应的苯丙烷多聚体；另一类被称为白腐菌，会使树木发生白色腐烂，留下白色物质。其原因是它们首先主要侵蚀降解木质素，而留下了大部分完整的纤维素。

白腐菌是一类丝状真菌，属于真菌门，绝大多数为担子菌纲，少数为手囊菌纲。因其能促使木质腐烂成为淡色的海绵状团块而得名。目前研究较多的有：黄孢原毛平革菌、彩绒草盖菌、变色栓菌、射脉菌、凤尾菇菌、朱红密孔菌等。白腐真菌处理的秸秆不仅营养成分有极大的变化，而且其 pH 值由未处理前的 5.7 降到 4.0，呈愉快的水果香味，同时由于大部分的木质素被降解或破坏，秸秆质地柔软，适口性明显改善。研究表明白腐真菌最高可使秸秆体外降解率从 40% 提高到 59%。用白腐真菌糙皮侧耳发酵切碎的麦秸，5~6 周后，不仅粗蛋白含量有所提高，且秸秆消化率可提高 2~3 倍。由于白腐真菌具有自身合成多种木质素降解酶的能力，目前，对于白腐真菌生长的不同阶段所产生的木质素降解酶及其活性并不十分清楚，仍须进行深入研究。

2. 纤维素分解菌

纤维素是所有植物体的基本组分，约占植物体总重量的一半，其产量超过其他所有天然物质，是自然界中通过生物合成方式获得的最丰富的有机化合物。与淀粉一样，纤维素也由葡萄糖单元聚合而成，两者的区别在于淀粉中的葡萄糖分子是以 α-1,4-糖苷键和 α-1,6-糖苷键连接在一起，而纤维素则以 β-1,4-糖苷键连接。此外，纤维素分子也比淀粉大，也更难溶于水。纤维素本身不能直接透过各种生物细胞质膜，动物体内的淀粉酶不能分解 β-1,4-糖苷键，这是动物本身不能消化利用纤维素的根本原因。只有在微生物合成的纤维素酶作用下，纤维素被水解为单糖后，才能被吸收至生物细胞内利用。

能分解纤维素的细菌即称为纤维素分解菌，其中既有细菌，也有放线菌和真菌，真菌仍然是降解纤维素的主要菌种。在通气良好的土壤里，纤维素可被好氧微生物，如生孢食纤维菌属、食纤维菌属、纤维单胞菌属、纤维弧菌属、噬胞菌属、镰刀霉属和毛壳霉属等菌种降解和利用，其中前两者是土壤中常见的好氧性纤维素分解细菌，且有人认为生孢食纤维菌属分解纤维素能力很强。而在厌氧条件下纤维素的分解，一些厌氧性的芽孢梭菌属的细菌及部分真菌具有重要作用，如产纤维二糖梭菌、无芽孢杆菌和真菌中的干朽菌和层孔菌能发酵纤维素，产生乙醇、乙酸、甲酸、乳酸、丁酸等，还有 CO_2 和 H_2。前述中的纤维单胞菌属于棒状细菌，因其能很好地分解利用纤维素，并能还原硝酸盐到亚硝酸盐，最适生长温度30℃，广泛分布于土壤和腐败的蔬菜，曾被推荐作为商业利用纤维素生产蛋白质的合适菌种，该菌种的模式种为产黄纤维单胞菌。除此之外，其他的微生物，如黏菌属、青霉菌、木霉菌和链霉菌中的某些种均被描述过具有较强降解利用纤维素的特性。

植物中的纤维素降解依然是通过微生物产生的纤维素酶来实现的。分解纤维素时，细菌必须附着在纤维素表面。真菌和放线菌的纤维素酶为胞外酶，它们可以在胞外环境中起作用，菌体无须直接与纤维素表面接触。实践中体外直接应用纤维素分解菌降解纤维素的研究报道，不如应用纤维素酶的研究报道多。

3. 半纤维素分解菌

作为在植物中贮藏和支承物质的“半纤维素”，是仅次于纤维素的丰富而广泛分布的一类碳水化合物，其实质是由各种戊糖（五碳糖）、已糖（六碳糖）及糖醛酸组成的大分子聚合物。结构上可分为仅含一种单糖的木聚糖、半乳聚糖、甘露聚糖等的同聚糖和有多种单糖和糖醛酸同时存在的异聚糖两类。由 β-D-木糖通过1,4-糖苷键连接而成的木聚糖要作为该类物质的代表，它们至少有部分可溶于水或碱性溶液。由于半纤维素结构复杂，数量较大，亦是限制粗饲料被动物采食与利用的关键成分之一，促进半纤维素的降解，对提高微贮饲料的饲用品质将有特别重要的作用。

芽孢杆菌属的一些种，如多黏芽孢杆菌、枯草芽孢杆菌、深黄纤维弧菌、芽孢梭菌和黏球生孢食纤维菌能够分解甘露聚糖、半乳聚糖和木聚糖；链孢霉属的一些种能够利用甘露聚糖、木聚糖；木霉、镰孢霉、曲霉、青霉和交链孢霉等属的一些种可分解阿拉伯木聚糖和阿拉伯胶等。木质木霉、康氏木霉和绿色木霉是半纤维素降解中研究较多的真菌物种。

4. 果胶分解菌

果胶物质是细胞间质成分，在初生和次生细胞壁中也含有这一类物质。果胶的生物学意义并不在于其数量上的作用，而在于对植物的稳定性和强度具有功能上的意义。果胶是复杂的多糖类，由半乳糖醛酸以α-1,4-糖苷键联结成长链结构，其半乳糖醛酸单位的羟基可以部分或全部甲基脂化，也可以部分或全部被各种阳离子中和。果胶物质一般有四种类型：①原果胶。细胞壁的一种非水溶性组分。②果胶。半乳糖醛酸的一种水溶性聚合物，含有较多的甲基脂键。③果胶脂酸。胶状果胶物质，含较少甲基脂键的半乳糖醛酸聚合物。④果胶酸。无甲基脂键的水溶性半乳糖醛酸聚合物。原果胶经处理可成果胶脂酸；稀碱处理果胶可产果胶酸。

细菌、真菌、放线菌均能水解果胶，利用该物质作它们的碳源或能源生长。分解果胶的微生物种类多、分布广，土壤中一般为10^5~10^6/g 土，植物根际可高达10^7/g 土。细菌中节杆菌、芽孢杆菌、梭菌、黄杆菌，微球菌和假单孢菌等属中的菌种分解果胶能力较强。放线菌中有链霉菌，小单孢菌，游动放线菌、小双孢菌和孢囊链霉菌等属中的菌种。真菌中能分解果胶的种很普遍。微贮过程中利用这些微生物对果胶的降解作用，将有助于纤维素从植物组织上剥落下来，从而有利于其他微生物对纤维素的降解。因此研究发掘高效的果胶分解菌，对提高微贮饲料的品质也具有重要的作用。

5. 蛋白质转化菌

各类生物细胞中的蛋白质是有机氮的主要存在形式。微生物对基质原料中蛋白质的影响主要体现在对氮素的“矿化”和“固结”两个方面。微生物降解蛋白质是利用其中的碳和氮构成其自身的细胞物质，只有当降解富含氮的有机物时，合成其细胞物质剩余的氮才以氨的形式释放出来。像其他高分子量物质一样，蛋白质也需在胞外蛋白质酶的作用下，降解为多肽、寡肽和氨基酸等这类能渗出细胞外的小分子物质。然后根据需要，这些产物被细胞吸收，并在细胞内蛋白酶作用下进一步分解为可用于细胞蛋白质合成的氨基酸；另外亦可经各类专一代谢反应进入脱氨、转氨、脱羧和碳骨架的分解等中间代谢途径。

一般将分解蛋白质能力强并释放NH_3的微生物称为氨化微生物。土壤中常见的氨化细菌有假单胞菌、芽孢杆菌、梭菌、节杆菌、变形杆菌等属。真菌在蛋白质及含氮有机化合物分解中也起着很大作用，尤其是在酸性的环境中真菌分解和积累蛋白质的生物量大，而向环境中释放的氨不一定多。另外人们将还原分子态氮的微生物称为固氮微生物，目前已知具有固氮功能的微生物种类很多，其共同点是当环境中缺少化合态氮时能进行固氮作用，而在其他生理特性方面则是一个庞杂的类群，包括多种营养类型和呼吸类型。它们的形态和分类地位彼此差别很大，但在许多科属中都有固氮种类。

微贮的实质是利用微生物发酵达到保存粗饲料目的的过程。由于粗饲料的自然膨松属性及其中多种微生物的消长规律，一般的粗饲料微贮过程都需要经历耗氧期、酶解期、酸化期和启用期 4 个阶段。了解粗饲料的微贮过程，将有利于采取适当措施降低粗饲料在微贮过程的营养损失，提高微贮饲料的饲用价值。

三、酶解处理

酶解法利用饲料酶制剂把大分子的淀粉、蛋白质和纤维素等分解成易消化吸收的糖类和氨基酸等小分子物质，从而提高饲料的利用率，改善饲料品质。目前使用的酶制剂主要有蛋白质酶、淀粉酶、纤维素分解酶以及复合酶制剂等。为了提高秸秆饲料的利用率还可以将以上方法结合起来使用，如物理—化学处理结合和物理—生物处理结合、氨化—碱化、碱化—酸化等复合化学处理，可达到单个处理方法所不具有的效果。

随着养殖业的发展，对粗饲料研究的重点将放在如何消除木质素对粗饲料消化的抑制上。虽然反刍动物的瘤胃中有种类繁多的微生物（细菌、原虫和真菌），可以分解纤维素和半纤维素，但在反刍动物体内还没有发现降解木质素的微生物和相应的酶，生物学处理的主要目的是对木质素及其与纤维素、半纤维素的复合结构进行分解，打断木质素和纤维素镶嵌在一起形成的坚固的键。微生物中只有少数微生物酶能降解木质素，多数属于担子菌纲，这些真菌直接转化木质纤维变为真菌蛋白（如蘑菇），适合人类和动物食用。具有有效降解能力的白腐真菌主要有香菇菌和黄孢原毛平革菌（*Phanerochaete chrysosporium*）（郭旭生等，2002），经白腐真菌处理的秸秆，木质素降解 40%～60%，纤维素和半纤维素降解 20%～40%，干物质损失 10%～40%，粗蛋白从 3.7%提高到 4.0%～5.0%，体内干物质消化率从处理前的 40%左右提高到 50%～60%。但不同的白腐真菌发酵秸秆受到温度、水分含量、通风状况、酸碱度、秸秆碳氮比及发酵时间等因素的影响，实际操作中很难把握。新疆师范大学生物系从 1991 年开始，利用木质纤维分解菌降解木质纤维类物质以及利用有机酸发酵菌生产挥发性脂肪酸的特性，在体外进行了农作物秸秆的厌氧发酵实验，取得了较好的成果。现在基因工程的最新研究成果已使微生物适应发酵的特殊条件成为可能。

酶法处理秸秆最好是纤维素酶和木质素酶同时应用，因为秸秆较低的消化率是由纤维素和木质素形成的复合物引起的。只要该复合物不被破坏，纤维素酶对纤维素的部分降解就几乎对秸秆的消化率没有影响，木质素降解酶（多酚氧化酶等）常存在于担子菌纲的真菌中。白腐菌常常用于改进各种木质纤维素材料的消化率。

四、复合处理

以上各种加工方式均有其优点及不足，因此可将各种加工方法的优点结合起来，形成工业化生化加工，即将粉碎、碱化、发酵和制粒等方法有机地结合起来进行生物发酵。生物发酵是选育特定生物菌种和酶系并经过适当组合后，通过这些生物菌种和酶系的降解作用，把秸秆纤维中的纤维素、半纤维素、木质素等大分子碳水化合物降解为低分子的单糖或多糖，而最终提高动物的消化利用率。王仁振（1999）采用工业化生化加工处理秸秆粗饲料并进行饲喂试验，结果表明显著提高了秸秆粗饲料的粗蛋白水平，降低秸秆的粗纤维含量，大大缩短了加工周期，可作为猪、鸡等单胃动物的饲料原料。但加工工艺复杂、成本高，不宜被小企业和个体户所接受，因此还不能大范围推广使用。

饲料的开发利用涉及机械、化工、营养、微生物等多个学科，要取得突破性进展，还需集中资金和人力，多学科联合攻关，才能进一步提高技术的成熟度，为粗饲料的大量应用提供技术上的保障。另外，各地区有关部门要对本地区的粗饲料资源做调查摸底，根据具体情况制定出适合本地发展的方案和规划，尽量做到就地取材，就地开发利用，力求农业的良性循环；同时，要考虑多种加工方法组合加工处理，以提高动物的消化利用率。

参考文献

陈杰. 1992. 氨化秸秆及其在奶牛业中的应用［J］. 中国奶牛（1）：20-21.

陈鑫珠，张建国. 2017. 刈割到青贮填装前乳酸菌的动态变化［J］. 草地学报，25（3）：646-650.

董卫民，王宏. 2001. 秸秆饲料开发利用现状及前景［J］. 中国奶牛

（5）：26-27.
高莉莉. 2009. 肠膜明串珠菌发酵生成低聚糖的研究［D］. 北京：北京林业大学.
郭刚，霍文婕，张拴林，等. 2016. 添加肠球菌对收获籽实后玉米秸秆青贮品质及体外发酵特性的影响［J］. 山西农业大学学报（自然科学版），36（7）：461-466.
郭庭双，李晓芳. 1993. 我国农作物秸秆资源的综合利用［J］. 饲料工业（8）：48-50.
郭旭生，崔慰贤. 2002. 提高秸秆饲料利用率和营养价值的研究进展［J］. 宁夏农学院学报，23（3）：56-60.
韩世元，郭爽，陈义才. 1999. 氨化饲料在本地黄牛短期育肥中的饲用价值研究［J］. 动物营养学报，11（增刊）：273.
何铁群. 2011. 青贮用优良乳酸菌的分离筛选及其初步应用效果［D］. 兰州：甘肃农业大学.
贺健，周秀英，侯桂芝，等. 2010. 热喷技术与饲料资源开发［J］. 畜牧与饲料科学（6）：362-365.
侯美玲. 2017. 草甸草原天然牧草青贮乳酸菌筛选及品质调控研究［D］. 呼和浩特：内蒙古农业大学.
黄丽卿，罗丽萍，张亚茹，等. 2017. 屎肠球菌 NCIMB11-181 对大肠杆菌 078 感染肉鸡生产性能、肠道微生物和血液抗氧化功能的影响［J］. 中国家禽，39（11）：17-22.
江迪，田朋姣，李荣荣，等. 2018. 添加戊糖片球菌对苜蓿 TMR 发酵品质及有氧稳定性的影响［J］. 草学（S1）：69-71.
卢德勋，侯桂芝，武立怀，等. 1990. 热喷麦秸营养补添效果的研究［J］. 动物营养学报（2）：11-18.
骆超超，高学军，卢志勇，等. 2010. 肠膜明串珠菌对奶牛产奶量和乳品质的影响［J］. 乳业科学与技术，33（2）：60-62.
马彩梅，林祥群，薛斌. 2016. 植物秸秆饲料化技术研究进展［J］. 中国畜牧杂志，52（21）：100-103.
马丰英，景宇超，崔栩，等. 2019. 屎肠球菌及其微生态制剂的研究进展［J］. 中国畜牧杂志，55（7）：54-58.
毛华明，冯仰廉，杨润德，等. 1989. 建立秸秆饲料处理成型加工厂的可行性研究［J］. 饲料工业（9）：18-20.

毛华明，冯仰廉. 1991. 尿素和氢氧化钙处理提高作物秸秆营养价值的研究［J］. 中国畜牧杂志（3）：19.

毛华明，朱仁俊，冯仰廉. 2001. 复合化学处理提高作物秸秆营养价值的研究［J］. 黄牛杂志，27（2）：12-14.

秦丽萍. 2014. 青藏高原垂穗披碱草青贮饲料中耐低温乳酸菌的筛选及其发酵性能的研究［D］. 兰州：兰州大学.

隋鸿园. 2013. 片球菌的分离鉴定及青贮接种剂的研制［D］. 呼和浩特：内蒙古农业大学.

孙喆，刘营，于微，等. 2014. 肠膜明串珠菌发酵饲料的制备工艺及其在泌乳奶牛中的应用［J］. 中国乳品工业（12）：14-18.

王仁振. 1999. 秸秆类粗纤维饲料生化加工技术的研究［J］. 饲料工业（3）：8-12.

王涛. 2013. 肠球菌属细菌素的筛选及其结构基因的表达［D］. 武汉：华中农业大学.

王洋，姚权，孙娟娟，等. 2018. 乳酸菌添加剂对苜蓿青贮品质和黄酮含量的影响［J］. 中国草地学报，40（2）：48-53.

魏小雁. 2008. 产葡聚糖明串珠菌的特性及葡聚糖合成条件研究［D］. 呼和浩特：内蒙古农业大学.

杨爱军，徐敏. 2009. 农作物秸秆压块加工技术应用［J］. 农业装备技术，35（5）：54-54.

杨连玉，中岛芳也. 2001. 化学和生物处理对玉米秸秆营养价值的影响［J］. 吉林农业大学学报，23（1）：83-87.

杨再良. 2018. 食品行业中发酵工程的应用［J］. 食品安全导刊，33（122）：152-154.

张红莲，张锐. 2004. 农作物秸秆饲料处理技术研究进展［J］. 畜牧与饲料科学（3）：18-22.

张红梅. 2016. 青藏高原不同海拔区垂穗披肩草发酵特性及耐低温乳酸菌筛选研究［D］. 兰州：兰州大学.

赵广永. 2003. 肉牛规模养殖技术［M］. 北京：中国农业科学技术出版社.

Aksu T，Baytok E D. 2004. Effects of a bacterial silage inoculant on corn silage fermentation and nutrient digestibility［J］. Small Ruminant Research，55（3）：249-252.

Chaudhry A S. 1998. Chemical and biological procedures to upgrade cereal straws for ruminants [J]. Nutrition Abstracts and Reviews (Series B), 68 (5): 319-331.

Gallegos D, Wedwitschka H, Moeller L, et al. 2017. Effect of particle size reduction and ensiling fermentation on biogas formation and silage quality of wheat straw [J]. Bioresource Technology, 245 (8): 216-224.

Hu W, Schmidt R J, McDonell E E, et al. 2009. The effect of Lactobacillus buchneri 40788 or Lactobacillus plantarum MTD-1 on the fermentation and aerobic stability of corn silages ensiled at two dry matter contents [J]. Journal of Dairy Science, 92 (8): 3907-3914.

Liu Q H, Li X Y, Desta S T, et al. 2016. Effects of Lactobacillus plantarum and fibrolytic enzyme on the fermentation quality and in vitro digestibility of total mixed rations silage including rape straw [J]. Journal of Integrative Agriculture, 15 (9): 2087-2096.

Pearece G R. 1983. Factors contributing to variation in the nutritive value of fibrous agricultural residues [J]. The Utilization of Fibrous Agriculture Residues as Animal Feeds, 117-122.

Siliva A T, Orskoy E R. 1988. Fibre degradation in the rumen of animal receiving hay untreated or ammonia-treated straw [J]. Animal Feed Science and Technology, 19: 277-288.

第五章 南方农区肉羊精准饲养技术

随着畜牧业的不断发展，动物生产面临的饲料资源紧缺、供求不平衡问题也越来越严重。而我国南方农区种植业发达，劳动力资源丰富，开发南方农区发展肉羊产业，可以减少畜牧业对粮食的依赖，改善人们的食物结构。国家实施了一系列畜牧业供给侧结构性改革的重大工程。先进的、设施齐全的舍饲模式正逐步取代传统的放牧饲养和小型农户饲养模式，养殖技术规程也正逐步完善。

但近年来，城市化和非农就业机会的增加，给南方畜牧业生产所需要的生产资料和劳动力成本带来了很大的冲击。另外，南方地区肉羊产业缺少龙头企业带动，仍以养殖合作社和小规模分散饲养为主，无法充分利用当地资源，对肉羊喜食的花生秧、豆秸、芋藤等优质秸秆饲料缺少收集、保存、加工和调制的技术支持。江苏、安徽等地肉羊生产的概率优势（FSD）值达1.02左右，西南地区FSD值也在1.01左右，进一步压缩了当地肉羊产业的发展空间。部分地区成本收益率仅为老牌牧区东北、内蒙古、山东的10%~50%。

自1953年美国NRC首次推出绵羊营养需要量以来，英国AFRC、苏联、德国、瑞士等相继制定了本国肉羊的饲养标准并不断完善，而我国由于资金、政策、技术等方面的不足，对肉羊饲养标准及营养物质代谢规律的研究较薄弱，2004年前只有一些特定品种饲养标准和地方标准，如杨诗兴发表的《湖羊能量与蛋白质需要量的研究》（1988），内蒙古自治区地方标准《细毛羊饲养标准》（DB15/T 30—92）和新疆维吾尔自治区企业标准《细毛羔舍饲肥育饲养标准》等。现行的《肉羊饲养标准 NY/T 816—2004》从能量营养价值评定体系和新蛋白质营养价值评定体系分别提出了部分肉羊的营养需要量推荐值，但之后的修订进展较慢，而且新蛋白质评价体系中缺少山羊的营养推荐值，部分数据已失去其时效性与科学性，针对我国南方农区各阶段不同肉羊品种、饲养环境、饲料资源组成的肉羊饲养标准还需进一步的试验验证和改进完善，以适应我国质量型畜牧业发展的需要。

第一节　反刍动物瘤胃消化代谢规律

反刍动物消化过程中能量的损失要大于单胃动物，这与其瘤胃发酵模式有直接的关系，其中甲烷产生是能量损失的主要途径。甲烷约占瘤胃气体的28.8%，主要是由产甲烷菌利用二氧化碳和氢气进行还原反应生成（周怿，2008），随着反刍动物采食量增加，饲粮总能中甲烷生成损失的能量相应减少。与单胃动物相比，反刍动物消化道结构的主要特点是在前胃（瘤胃、网胃和瓣胃），前胃在动物刚出生时占4个胃体积的1/3，10~12周龄时的体积占67%，4月龄时占80%，绵羊瘤胃液容积为4~6L，瘤胃是动物采食饲料的重要消化吸收场所。

瘤胃微生物包括细菌、真菌和原虫、噬菌体等。瘤胃不产生消化酶，其消化实质上是微生物的消化，瘤胃内代谢主要是指由瘤胃微生物引起的各种物质的代谢过程。饲料中可消化干物质有70%~85%、粗纤维约50%被瘤胃的细菌和原虫消化分解，产生挥发性脂肪酸（VFA）、氨氮（NH_3-N）、乳酸、二氧化碳（CO_2）、甲烷（CH_4）、氢气（H_2）等，同时瘤胃微生物还合成蛋白质和B族维生素。反刍动物营养的两大特点，即纤维素类物质的消化和非蛋白氮的利用，也都是微生物消化代谢的结果，因此，瘤胃消化代谢过程是反刍动物营养的重要方面。

一、碳水化合物代谢

反刍动物以植物茎叶和籽实为主要饲料，它们都含有丰富的碳水化合物，包括：单糖、双糖以及高分子的淀粉、纤维素、半纤维素等。在瘤胃中碳水化合物的降解分为两个阶段：首先是复杂的碳水化合物在各种酶的作用下降解成简单的糖，然后糖类迅速被微生物利用转化成丙酮酸，丙酮酸再经过各种代谢途径进行发酵，发酵终产物主要有乙酸、丙酸、丁酸、甲烷等产物。有55%~95%的糖类物质在瘤胃中被消化，形成VFA、CO_2和CH_4等。

纤维素主要在瘤胃降解，不仅是反刍动物和瘤胃微生物重要的能量来源，更是唾液分泌、反刍、瘤胃缓冲和瘤胃壁健康所需要的，同时可确保其他营养物质的消化，因此NDF和ADF的测定是反映反刍动物饲粮消化程度的重要指标。Hristov（2003）研究发现与含有高水平非结构性碳水化合物的日粮（大麦和糖蜜）相比，提供较高浓度瘤胃可发酵纤维的日粮（玉米、甜菜粕、酒糟）时，氮的累积回收率能提高13%，增强了瘤胃氨和微生物氮向乳蛋白的转移。而纤维素的消化率也受到很多因素的影响：木质化程度是影响纤维素消化率最重要的因素，不仅在物理学上有碍于瘤胃微生物作用，其本身也具有一定的抑菌能力。粗饲料经切断、青贮、碱化等处理后纤维素也会有显著降低，由于碱化环境难以控制，现阶段饲喂反刍动物多对饲草进行青贮预处理，提高消化率的同时还可改善饲草的适口性，增加家畜采食量，提高生产效益。氮对瘤胃纤维素细菌是必需的营养成分，瘤胃内纤维素的消化随饲料蛋白质来源不同而有相当大的变化。喂低质干草的绵羊（日粮粗蛋白质含量为3.28%~4.51%），粗饲料的消化率仅43%，而在日粮中添加双缩脲后消化率可提高12.8%。易消化糖（包括淀粉）对瘤胃内纤维素的作用是双向的，对于饲喂低质蛋白质干草的绵羊如果每天补饲50~100g易消化糖，则粗纤维消化率可从43%提高到53.9%~54.5%。但如果饲喂量超过200g，消化率降至34.1%，可以通过在日粮中添加适量钙盐进行缓解，如在玉米淀粉丰富而纤维素含量仅为13.8%~14.6%的日粮中，提高钙量从0.41%至0.71%，则纤维素消化率可从34.2%提高到53.5%。脂肪对瘤胃微生物有明显的抑制作用。无机盐对纤维素的影响是通过两个途径实现的。一方面瘤胃纤维素细菌需要各种无机盐做营养；另一方面，无机盐保证瘤胃内环境，特别是pH值、渗透压、电位、稀释率等的稳定，间接作用于微生物。日粮组成也对纤维消化率有一定的影响，试验发现当日粮中精料比例从30%提高到75%时，纤维素消化率下降了20%。

二、蛋白质代谢

反刍动物瘤胃氮代谢的特点是饲料蛋白的大部分在瘤胃降解成氨基酸和氨，瘤胃微生物则利用氨基酸和氨合成自身蛋白，以供给动物满足或部分满足机体的蛋白质营养需要。反刍动物摄入的日粮蛋白质，一部分在瘤胃中被微生物降解，降解蛋白质被用于合成瘤胃微生物蛋白质，日粮的瘤胃非降解蛋白质和瘤胃微生物蛋白质进入小肠，组成小肠蛋白质，被消化、吸收和利用。

瘤胃内氨的含量与日粮有密切关系。绵羊饲喂苜蓿干草时，摄入的氮约有23%转变为氨；喂颗粒饲料时则为17%，切短干草（和大麦）为60%~92%。食入饲料的氮约60%被消化，约30%可消化氮以氨基酸形式被利用，70%被分解为氨。植物内含有多种非蛋白氮（NPN），禾草、豆科牧草的NPN大部分是游离氨基酸和肽，但也有相当量酰胺、硝酸盐、嘌呤、胆碱等。瘤胃内的NPN除来自饲料外，还来自唾液和由血液经瘤胃壁透入的尿素，分别被有关酶催化产生氨。尿素被脲酶所分解。瘤胃内脲酶活性相当高且较稳定，在瘤胃内 NPN 分解中起重要作用。在脲酶的催化下，尿素在瘤胃内迅速水解，每小时达 100mg/100g 瘤胃内容物，即尿素分解产生氨的速度为氨被同化（瘤胃微生物利用）速度的四倍。因此，日粮中添喂尿素时，需要同时饲喂易消化利用的糖类，促进微生物蛋白质合成；或者使用抑制剂等，延缓尿素分解速度，减少氨产生与同化之间的差异，可以提高尿素利用性并防止氨中毒。

瘤胃微生物利用氮、氨基酸和肽合成蛋白质。对于某些纤维素分解菌，氨是其唯一的氮源。据报道，绵羊一天喂 800g 豆科牧草（含 20%~26%粗蛋白），80%的微生物系由氨合成。其中细菌蛋白质占 63%，纤毛虫蛋白质占 37%，当瘤胃内氨的浓度达 6.4×10^{-3} mol/L 时，蛋白质浓度达到最大值。由于瘤胃微生物合成动物机体所必需的一些氨基酸，因此饲喂低品质氮源日粮时，相比单胃动物其营养价值会显著提高。当日粮中 NPN 作为全部粗蛋白来源时反刍动物仍然维持正常生活。如年产奶量 3 000~ 4 000kg 的奶牛，日粮粗蛋白就可完全由尿素提供，但乳产量超过这一水平，瘤胃微生物区系不足以产生足量氨基酸供合成乳和组织蛋白之需，就必须补充必需氨基酸——赖氨酸、蛋氨酸、苏氨酸、色氨酸等。

三、脂类代谢

瘤胃被认为是一个严格厌氧的生物系统，因而通常认为不会存在脂肪酸的氧化反应。但实际上，相当一部分的氧气会通过瘤胃上皮的毛细血管网络扩散进入瘤胃，且不会影响瘤胃微生物的正常功能。瘤胃内脂类物质的消化、代谢过程中最主要的是水解、氢化和生物合成作用。植物脂类被动物采食后，在瘤胃微生物分泌的脂酶作用下被广泛水解。脂类的水解主要涉及 3 种酶，一种是分泌到细胞外的胞外酶——脂酶（Lipase），能完全水解乙酞甘油为游离脂肪酸和甘油，另外两种水解酶是半乳糖脂酶和磷酸脂酶，能从半乳糖脂和磷酸脂中释放出相应的脂肪酸；不饱和游离脂肪酸在瘤胃内容物中用很短的时间即被微生物氢化生成饱和的终产物。瘤胃微生物的这一功能，在某种程度上有助于保护微生物免受不饱和脂肪酸的损害；瘤胃微生物合成的脂肪酸主要是棕榈酸（C16：0）和硬脂酸（C18：0），两者的比例为 2：1。此外，油酸（C18：1）也是肉羊体内重要的脂肪酸，占总脂肪酸的 34.15%~43.75%。阉羔羊的胴体肉中该脂肪酸的水平高于公羔羊。但是，皮下脂肪中则不表现这种差异。

脂类添加到日粮中会影响瘤胃发酵平衡，引起纤维素消化率下降。在日粮中添加10%的脂类，结构性碳水化合物在瘤胃的消化率下降50%或更多，CH_4、H_2和VFA产量下降，乙酸/丙酸比例下降，奶中乳脂率下降。当脂类添加物对瘤胃发酵产生抑制时，虽然后部消化道的发酵能在一定程度上弥补消化率的下降，但粪中仍有部分未消化的纤维素排出。与纤维素相比，日粮中添加脂类对非结构性碳水化合物的影响较小。在牛日粮中添加脂类，纤维素消化率下降，瘤胃淀粉发酵正常，瘤胃蛋白质代谢也产生一定影响。在绵羊瘤胃中灌注亚麻籽油会降低瘤胃蛋白质的降解，瘤胃氮浓度下降，十二指肠氮流量增加，在日粮中添加玉米油或卵磷脂时也出现类似的现象。

第二节　南方农区肉羊精准饲养技术

一、不同阶段肉羊的饲养管理

（一）生长育肥羔羊饲养技术

1. 羔羊阶段营养特点

幼畜阶段，肉羊生长速度快，对饲料中营养物质的消化率与利用率高，其增重中水分与蛋白质含量较高，脂肪较少，单位增重的能值低；幼龄阶段用于维持代谢需要的营养物质较少，饲料转化效率高。因而，往往在以自身生长为基础的肥育生产中有优于中畜和成畜的效果。刚出生时，瘤胃是无功能的，其组织尚未发育，且缺少微生物菌群，日粮类型主要以奶等液体饲料为主，靠真胃与小肠分泌消化酶来分解脂肪、碳水化合物与蛋白质。初生反刍动物对碳水化合物的消化能力差，但对乳酶有极好的消化能力，对淀粉的消化能力则视淀粉种类与加工方式而异，如牛在3周龄时，对淀粉的消化能力显著提高；3周龄以后，由于消化酶开始活跃，对植物性蛋白质消化能力也提高。

羊羔从出生到18月龄，肌肉、骨骼和各器官组织的发育较快，需要沉积大量的蛋白质和矿物质，尤其是初生至8月龄，是羊生长发育最快的阶段，对营养的需要量较高。采食水平对动物能量利用率具有较大影响已被广泛认可，而从饲料的营养成分含量分析，碳水化合物、蛋白质和脂肪的含量及比例也会影响到热增耗，进而影响能量的利用（王鹏，2011）。在低饲养水平下，饲粮中增加适量的精料可提高干物质消化率（DMD）、粗纤维消化率（CFD）等；但在较高饲养水平时，随着饲粮中精料比例增大，其消化率反而可能降低。据研究，一般绵羊及育肥羔羊较佳的精粗比大致范围为4∶6~6∶4。表5-1和表5-2为《肉羊饲养标准 NY/T 816—2004》推荐的肉山羊、绵羊羔羊的日粮干物质采食量（DMI）、消化能（DE）、代谢能（ME）、粗蛋白、钙、总磷和食用盐需要量。

表5-1　生长育肥山羊羔羊每日营养需要量

体重（kg）	日增重（kg/d）	DMI（kg/d）	DE（MJ/d）	ME（MJ/d）	粗蛋白（g/d）	钙（g/d）	总磷（g/d）	食用盐（g/d）
1	0	0.12	0.55	0.46	3	0.1	0	0.6
1	0.02	0.12	0.71	0.60	9	0.8	0.5	0.6
1	0.04	0.12	0.89	0.75	14	1.5	1.0	0.6
2	0	0.13	0.90	0.76	5	0.1	0.1	0.7
2	0.02	0.13	1.08	0.91	11	0.8	0.6	0.7
2	0.04	0.13	1.26	1.06	16	1.6	1.0	0.7
2	0.06	0.13	1.43	1.20	22	2.3	1.5	0.7
4	0	0.18	1.64	1.38	9	0.3	0.2	0.9
4	0.02	0.18	1.93	1.62	16	1.0	0.7	0.9
4	0.04	0.18	2.20	1.85	22	1.7	1.1	0.9
4	0.06	0.18	2.48	2.08	29	2.4	1.6	0.9
4	0.08	0.18	2.76	2.32	35	3.1	2.1	0.9
6	0	0.27	2.29	1.88	11	0.4	0.3	1.3
6	0.02	0.27	2.32	1.90	22	1.1	0.7	1.3
6	0.04	0.27	3.06	2.51	33	1.8	1.2	1.3
6	0.06	0.27	3.79	3.11	44	2.5	1.7	1.3
6	0.08	0.27	4.54	3.72	55	3.3	2.2	1.3
6	0.10	0.27	5.27	4.32	67	4.0	2.6	1.3
8	0	0.33	1.96	1.61	13	0.5	0.4	1.7
8	0.02	0.33	3.05	2.50	24	1.2	0.8	1.7
8	0.04	0.33	4.11	3.37	36	2.0	1.3	1.7
8	0.06	0.33	5.18	4.25	47	2.7	1.8	1.7
8	0.08	0.33	6.26	5.13	58	3.4	2.3	1.7
8	0.10	0.33	7.33	6.01	69	4.1	2.7	1.7
10	0	0.46	2.33	1.91	16	0.7	0.4	2.3
10	0.02	0.48	3.73	3.06	27	1.4	0.9	2.4

（续表）

体重（kg）	日增重（kg/d）	DMI（kg/d）	DE（MJ/d）	ME（MJ/d）	粗蛋白（g/d）	钙（g/d）	总磷（g/d）	食用盐（g/d）
10	0.04	0.50	5.15	4.22	38	2.1	1.4	2.5
10	0.06	0.52	6.55	5.37	49	2.8	1.9	2.6
10	0.08	0.54	7.96	6.53	60	3.5	2.3	2.7
10	0.10	0.56	9.38	7.69	72	4.2	2.8	2.8
12	0	0.48	2.67	2.19	18	0.8	0.5	2.4
12	0.02	0.50	4.41	3.62	29	1.5	1.0	2.5
12	0.04	0.52	6.16	5.05	40	2.2	1.5	2.6
12	0.06	0.54	7.90	6.48	52	2.9	2.0	2.7
12	0.08	0.56	9.65	7.91	63	3.7	2.4	2.8
12	0.10	0.58	11.40	9.35	74	4.4	2.9	2.9
14	0	0.50	2.99	2.45	20	0.9	0.6	2.5
14	0.02	0.52	5.07	4.16	31	1.6	1.1	2.6
14	0.04	0.54	7.16	5.87	43	2.4	1.6	2.7
14	0.06	0.56	9.24	7.58	54	3.1	2.0	2.8
14	0.08	0.58	11.33	9.29	65	3.8	2.5	2.9
14	0.10	0.60	13.40	10.99	76	4.5	3.0	3.0

表 5-2 生长育肥绵羊羔羊每日营养需要量

体重（kg）	日增重（kg/d）	DMI（kg/d）	DE（MJ/d）	ME（MJ/d）	粗蛋白（g/d）	钙（g/d）	总磷（g/d）	食用盐（g/d）
4	0.1	0.12	1.92	1.88	35	0.9	0.50	0.6
4	0.2	0.12	2.80	2.72	62	0.9	0.50	0.6
4	0.3	0.12	3.68	3.56	90	0.9	0.50	0.6
6	0.1	0.13	2.55	2.47	36	1.0	0.50	0.6
6	0.2	0.13	3.43	3.36	62	1.0	0.50	0.6
6	0.3	0.13	4.18	3.77	88	1.0	0.50	0.6
8	0.1	0.16	3.10	3.01	36	1.3	0.70	0.7
8	0.2	0.16	4.06	3.93	62	1.3	0.70	0.7
8	0.3	0.16	5.02	4.6	88	1.3	0.70	0.7
10	0.1	0.24	3.97	3.6	54	1.4	0.75	1.1
10	0.2	0.24	5.02	4.6	87	1.4	0.75	1.1
10	0.3	0.24	8.28	5.86	121	1.4	0.75	1.1
12	0.1	0.32	4.60	4.14	56	1.5	0.80	1.3

（续表）

体重（kg）	日增重（kg/d）	DMI（kg/d）	DE（MJ/d）	ME（MJ/d）	粗蛋白（g/d）	钙（g/d）	总磷（g/d）	食用盐（g/d）
12	0.2	0.32	5.44	5.02	90	1.5	0.80	1.3
12	0.3	0.32	7.11	8.28	122	1.5	0.80	1.3
14	0.1	0.40	5.02	4.60	59	1.8	1.20	1.7
14	0.2	0.40	7.11	5.86	91	1.8	1.20	1.7
14	0.3	0.40	8.28	6.69	123	1.8	1.20	1.7
16	0.1	0.48	5.44	5.02	60	2.2	1.50	2.0
16	0.2	0.48	7.11	7.53	92	2.2	1.50	2.0
16	0.3	0.48	8.37	8.28	124	2.2	1.50	2.0
18	0.1	0.56	7.95	5.86	63	2.5	1.70	2.3
18	0.2	0.56	8.28	7.11	95	2.5	1.70	2.3
18	0.3	0.56	8.79	7.95	127	2.5	1.70	2.3
20	0.1	0.64	7.11	7.53	65	2.9	1.90	2.6
20	0.2	0.64	8.37	8.28	96	2.9	1.90	2.6
20	0.3	0.64	9.62	8.79	128	2.9	1.90	2.6

提高营养水平时，羔羊沉积营养物质的能力随之提高，但营养条件达到一定水平后再提高时，超过了机体自身的代谢和转化能力，羔羊沉积营养物质的效率没有明显的改善。岳喜新等（2011）分别使用21%、25%和29% 3种等能值不同蛋白水平的代乳粉饲喂早期断奶羔羊，结果发现，开食料采食量随代乳粉粗蛋白水平升高而降低，以25%蛋白水平组的羔羊生长性能和营养物质消化率最高。马铁伟等（2016）进行的湖羊养殖试验，证实《肉羊饲养标准 NY/T 816—2004》的营养水平完全可以满足20~30kg 湖羊公羔平均日增质量200g/d 的需要，且以适当提高饲料能量水平（代谢能 9.70MJ/kg，粗蛋白 13.05%）饲喂湖羊羔羊更为合适，而高蛋白组（代谢能 8.40MJ/kg，粗蛋白 15.33%）或双高组（9.66MJ/kg，粗蛋白 15.44%）效益较差。

2. 羔羊早期断奶模式

羔羊早期断奶技术是通过控制哺乳期来缩短母羊产羔期间隔，提高母羊的繁殖性能，达到两年三产或一年两产，从而提高母羊产羔率。目前主要有3种方式。

第一种是早期断奶直线育肥，主要适用于饲养管理水平较高、饲料供应体系较完备的规模化企业。利用代乳料从羔羊出生后的第5d 开始诱食，10~

15 日龄开始补饲，补饲量逐渐加大，一次给料量以羔羊能在 20~30min 吃完为宜。开始时每只羔羊每天 40~50g，到断奶时全期每头羔羊平均消耗 9~14kg 饲料。随着羔羊采食补料量逐渐加大，逐渐减少羔羊哺乳的次数，最终过渡到 30 日龄左右完全断奶，100 日龄左右体重可达到出栏标准。从生产羔羊肉的环节上讲，羔羊的早期断奶和断奶后的强化育肥紧密相连，在短期内实现羔羊出栏，不再经过断奶后的再次育肥或出栏前的第二次育肥。早期断奶直线育肥的核心是超早补饲和早期断奶，断奶时间的选择应以羔羊能独立生活并以饲草为主摄取营养物质，且不影响母羊以良好的体况尽早进入下一个繁殖周期为准。

第二种是不断奶补饲育肥，即在羔羊食用母乳的基础上，给羔羊补饲优质的牧草或精料的育肥方法。新西兰主要采用该方法，在乳羔生产中主要抓哺乳期羔羊的放牧饲养。该方法的优点为羔羊育肥成本较低，易于饲养管理，羔羊不产生断奶应激，始终保持较高的日增重。缺点在于使羔羊对母乳产生依赖性，不利于母羊恢复体况和开展高频繁殖。在农户或中小规模户中推行该办法较为适用。

第三种是补饲母羊育肥羔羊，该方法适合的绵、山羊品种很少，系指羔羊出生后，强化母羊营养水平，利用母羊乳汁进行的育肥。我国滩羊的二毛羔羊生产属此类型，阿根廷也采用此方法。该方法的优点为羔羊育肥成本较低，易于饲养管理，羔羊不产生断奶应激。缺点在于本方法要求母羊必须具有较强的泌乳能力，且不利于对母羊开展高频、高效繁殖，因此适用范围极其有限。

（二）育肥羊饲养技术

1. 育肥阶段营养特点

由于羔羊具有生长快、饲料转化率高、产肉品质好、产毛皮价格高、周转快和效益高的特点，所以现代羊肉生产已由原来生产成年羊肉转为生产羔羊肉，尤其是以生产肥羔肉为主。制定适宜的日粮营养水平，提高饲草饲料的利用率，对于提高羊肉产品的效率有着重要的影响。程胜利（2002）研究了 1 倍、0.9 倍、0.8 倍 NRC 能量、蛋白质水平的全价颗粒饲料对羊产肉性能的影响，其结果表明，在日增重、胴体重、经济效益等指标上，0.9 倍 NRC 水平的日粮育肥效果最好，而其在能量、氮、ADF、钙、磷等营养素的利用状况上也较好。臧彦全（2003）研究自由采食条件下，体重（17.33±1.14）kg 的波杂肉羊的 DMI 为 537.3g/d，总能为 10.22MJ/d，蛋白质为

41.65g/d，与表 5-3《肉羊饲养标准 NY/T 816—2004》推荐的育肥山羊每日营养需要量相近。

表 5-3　育肥山羊每日营养需要量

体重（kg）	日增重（kg/d）	DMI（kg/d）	DE（MJ/d）	ME（MJ/d）	粗蛋白（g/d）	钙（g/d）	总磷（g/d）	食用盐（g/d）
15	0	0.51	5.36	4.40	43	1.0	0.7	2.6
15	0.05	0.56	5.83	4.78	54	2.8	1.9	2.8
15	0.10	0.61	6.29	5.15	64	4.6	3.0	3.1
15	0.15	0.66	6.75	5.54	74	6.4	4.2	3.3
15	0.20	0.71	7.21	5.91	84	8.1	5.4	3.6
20	0	0.56	6.44	5.28	47	1.3	0.9	2.8
20	0.05	0.61	6.91	5.66	57	3.1	2.1	3.1
20	0.10	0.66	7.37	6.04	67	4.9	3.3	3.3
20	0.15	0.71	7.83	6.42	77	6.7	4.5	3.6
20	0.20	0.76	8.29	6.80	87	8.5	5.6	3.8
25	0	0.61	7.46	6.12	50	1.7	1.1	3.0
25	0.05	0.66	7.92	6.49	60	3.5	2.3	3.3
25	0.10	0.71	8.38	6.87	70	5.2	3.5	3.5
25	0.15	0.76	8.84	7.25	81	7.0	4.7	3.8
25	0.20	0.81	9.31	7.63	91	8.8	5.9	4.0
30	0	0.65	8.42	6.90	53	2.0	1.3	3.3
30	0.05	0.70	8.88	7.28	63	3.8	2.5	3.5
30	0.10	0.75	9.35	7.66	74	5.6	3.7	3.8
30	0.15	0.80	9.81	8.04	84	7.4	4.9	4.0
30	0.20	0.85	10.27	8.42	94	9.1	6.1	4.2

许贵善（2014）等研究报道试验羊的饲喂水平对各胃室重量及各胃室重占复胃总重比例有显著影响，证明饲喂水平对胃室发育有促进作用。《肉羊饲养标准 NY/T 816—2004》推荐的育肥绵羊每日营养需要量见表 5-4。由于不同绵羊个体对精粗料的喜好差异很大，因此全价颗粒料对育肥羊的肥育效果可能要优于精粗饲料分开饲喂。王鹏（2011）以 DM 1.32kg，ME 14.30 MJ/d，MP 118.11g/d，精粗比 58∶42 的混合饲料饲喂 20~35kg 绵羊，完全能够满足肉羊的营养需要，但其料肉比只有 3.92∶1，要低于包付银（2007）研究获得的 3 月龄断奶波隆杂交公羔的料肉比 4.13∶1。张立涛（2013）报道在 CP 14.8%的肉羊饲料中，NDF 添加为 33.35%时，综合生长

性能和营养成分表观消化率最佳。刘圈炜等（2016）的饲养试验发现，在DMI 244.4g/(h·d)，ME 10.9MJ/kg，CP 18.6%，NDF 27.5%，Ca 0.8%，P 0.4%的营养水平下，添加30%（DM 89.62%、CP 15.62%、NDF 43.57%、ADF 38.37%、CF 2.97%）的新鲜苜蓿，能够提高山羊的屠宰性能、抗氧化性能及风味，并明显降低山羊肉的膻味。

表5-4　育肥绵羊每日营养需要量

体重（kg）	日增重（kg/d）	DMI（kg/d）	DE（MJ/d）	ME（MJ/d）	粗蛋白（g/d）	钙（g/d）	总磷（g/d）	食用盐（g/d）
20	0.10	0.8	9.00	8.40	11	1.9	1.8	7.6
20	0.20	0.9	11.30	9.30	158	2.8	2.4	7.6
20	0.30	1.0	13.60	11.20	183	3.8	3.1	7.6
20	0.45	1.0	15.01	11.82	210	4.6	3.7	7.6
25	0.10	0.9	10.50	8.60	121	2.2	2.0	7.6
25	0.20	1.0	13.20	10.80	168	3.2	2.7	7.6
25	0.30	1.1	15.80	13.00	191	4.3	3.4	7.6
25	0.45	1.1	17.45	14.35	218	5.4	4.2	7.6
30	0.10	1.0	12.00	9.80	132	2.5	2.2	8.6
30	0.20	1.1	15.00	12.30	178	3.6	3.0	8.6
30	0.30	1.2	18.10	14.80	200	4.8	3.8	8.6
30	0.45	1.2	19.95	16.34	351	6.0	4.6	8.6
35	0.10	1.2	13.40	11.10	141	2.8	2.5	8.6
35	0.20	1.3	16.90	13.80	187	4.0	3.3	8.6
35	0.30	1.3	18.20	16.60	207	5.2	4.1	8.6
35	0.45	1.3	20.19	18.26	233	6.4	5.0	8.6
40	0.10	1.3	14.90	12.20	143	3.1	2.7	9.6
40	0.20	1.3	18.80	15.30	183	4.4	3.6	9.6
40	0.30	1.4	22.60	18.40	204	5.7	4.5	9.6
40	0.45	1.4	24.99	20.30	227	7.0	5.4	9.6
45	0.10	1.4	16.40	13.40	152	3.4	2.9	9.6
45	0.20	1.4	20.60	16.80	192	4.8	3.9	9.6
45	0.30	1.5	24.80	20.30	210	6.2	4.9	9.6
45	0.45	1.5	27.38	22.39	233	7.4	6.0	9.6

（续表）

体重（kg）	日增重（kg/d）	DMI（kg/d）	DE（MJ/d）	ME（MJ/d）	粗蛋白（g/d）	钙（g/d）	总磷（g/d）	食用盐（g/d）
50	0.10	1.5	17.90	14.60	159	3.7	3.2	11.0
50	0.20	1.5	22.50	18.30	198	5.2	4.2	11.0
50	0.30	1.6	27.20	22.10	215	6.7	5.2	11.0
50	0.45	1.6	30.03	24.38	237	8.5	6.5	11.0

2. 肉羊育肥方式

南方农区可推广肉羊育肥方式主要有两种：人口密集区域一般采用舍饲育肥，根据育肥前的状态，按照饲养标准的饲料营养价值配制日粮，并完全在羊舍内喂、饮的一种育肥方式。采取舍饲育肥虽然饲料的投入相对较高，但可按市场需要实行大规模、集约化养羊。这能使房舍、设备和劳动力得到充分的利用，劳动生产效率也较高，从而降低成本。这种育肥方法在育肥期间内可使肉羊快速增重，出栏育肥羊的活重比放牧育肥和混合育肥羊高10%~20%，屠宰后胴体重高20%。在市场需要的情况下，可确保育肥羊在30~90d的育肥期内迅速达到上市标准，其育肥期比混合育肥和放牧育肥均短。一般舍饲育肥的日粮以混合精料的含量为70%、粗料和其他饲料含量30%左右较为合适。如果要求育肥强度再大些，混合精料的含量可增加到90%。一定要注意防止因此而引发瘤胃酸中毒、肠毒血症，以及因钙磷比例失调而发生尿结石。

西南山区可采用放牧加补饲的混合育肥。这种育肥方法可以全期育肥，放牧自由采食并补饲混合精料，确保育肥羊的营养需要；也可以将育肥期再分为2~3期，前期全放牧，中、后期按照从少到多的原则，逐渐增加补饲混合精料，再配合其他饲料来育肥。开始补饲育肥羊的混合精料的数量为每天200~300g，最后1个月增至每天400~500g。前一种方式与舍饲育肥的办法一样，同样可以按要求实现强度直线育肥，适用于生长强度较大和增重速度较快的羔羊。后一种方式则适用于生长强度较小及增重速度较慢的羔羊和周岁羊。混合育肥可使育肥羊在整个育肥期内的增重比单纯依靠放牧育肥的增重提高50%左右，同时，屠宰后羊肉的味道也较好。因此，如果条件允许，还是混合育肥饲养的肥羔品质更好。

3. 育肥强度

现阶段培育的肉羊早熟品种一般在2~3月龄增重最快，日增重可达

300~400g。1月龄次之，到4月龄则急剧下降，5月龄以后的平均日增重一般仅维持在130~150g的水平。对于这类羔羊，从2~4月龄开始进行强度育肥，在50d左右的育肥期内平均日增重基本达到正常水平，4~6月龄体重即为成年羊的50%，满足上市的屠宰标准。

一般2~4月龄羔羊，平均日增重达200g即可转入育肥。采用放牧加补饲或全舍饲的方式，进行50d左右的强度育肥。但平均日增重低于180g的，至少体重得达到20kg以上才能转入育肥，其育肥期一般也较长，约为3个月。前期育肥的强度不宜过大，一定要等羔羊体重达30kg以上，才能进行强度育肥，使其在4~6个月内就能达到上市的标准。在羔羊体重未达到一定程度时，过早进行强度育肥，常会使羔羊的肥度已达标准，但体重距离出栏要求还相差较远。

羔羊育肥饲料配方及混合精料喂量6月龄前可达上市标准的羔羊，适合采用能量较高和喂量较大的混合精料进行高强度育肥。精补料（除羊草以外）的配合可由55%~75%的玉米、22%~40%的蛋白原料（豆粕、豆饼、棉籽粕、花生饼、DDGS、胡麻饼、过瘤胃蛋白粉等）、酵母培养物，以及0.5%~1.5%的食盐、维生素、微量元素、钙、磷、镁、小苏打和适量的生长促进剂组成。粗料喂量在羔羊体重达30kg前，每只羊0.35~0.55kg/d；达30kg以后，每只羊0.60~0.80kg/d。粗精比按照育肥前期7∶3，育肥中期5∶5，育肥后期3∶7来动态调整。具体每天的饲喂量，要按每天给料2~3次，每次以羊在40min内能吃净，以及喂量由少到多逐渐加大的原则来掌握。对日增重较小，6月龄前很难达到上市标准羔羊的育肥，由于其日增重较慢，必须经过一定时间，等其体重达到25~30kg以上后，才能转入高强度育肥。因此，其青粗饲料和混合精料的配比，虽不一定与前述羔羊的配比有太大的差异，但在育肥前期混合精料的喂量一般以控制在200~400g较适宜。等到最后50d左右，才能把精料量加到0.8kg/d。

（三）育成羊饲养技术

1. 育成阶段营养特点

肉羊育成期消化功能逐渐发育完善和健全，生长发育先经过性成熟，后继续发育至体成熟。一般来说。肉绵羊在4~10月龄达到性成熟，出现第一次的发情和排卵，且体重达到成年羊的40%~60%。但是，肉绵羊在该阶段还没有完全发育，不适宜进行配种；当肉绵羊体重达到成年羊的80%左右时，说明其已达到体成熟，此时才可适时进行配种。肉绵羊育成期内生长发育逐渐减缓，但也需要大量的营养，如果此时无法满足其营养需要，就会导致其体型较小，胸窄，四肢较高，同时还会导致体质变差，被毛稀疏无光泽，延迟性成熟和体成熟，无法适时进行配种，从而使生产性能受到影响，严重时甚至会导致失去种用价值。

育成期通常分成两个阶段，3~8 月龄为育成前期，8~18 月龄为育成后期。育成前期，肉羊仍处于生长发育迅速的阶段，刚刚断奶的羔羊由于瘤胃容积较小且机能还没有发育完善，消化利用粗饲料的能力较弱，此时饲养的优劣将对羊只的体型、体重以及成年后的繁殖性能，甚至是整个羊群的品质产生直接影响。饲喂的日粮要以精料为主，并搭配适量的青干草、优质苜蓿和青绿多汁饲料，确保日粮中含有 17%以下的粗纤维，控制日粮中粗饲料的比例在 50%以下（申汉彬，2016）；育成后期，瘤胃消化机能基本发育完善，能够采食大量的农作物秸秆和牧草，但身体依旧处于发育阶段。育成羊此时不适宜饲喂粗劣的秸秆，即使饲喂也要注意控制其在日粮中所占的比例在 20%以下，且使用前还必须进行适当的加工调制。由于公羊在该阶段生长发育迅速，使其需要更多的营养，因此可适当增加精料的饲喂量。表 5-5 和表 5-6 为《肉羊饲养标准 NY/T 816—2004》推荐的育成期绵羊营养需要量。

表 5-5　育成母绵羊每日营养需要量

体重 (kg)	日增重 (kg/d)	DMI (kg/d)	DE (MJ/d)	ME (MJ/d)	粗蛋白 (g/d)	钙 (g/d)	总磷 (g/d)	食用盐 (g/d)
25	0	0.8	5.86	4.60	47	3.6	1.8	3.3
25	0.03	0.8	6.70	5.44	69	3.6	1.8	3.3
25	0.06	0.8	7.11	5.86	90	3.6	1.8	3.3
25	0.09	0.8	8.37	6.69	112	3.6	1.8	3.3
30	0	1.0	6.70	5.44	54	4.0	2.0	4.1
30	0.03	1.0	7.95	6.28	75	4.0	2.0	4.1
30	0.06	1.0	8.79	7.11	96	4.0	2.0	4.1
30	0.09	1.0	9.20	7.53	117	4.0	2.0	4.1
35	0	1.2	7.95	6.28	61	4.5	2.3	5.8
35	0.03	1.2	8.79	7.11	82	4.5	2.3	5.8
35	0.06	1.2	9.62	7.95	103	4.5	2.3	5.8
35	0.09	1.2	10.88	8.79	123	4.5	2.3	5.8
40	0	1.4	8.37	6.69	67	4.5	2.3	5.8
40	0.03	1.4	9.62	7.95	88	4.5	2.3	5.8
40	0.06	1.4	10.88	8.79	108	4.5	2.3	5.8

（续表）

体重（kg）	日增重（kg/d）	DMI（kg/d）	DE（MJ/d）	ME（MJ/d）	粗蛋白（g/d）	钙（g/d）	总磷（g/d）	食用盐（g/d）
40	0.09	1.4	12.55	10.04	129	4.5	2.3	5.8
45	0	1.5	9.20	8.79	80	5.0	2.5	6.2
45	0.03	1.5	10.88	9.62	94	5.0	2.5	6.2
45	0.06	1.5	11.71	10.88	114	5.0	2.5	6.2
45	0.09	1.5	13.39	12.10	135	5.0	2.5	6.2
50	0	1.6	9.62	7.95	80	5.0	2.5	6.6
50	0.03	1.6	11.30	9.20	100	5.0	2.5	6.6
50	0.06	1.6	13.39	10.88	120	5.0	2.5	6.6
50	0.09	1.6	15.06	12.13	140	5.0	2.5	6.6

表 5-6　育成公绵羊每日营养需要量

体重（kg）	日增重（kg/d）	DMI（kg/d）	DE（MJ/d）	ME（MJ/d）	粗蛋白（g/d）	钙（g/d）	总磷（g/d）	食用盐（g/d）
20	0.05	0.9	8.17	6.70	95	2.4	1.1	7.6
20	0.10	0.9	9.76	8.00	114	3.3	1.5	7.6
20	0.15	1.0	12.20	10.00	132	4.3	2.0	7.6
25	0.05	1.0	8.78	7.20	105	2.8	1.3	7.6
25	0.10	1.0	10.98	9.00	123	3.7	1.7	7.6
25	0.15	1.1	13.54	11.10	142	4.6	2.1	7.6
30	0.05	1.1	10.37	8.50	114	3.2	1.4	8.6
30	0.10	1.1	12.20	10.00	132	4.1	1.9	8.6
30	0.15	1.2	14.76	12.10	150	5.0	2.3	8.6
35	0.05	1.2	11.34	9.30	122	3.5	1.6	8.6
35	0.10	1.2	13.29	10.90	140	4.5	2.0	8.6
35	0.15	1.3	16.10	13.20	159	5.4	2.5	8.6
40	0.05	1.3	12.44	10.20	130	3.9	1.8	9.6
40	0.10	1.3	14.39	11.80	149	4.8	2.2	9.6
40	0.15	1.3	17.32	14.20	167	5.8	2.6	9.6
45	0.05	1.3	13.54	11.10	138	4.3	1.9	9.6
45	0.10	1.3	15.49	12.70	156	5.2	2.8	9.6

（续表）

体重（kg）	日增重（kg/d）	DMI（kg/d）	DE（MJ/d）	ME（MJ/d）	粗蛋白（g/d）	钙（g/d）	总磷（g/d）	食用盐（g/d）
45	0.15	1.4	18.66	15.30	175	6.1	2.9	9.6
50	0.05	1.4	14.39	11.80	146	4.7	2.1	11.0
50	0.10	1.4	16.59	13.60	165	5.6	2.5	11.0
50	0.15	1.5	19.76	16.20	182	6.5	3.0	11.0
55	0.05	1.5	15.37	12.60	153	5.0	2.3	11.0
55	0.10	1.5	17.68	14.50	172	6.0	2.7	11.0
55	0.15	1.6	20.98	17.20	190	6.9	3.1	11.0
60	0.05	1.6	16.34	13.40	161	5.4	2.4	12.0
60	0.10	1.6	18.78	15.40	179	6.3	2.9	12.0
60	0.15	1.7	22.20	18.20	198	7.3	3.3	12.0
65	0.05	1.7	17.32	14.20	168	5.7	2.6	12.0
65	0.10	1.7	19.88	16.30	187	6.7	3.0	12.0
65	0.15	1.8	23.54	19.30	205	7.6	3.4	12.0
70	0.05	1.8	18.29	15.00	175	6.2	2.8	12.0
70	0.10	1.8	20.85	17.10	194	7.1	3.2	12.0
70	0.15	1.9	24.76	20.30	212	8.0	3.6	12.0

2. 育成羊的选配与分群

通过挑选合适的育成羊作为种用，是提高羊群质量的前提和主要方式。肉绵羊生产过程中，通过在育成期挑选羊只，将品种特性优良、种用价值高、高产母羊和公羊选出用于繁殖，而将不符合种用要求或者多余的公羊转变成商品生产使用。在实际生产中，主要的选种方法是根据羊自身的生产成绩、体形外貌，以及系谱审查和后代测定进行挑选。一般育成母羊在满 8～10 月龄，体重达到 40kg 或达到成年体重的 65%以上时配种，育成羊的发情不如成年母羊明显和规律，因此要加强发情鉴定，以免漏配。育成公羊须在 12 个月龄以后，体重达 60kg 以上进行配种（崔雪霞，2014）。

3. 育成羊的饲养管理

公羊管理的重点是保持膘情良好，体质健壮，性欲旺盛，以及精液品质优良。公羊采取舍饲时，要注意保持活动场所较大，一般确保每只羊要占有 $4m^2$ 以上圈舍面积。另外，南方地区夏季高温高湿，会影响精液品质，此时要加强防暑通风工作，在夜间休息时要确保圈舍保持通风良好。公羊 8 月龄前不能够进行采精或者配种，当 12 月龄之后且体重在 60kg 左右时才能够用于配种。

母羊育成期管理的重点是满足营养需要，并做好进行繁殖的物质准备。母羊需要饲喂大量的优质干草，从而促进消化器官发育完善。保持充足光照以及适当运动，使其食欲旺盛，心肺发达，体壮胸宽。育成母羊通常在 8~10 月龄且体重达到 40kg 或者超过成年体重的 65%时可进行配种。但由于育成母羊发情不会像成年母羊一样明显和规律，因此必须加强发情鉴定，防止发生漏配。

（四）妊娠期母羊饲养技术

1. 妊娠阶段营养特点

妊娠前期（妊娠后 1~90d）胎儿发育较慢，饲养的主要任务是维护母羊处于配种时的体况，满足营养需要。该期间母羊对粗饲料消化能力较强，可以用优质秸秆部分代替干草来饲喂，还应考虑补饲优质干草或青贮饲料等；在妊娠后期（91~120d）胎儿生长快，90%左右的初生重在此期完成。如果此期间母羊营养供应不足，就会带来一系列不良后果。

妊娠羊母体贮积营养物质的能力较强，而各营养物质在母体体内的沉积速度是不均衡的，一般随妊娠期的延续而增加，但关于妊娠羊日粮干物质消化率和能量代谢率的变化说法不一。王宏博等（2008）饲喂妊娠后期母羊精粗比 45∶55 的饲粮，干物质和有机物的表观消化率分别为 60. 81% 和 64. 4%。楼灿等（2014）妊娠 40d 的饲粮精粗比 45∶55，妊娠 100~130d 的饲粮精粗比为 50∶50，表观消化率与以上结果相近。饲粮营养物质的消化率与饲养水平呈负相关，主要是因为摄入饲粮的增加加快了食糜通过肠道的速度，因而缩短饲料与微生物和消化酶的作用时间，导致消化率的降低（麦克唐纳，2007）。王惠（2012）报道了白绒山羊妊娠前期母羊的总能消化率和消化能代谢率均随饲粮消化能（7. 6~9. 6MJ/d）的升高而升高，分别为 62. 45%~69. 99%和 82. 92%~84. 37%。

采食量是衡量反刍动物生产状况和健康状态的指标之一，日粮干物质和有机物质的消化率是动物对饲粮消化特性的综合反映。而妊娠一方面会刺激食欲，提高采食量；另一方面母羊在妊娠后期，由于血液中含有高浓度的雌激素，宫内容物压迫胃肠道，增加了胃肠道紧张度，会导致采食量的下降。《肉羊饲养标准 NY/T 816—2004》推荐的妊娠期母山羊营养需要量见表 5-7。

表 5-7　妊娠期母山羊每日营养需要量

妊娠阶段	体重 (kg)	DMI (kg/d)	DE (MJ/d)	ME (MJ/d)	粗蛋白 (g/d)	钙 (g/d)	总磷 (g/d)	食用盐 (g/d)
空怀期	10	0.39	3.37	2.76	34	4.5	3.0	2.0
	15	0.53	4.54	3.72	43	4.8	3.2	2.7
	20	0.66	5.62	4.61	52	5.2	3.4	3.3
	25	0.78	6.63	5.44	60	5.5	3.7	3.9
	30	0.90	7.59	6.22	67	5.8	3.9	4.5
1~90d	10	0.39	4.80	3.94	55	4.5	3.0	2.0
	15	0.53	6.82	5.59	65	4.8	3.2	2.7
	20	0.66	8.72	7.15	73	5.2	3.4	3.3
	25	0.78	10.56	8.66	81	5.5	3.7	3.9
	30	0.90	12.34	10.12	89	5.8	3.9	4.5
91~120d	15	0.53	7.55	6.19	97	4.8	3.2	2.7
	20	0.66	9.51	7.80	105	5.2	3.4	3.3
	25	0.78	11.39	9.34	113	5.5	3.7	3.9
	30	0.90	13.20	10.82	121	5.8	3.9	4.5
121d 以上	15	0.53	8.54	7.00	124	4.8	3.2	2.7
	20	0.66	10.54	8.64	132	5.2	3.4	3.3
	25	0.78	12.43	10.19	140	5.5	3.7	3.9
	30	0.90	14.27	11.70	148	5.8	3.9	4.5

唐志高（2008）在以粗蛋白 13.45%、消化能 11.60MJ/kg 的饲料，饲喂 47kg 妊娠小尾寒羊的试验中发现，小尾寒羊妊娠前期和后期的采食量无显著差异；且精料 20%、玉米秸秆 80%的日粮配比在自由采食条件下并不能维持母羊的体重，繁殖小尾寒羊日粮的精料比应不低于 30%；妊娠前期和后期日粮的消化率变化规律有所不同，前期日粮的干物质、有机物、能量、钙、磷的消化率随精料比例增加呈上升趋势，而纤维素、半纤维素消化率呈下降趋势。但在后期，干物质、有机物、能量、纤维素、半纤维素和钙的消化率均在精料约 30%时最高；粗蛋白表观消化率妊娠前后期均在精粗比例 3∶7 时最高。与表 5-8《肉羊饲养标准 NY/T 816—2004》推荐的妊娠期母绵羊每日营养需要量存在差异。

表 5-8　妊娠期母绵羊每日营养需要量

妊娠阶段	体重(kg)	DMI(kg/d)	DE(MJ/d)	ME(MJ/d)	粗蛋白(g/d)	钙(g/d)	总磷(g/d)	食用盐(g/d)
1~90d	40	1.6	12.55	10.46	116	3.0	2.0	6.6
	50	1.8	15.06	12.55	124	3.2	2.5	7.5
	60	2.0	15.90	13.39	132	4.0	3.0	8.3
	70	2.2	16.74	14.23	141	4.5	3.5	9.1
91~150d（母羊怀单羔）	40	1.8	15.06	12.55	146	6.0	3.5	7.5
	45	1.9	15.90	13.39	152	6.5	3.7	7.9
	50	2.0	16.74	14.23	159	7.0	3.9	8.3
	55	2.1	17.99	15.06	165	7.5	4.1	8.7
	60	2.2	18.83	15.90	172	8.0	4.3	9.1
	65	2.3	19.66	16.74	180	8.5	4.5	9.5
	70	2.4	20.92	17.57	187	9.0	4.7	9.9
91~150d（母羊怀双羔）	40	1.8	16.74	14.23	167	7.0	4.0	7.9
	45	1.9	17.99	15.06	176	7.5	4.3	8.3
	50	2.0	19.25	16.32	184	8.0	4.6	8.7
	55	2.1	20.50	17.15	193	8.5	5.0	9.1
	60	2.2	21.76	18.41	203	9.0	5.3	9.5
	65	2.3	22.59	19.25	214	9.5	5.4	9.9
	70	2.4	24.27	20.50	226	10.0	5.6	11.0

2. 妊娠羊的饲养管理

妊娠期的管理应围绕保胎来考虑，要细心周到，喂饲料、饮水时防止拥挤和滑倒，不打、不惊吓。有条件的牧场可适当增加母羊户外活动时间，干草或鲜草用草架投给。产前 1 个月，应把母羊从群中分隔开，单放一圈，以便更好地照顾。产前一周左右，夜间应将母羊放于待产圈中饲养和护理。

每天饲喂 3~4 次，先喂粗饲料，后喂精饲料；先喂适口性差的饲料，后喂适口性好的饲料。饲槽内吃剩的饲料，特别是青贮饲料，下次饲喂时一定要清除干净，以免发酵生菌，引起羊的肠道病而造成流产。严禁喂发霉、腐败、变质饲料，不饮冰冻水。饮水次数不少于 2~3 次/d，保持槽内有清洁水源供其自由饮用或使用自动引水器。

（五）泌乳期母羊饲养技术

1. 泌乳阶段营养特点

母羊产后 1~30d 为泌乳前期。此期间母羊刚产羔，体力消耗较大，体质差，自身消化机能不强；生殖器官、乳腺、血液循环系统机能尚未恢复正常，母羊全身，特别是下腹、四肢水肿还未消失，应以恢复体力为主；从产羔后第 31~70d 为泌乳后期，产奶量较高，需补充营养提高乳产量与乳品质。之后产奶量逐渐下降进入干奶期，由于发情、怀孕与气候的影响，母羊饲养上要注意饲料的营养要全价，逐步减少精料维持产奶。表 5-9 至表 5-11 为《肉羊饲养标准 NY/T 816—2004》推荐母山羊、绵羊各泌乳阶段不同泌乳量的营养值。

表 5-9 泌乳前期母山羊每日营养需要量

体重 (kg)	泌乳量 (kg/d)	DMI (kg/d)	DE (MJ/d)	ME (MJ/d)	粗蛋白 (g/d)	钙 (g/d)	总磷 (g/d)	食用盐 (g/d)
10	0	0.39	3.12	2.56	24	0.7	0.4	2.0
10	0.50	0.39	5.73	4.70	73	2.8	1.8	2.0
10	0.75	0.39	7.04	5.77	97	3.8	2.5	2.0
10	1.00	0.39	8.34	6.84	122	4.8	3.2	2.0
10	1.25	0.39	9.65	7.91	146	5.9	3.9	2.0
10	1.50	0.39	10.95	8.98	170	6.9	4.6	2.0
15	0	0.53	4.24	3.48	33	1.0	0.7	2.7
15	0.50	0.53	6.84	5.61	31	3.1	2.1	2.7
15	0.75	0.53	8.15	6.68	106	4.1	2.8	2.7
15	1.00	0.53	9.45	7.75	130	5.2	3.4	2.7
15	1.25	0.53	10.76	8.82	154	6.2	4.1	2.7
15	1.50	0.53	12.06	9.89	179	7.3	4.8	2.7
20	0.00	0.66	5.26	4.31	40	1.3	0.9	3.3
20	0.50	0.66	7.87	6.45	89	3.4	2.3	3.3
20	0.75	0.66	9.17	7.52	114	4.5	3.0	3.3
20	1.00	0.66	10.48	8.59	138	5.5	3.7	3.3
20	1.25	0.66	11.78	9.66	162	6.5	4.4	3.3
20	1.50	0.66	13.09	10.73	187	7.6	5.1	3.3
25	0.00	0.78	6.22	5.10	48	1.7	1.1	3.9
25	0.50	0.78	8.83	7.24	97	3.8	2.5	3.9
25	0.75	0.78	10.13	8.31	121	4.8	3.2	3.9
25	1.00	0.78	11.44	9.38	145	5.8	3.9	3.9
25	1.25	0.78	12.73	10.44	170	6.9	4.6	3.9
25	1.50	0.78	14.04	11.51	194	7.9	5.3	3.9
30	0.00	0.90	6.70	5.49	55	2.0	1.3	4.5

（续表）

体重（kg）	泌乳量（kg/d）	DMI（kg/d）	DE（MJ/d）	ME（MJ/d）	粗蛋白（g/d）	钙（g/d）	总磷（g/d）	食用盐（g/d）
30	0.50	0.90	9.73	7.98	104	4.1	2.7	4.5
30	0.75	0.90	11.04	9.05	128	5.1	3.4	4.5
30	1.00	0.90	12.34	10.12	152	6.2	4.1	4.5
30	1.25	0.90	13.65	11.19	177	7.2	4.8	4.5
30	1.50	0.90	14.95	12.26	201	8.3	5.5	4.5

表 5-10　泌乳后期母山羊每日营养需要量

体重（kg）	泌乳量（kg/d）	DMI（kg/d）	DE（MJ/d）	ME（MJ/d）	粗蛋白（g/d）	钙（g/d）	总磷（g/d）	食用盐（g/d）
10	0	0.39	3.71	3.04	22	0.7	0.4	2.0
10	0.15	0.39	4.67	3.83	48	1.3	0.9	2.0
10	0.25	0.39	5.30	4.35	65	1.7	1.1	2.0
10	0.50	0.39	6.90	5.66	108	2.8	1.8	2.0
10	0.75	0.39	8.50	6.97	151	3.8	2.5	2.0
10	1.00	0.39	10.10	8.28	194	4.8	3.2	2.0
15	0.00	0.53	5.02	4.12	30	1.0	0.7	2.7
15	0.15	0.53	5.99	4.91	55	1.6	1.1	2.7
15	0.25	0.53	6.62	5.43	73	2.0	1.4	2.7
15	0.50	0.53	8.22	6.74	116	3.1	2.1	2.7
15	0.75	0.53	9.82	8.05	159	4.1	2.8	2.7
15	1.00	0.53	11.41	9.36	201	5.2	3.4	2.7
20	0.00	0.66	6.24	5.12	37	1.3	0.9	3.3
20	0.15	0.66	7.20	5.90	63	2.0	1.3	3.3
20	0.25	0.66	7.84	6.43	80	2.4	1.6	3.3
20	0.50	0.66	9.44	7.74	123	3.4	2.3	3.3
20	0.75	0.66	11.04	9.05	166	4.5	3.0	3.3
20	1.00	0.66	12.63	10.36	209	5.5	3.7	3.3
25	0.00	0.78	7.38	6.05	44	1.7	1.1	3.9
25	0.15	0.78	8.34	6.84	69	2.3	1.5	3.9
25	0.25	0.78	8.98	7.36	87	2.7	1.8	3.9
25	0.50	0.78	10.57	8.67	129	3.8	2.5	3.9
25	0.75	0.78	12.17	9.98	172	4.8	3.2	3.9
25	1.00	0.78	13.77	11.29	215	5.8	3.9	3.9

(续表)

体重(kg)	泌乳量(kg/d)	DMI(kg/d)	DE(MJ/d)	ME(MJ/d)	粗蛋白(g/d)	钙(g/d)	总磷(g/d)	食用盐(g/d)
30	0	0.90	8.46	6.94	50	2.0	1.3	4.5
30	0.15	0.90	9.41	7.72	76	2.6	1.8	4.5
30	0.25	0.90	10.06	8.25	93	3.0	2.0	4.5
30	0.50	0.90	11.66	9.56	136	4.1	2.7	4.5
30	0.75	0.90	13.24	10.86	179	5.1	3.4	4.5
30	1.00	0.90	14.85	12.18	222	6.2	4.1	4.5

表 5-11　泌乳母绵羊每日营养需要量

体重(kg)	泌乳量(kg/d)	DMI(kg/d)	DE(MJ/d)	ME(MJ/d)	粗蛋白(g/d)	钙(g/d)	总磷(g/d)	食用盐(g/d)
40	0.2	2.0	12.97	10.46	119	7.0	4.3	8.3
40	0.4	2.0	15.48	12.55	139	7.0	4.3	8.3
40	0.6	2.0	17.99	14.64	157	7.0	4.3	8.3
40	0.8	2.0	20.50	16.74	176	7.0	4.3	8.3
40	1.0	2.0	23.01	18.83	196	7.0	4.3	8.3
40	1.2	2.0	25.94	20.92	216	7.0	4.3	8.3
40	1.4	2.0	28.45	23.01	236	7.0	4.3	8.3
40	1.6	2.0	30.96	25.10	254	7.0	4.3	8.3
40	1.8	2.0	33.47	27.20	274	7.0	4.3	8.3
50	0.2	2.2	15.06	12.13	122	7.5	4.7	9.1
50	0.4	2.2	17.57	14.23	142	7.5	4.7	9.1
50	0.6	2.2	20.08	16.32	162	7.5	4.7	9.1
50	0.8	2.2	22.59	18.41	180	7.5	4.7	9.1
50	1.0	2.2	25.10	20.50	200	7.5	4.7	9.1
50	1.2	2.2	28.03	22.59	219	7.5	4.7	9.1
50	1.4	2.2	30.54	24.69	239	7.5	4.7	9.1
50	1.6	2.2	33.05	26.78	257	7.5	4.7	9.1
50	1.8	2.2	35.56	28.87	277	7.5	4.7	9.1
60	0.2	2.4	16.32	13.39	125	8.0	5.1	9.9
60	0.4	2.4	19.25	15.48	145	8.0	5.1	9.9
60	0.6	2.4	21.76	17.57	165	8.0	5.1	9.9
60	0.8	2.4	24.27	19.66	183	8.0	5.1	9.9
60	1.0	2.4	26.78	21.76	203	8.0	5.1	9.9

（续表）

体重（kg）	泌乳量（kg/d）	DMI（kg/d）	DE（MJ/d）	ME（MJ/d）	粗蛋白（g/d）	钙（g/d）	总磷（g/d）	食用盐（g/d）
60	1.2	2.4	29.29	23.85	223	8.0	5.1	9.9
60	1.4	2.4	31.80	25.94	241	8.0	5.1	9.9
60	1.6	2.4	34.73	28.03	261	8.0	5.1	9.9
60	1.8	2.4	37.24	30.12	275	8.0	5.1	9.9
70	0.2	2.6	17.99	14.64	129	8.5	5.6	11.0
70	0.4	2.6	20.50	16.70	148	8.5	5.6	11.0
70	0.6	2.6	23.01	18.83	166	8.5	5.6	11.0
70	0.8	2.6	25.94	20.92	186	8.5	5.6	11.0
70	1.0	2.6	28.45	23.01	206	8.5	5.6	11.0
70	1.2	2.6	30.96	25.10	226	8.5	5.6	11.0
70	1.4	2.6	33.89	27.61	244	8.5	5.6	11.0
70	1.6	2.6	36.40	29.71	264	8.5	5.6	11.0
70	1.8	2.6	39.33	31.80	284	8.5	5.6	11.0

2. 泌乳羊的饲养管理

泌乳前期让母羊自由采食优质干草和食盐，搞好环境卫生，强化消毒工作。第1周，母羊的饲料应以优质幼嫩干草为主，同时饲喂母羊温盐水或加麸皮汤水，并添加少量精料。1周后可喂青贮料或多汁饲料，以促进泌乳逐渐增加。2周后精料、干草等增加到正常喂量。粗、精料的增加应根据母羊体况、产奶量、食欲、乳房膨胀情况来掌握。日粮粗蛋白含量以13%~15%为宜，粗纤维含量以15%~17%为宜，干物质供给按体重的3%~4%提供(李海阁，2017)。产后40d左右产奶量最高。此期产奶量约占整个泌乳期产奶量的50%。因此要加强管理，精心饲养，提高产奶量。

泌乳后期一般气温较高，对产奶量有一定影响，饲喂要定时定量，少给勤添，防止发霉变质。营养要全面、调制上要多样化、易消化、营养高，适口性好。要保证充足、清洁的饮水。在饲养上应保持饲料、饲养方法的相对稳定，多喂青绿多汁饲料，保证清洁饮水，同时做好降温防暑、消毒卫生工作，尽可能使泌乳高峰维持相对较长的时间。

为使母羊能及时补充身体营养，保证胎儿正常生长发育，有利于下一个泌乳期，应根据母羊膘情和年龄的不同，在母羊怀孕3个月左右，即临产前2个月进入干奶期。要逐渐减少挤奶次数，直至完全停挤。最后一次挤奶后，要通过乳头注入青霉素 80 万~100 万单位，这样可以有效地防止干奶期乳房炎的发生（王洪朋，2017）。

（六）后备羊饲养技术

1. 种公羊的营养需要量

种公羊对提高羊群的生产力和杂交改良本地羊种起着重要的作用，特别是部分地区优质肉羊数量少、需求量又很大的情况下。在饲养管理上更要严格要求，对种公羊的要求是体质结实，保持中上等膘性，性欲旺盛，精液品质好。而精液的数量和品质，取决于饲料的全价性和合理的管理。要求饲料营养价值高，有足量优质的蛋白质、维生素 A、维生素 D 及无机盐等，且易消化，适口性好。较理想的饲料中，鲜干草类有苜蓿草、三叶草、山芋藤、花生秸等，精料有玉米、麸皮、豆粕等，其他有胡萝卜、南瓜，麦芽，骨粉等。动物蛋白对种公羊也很重要，在配种或采精频率较高时，要补饲生鸡蛋、牛奶等。表 5-12 为《肉羊饲养标准 NY/T 816—2004》推荐的后备公山羊每日营养需要量。

表 5-12　后备公山羊每日营养需要量

体重 (kg)	日增重 (kg/d)	DMI (kg/d)	DE (MJ/d)	ME (MJ/d)	粗蛋白 (g/d)	钙 (g/d	总磷 (g/d)	食用盐 (g/d)
12	0	0.48	3.78	3.10	24	0.8	0.5	2.4
12	0.02	0.50	4.10	3.36	32	1.5	1.0	2.5
12	0.04	0.52	4.43	3.63	40	2.2	1.5	2.6
12	0.06	0.54	4.74	3.89	49	2.9	2.0	2.7
12	0.08	0.56	5.06	4.15	57	3.7	2.4	2.8
12	0.10	0.58	5.38	4.41	66	4.4	2.9	2.9
15	0	0.51	4.48	3.67	28	1.0	0.7	2.6
15	0.02	0.53	5.28	4.33	36	1.7	1.1	2.7
15	0.04	0.55	5.70	4.67	45	2.4	1.6	2.8
15	0.06	0.57	6.10	5.00	53	3.1	2.1	2.9
15	0.08	0.59	7.72	6.33	61	3.9	2.6	3.0
15	0.10	0.61	8.54	7.00	70	4.6	3.0	3.1
18	0	0.54	5.12	4.20	32	1.2	0.8	2.7
18	0.02	0.56	6.44	5.28	40	1.9	1.3	2.8
18	0.04	0.58	7.74	6.35	49	2.6	1.8	2.9
18	0.06	0.60	9.05	7.42	57	3.3	2.2	3.0
18	0.08	0.62	10.35	8.49	66	4.1	2.7	3.1

（续表）

体重（kg）	日增重（kg/d）	DMI（kg/d）	DE（MJ/d）	ME（MJ/d）	粗蛋白（g/d）	钙（g/d	总磷（g/d）	食用盐（g/d）
18	0.10	0.64	11.66	9.56	74	4.8	3.2	3.2
21	0	0.57	5.76	4.72	36	1.4	0.9	2.9
21	0.02	0.59	7.56	6.20	44	2.1	1.4	3.0
21	0.04	0.61	9.35	7.67	53	2.8	1.9	3.1
21	0.06	0.63	11.16	9.15	61	3.5	2.4	3.2
21	0.08	0.65	12.96	10.63	70	4.3	2.8	3.3
21	0.10	0.67	14.76	12.10	78	5.0	3.3	3.4
24	0	0.60	6.37	5.22	40	1.6	1.1	3.0
24	0.02	0.62	8.66	7.10	48	2.3	1.5	3.1
24	0.04	0.64	10.95	8.98	56	3.0	2.0	3.2
24	0.06	0.66	13.27	10.88	65	3.7	2.5	3.3
24	0.08	0.68	15.54	12.74	73	4.5	3.0	3.4
24	0.10	0.70	17.83	14.62	82	5.2	3.4	3.5

2. 种羊的饲养管理

种公羊要单圈饲养，公羊要单独组群放牧、运动和补饲，除配种外，不要和母羊放在一起。配种季节一般每天采精 1~3 次，采精后要让其安静休息一会儿。种公羊还要定期进行检疫、预防接种和防治内、外寄生虫，并注意观察日常精神状态。南方地区的公羊以放牧结合舍饲为主，公羊每天放牧结合运动的时间为 4~6h，干粗料为山芋藤、花生秸，任其自由采食。采精较频时，每天补饲 2 个鸡蛋。每天采精 1~2 次，3~4d 休息一次，除夏季特别炎热的时候和冬季特别寒冷的时候精液品质较差不采精外，其余时间精液品质都较好，几乎常年可以采精。种母羊配种前，要做好母羊的抓膘复壮，为配种妊娠贮备营养。日粮配合上，以维持正常的新陈代谢为基础，对断奶后较瘦弱的母羊，还要适当增加营养，以达到复膘。

（七）肉羊对日粮矿物质元素和维生素的需要量

许多研究表明，矿物质元素在畜禽生长发育、生命活动、生产性能中具有极其重要的作用。矿物质元素的补饲和补饲时间的长短对羔羊的生长发育也有较大影响。其缺乏或过量，都会影响羔羊的生长发育、繁殖和产品生产。根据已有的研究结果，羊对矿物质元素的需要种类约有 23 种，其中包括钠、钾、钙、镁、氯、磷和硫等常量元素，以及碘、铁、铜、锌、锰、硒等微量元素。表 5-13 至表 5-15 为《肉羊饲养标准 NY/T 816—2004》推荐的肉羊矿物质和维生素推荐量。

表 5-13　肉羊山羊对常量矿物质元素每日营养需要量参数

常量元素	维持体重（mg/kg）	妊娠胎儿（g/kg）	泌乳产奶（g/kg）	生长（g/kg）	吸收率（%）
钙 Ca	20	11.5	1.25	10.7	30
总磷 P	30	6.6	1.0	6.0	65
镁 Mg	3.5	0.3	0.14	0.4	20
钾 K	50	2.1	2.1	2.4	90
钠 Na	15	1.7	0.4	1.6	80
硫 S	0.16%~0.32%（以进食日粮干物质为基础）				

表 5-14　肉用山羊对微量矿物质元素每日营养需要量参数

微量元素	推荐量（mg/kg）
铁 Fe	30~40
铜 Cu	10~20
钴 Co	0.11~0.2
碘 I	0.15~2.0
锰 Mn	60~120
锌 Zn	50~80
硒 Se	0.05

维生素是动物生长发育和维持代谢过程中必需的，瘤胃微生物能合成维生素 B_1、维生素 B_2、维生素 B_{12}和维生素 K。所以，在反刍动物的日粮中不必另外补充这几种维生素。而幼龄反刍动物瘤胃尚未发育或发育不完全，不能合成或合成不能满足其生长发育的需要，需补加这些维生素以促进其生长。瘤胃微生物不能合成维生素 A、维生素 D、维生素 E，所以在日粮中应该加以补充。

表 5-15　肉用绵羊每日矿物质元素和维生素需要量参数（以干物质为基础）

	生长羔羊	育成母羊	育成公羊	育肥羊	妊娠母羊	泌乳母羊	最大耐受浓度
	4~20（kg）	25~50（kg）	20~70（kg）	20~50（kg）	40~70（kg）	40~70（kg）	
硫（g）	0.24~1.2	1.4~2.9	2.8~3.5	2.8~3.5	2.0~3.0	2.5~3.7	

（续表）

	生长羔羊	育成母羊	育成公羊	育肥羊	妊娠母羊	泌乳母羊	最大耐受浓度
	4~20 (kg)	25~50 (kg)	20~70 (kg)	20~50 (kg)	40~70 (kg)	40~70 (kg)	
维生素 A（IU）	188~940	1 175~2 350	940~3 290	940~2 350	1 880~3 948	1 880~3 434	
维生素 D（IU）	26~132	137~275	111~389	111~278	222~440	222~380	
维生素 E（IU）	2.4~12.8	12~24	12~29	12~23	18~35	26~34	
钴（mg/kg）	0.018~0.096	0.12~0.24	0.21~0.33	0.2~0.35	0.7~0.36	0.3~0.39	10
铜（mg/kg）	0.97~5.2	6.5~13	11~18	11~19	16~22	13~18	25
碘（mg/kg）	0.08~0.46	0.58~1.2	1.0~1.6	0.94~1.7	1.3~1.7	1.4~1.9	50
锰（mg/kg）	4.3~23	29~58	50~79	47~83	65~86	72~94	500
铁（mg/kg）	2.2~12	14~29	25~40	23~41	32~44	36~47	1 000
硒（mg/kg）	0.016~0.086	0.11~0.22	0.19~0.30	0.18~0.31	0.24~0.31	0.27~0.35	2
锌（mg/kg）	2.7~14	18~6	50~79	29~52	53~71	59~77	750

注：当日粮中钼含量大于 3.0mg/(kg·d) 时，铜的添加量应在表中推荐值基础上增加 1 倍。

第三节　新蛋白质营养体系下肉羊营养需要量

一、蛋白质营养体系

长期以来，对反刍动物蛋白质营养价值的评定都是使用 Mitchell 在 1951 年提出来的粗蛋白体系或可消化蛋白质体系。粗蛋白体系是以日粮中氮的含量为基础进行评定的，以日粮中 N 含量×6.25 得到饲料中粗蛋白的含量；可消化蛋白质体系是以反刍动物瘤胃降解率为基础的。该体系把饲料的营养组成成分和动物的消化生理结合起来，对饲料蛋白质营养价值进行评定，是很大的进步。对单胃动物有其合理性，但对反刍动物，其主要问题是无法将瘤胃非降解蛋白质和微生物蛋白质区分开。当日粮中含有非蛋白氮时，其本身消化率接近 100%，同时会生成一些不能消化的微生物蛋白质，并且在瘤胃中降解的 NPN 的利用率也是一个问题。

而随着对反刍动物蛋白质营养研究的不断深入，营养学研究人员进行了大量的试验研究对这些缺陷加以克服，许多国家相继提出了新的评定反刍动物蛋白需要量体系。其中包括英国（AFRC，1993）和美国（NRC，2001）的可代谢蛋白质体系；荷兰（Taminga 等，1994）和法国（INRA，1989）的小肠可消化真蛋白质体系；德国（Rohr，1987）十二指肠粗蛋白质体系；北欧（Bickel 等，1987）小肠可吸收氨基酸体系（AAT-PBV）；澳大利亚（CSIRO，1990）和中国（2000）的小肠表观可消化粗蛋白质体系等。由于各国的试验条件和研究方法有所不同，故不完全一致，有的甚至相差很大。

新体系主要以小肠蛋白质为基础，包括瘤胃非降解饲料蛋白质和微生物蛋白。重点是估测瘤胃中菌体蛋白的合成数量和效率、饲料蛋白质进入小肠数量的评定、以及这些蛋白质在小肠中的消化。其主要要素包括：瘤胃降解蛋白质评定；微生物蛋白质产生量评定；微生物粗蛋白质中真蛋白质的比例评定；瘤胃降解率和食糜移动速率评定；瘤胃再循环尿素供给量；微生物真蛋白质和瘤胃非降解饲料蛋白质在小肠的消化率；可代谢蛋白质转化为动物体组织蛋白质的效率；内源性蛋白质损失；可代谢蛋白质用于维持、生长、妊娠、产奶等净蛋白质的沉积效率。

二、肉用绵羊饲养标准

表 5-16 至表 5-21 为《肉羊饲养标准 NY/T 816—2004》推荐的蛋白质营养新体系下绵羊羔羊、育肥羊、育成羊、妊娠羊和泌乳羊的营养需要量。

表 5-16　生长育肥绵羊羔羊每日营养需要量

活体重（kg）	平均日增重（kg/d）	干物质采食量（kg/d）	代谢能（MJ/d）	小肠可消化粗蛋白（g/d）
4	0.1	0.12	1.88	35.4
4	0.2	0.12	2.72	60.8
4	0.3	0.12	3.56	82.4
6	0.1	0.13	2.47	41.2
6	0.2	0.13	3.36	62.4
6	0.3	0.13	3.77	83.7
8	0.1	0.16	3.01	42.9
8	0.2	0.16	3.93	63.8
8	0.3	0.16	4.60	84.8
10	0.1	0.24	3.60	44.5
10	0.2	0.24	4.60	65.2
10	0.3	0.24	5.86	85.8
12	0.1	0.32	4.14	46.0
12	0.2	0.32	5.05	66.4
12	0.3	0.32	8.28	86.8

（续表）

活体重（kg）	平均日增重（kg/d）	干物质采食量（kg/d）	代谢能（MJ/d）	小肠可消化粗蛋白（g/d）
14	0.1	0.40	4.60	47.5
14	0.2	0.40	5.86	67.6
14	0.3	0.40	6.69	87.8
16	0.1	0.48	5.02	48.9
16	0.2	0.48	8.28	68.8
16	0.3	0.48	7.53	88.7
18	0.1	0.56	5.86	50.3
18	0.2	0.56	7.11	69.9
18	0.3	0.56	7.95	89.6
20	0.1	0.64	8.28	51.6
20	0.2	0.64	7.53	71.0
20	0.3	0.64	8.79	90.5

表5-17　育肥绵羊每日营养需要量

活体重（kg）	平均日增重（kg/d）	干物质采食量（kg/d）	代谢能（MJ/d）	小肠可消化粗蛋白（g/d）
20	0.1	0.8	7.4	67
20	0.2	0.9	9.3	92
20	0.3	1.0	11.2	118
25	0.1	0.9	8.6	71
25	0.2	0.9	10.8	96
25	0.3	1.1	13.0	120
30	0.1	1.1	9.8	75
30	0.2	1.1	12.3	99
30	0.3	1.2	14.8	123
35	0.1	1.1	11.1	79
35	0.2	1.2	13.8	103
35	0.3	1.3	16.6	126
40	0.1	1.2	12.2	83
40	0.2	1.3	15.3	106
40	0.3	1.4	18.0	130
45	0.1	1.3	13.4	87
45	0.2	1.4	16.8	110

（续表）

活体重（kg）	平均日增重（kg/d）	干物质采食量（kg/d）	代谢能（MJ/d）	小肠可消化粗蛋白（g/d）
45	0.3	1.5	20.3	133
50	0.1	14.0	14.6	91
50	0.2	1.5	18.3	114
50	0.3	1.6	22.1	136

表 5-18　育成母绵羊每日营养需要量

活体重（kg）	平均日增重（kg/d）	干物质采食量（kg/d）	代谢能（MJ/d）	小肠可消化粗蛋白（g/d）
25	0	0.8	4.60	29.0
25	0.03	0.8	5.44	41.7
25	0.06	0.8	5.86	47.3
25	0.09	0.8	6.69	53.0
30	0	1.0	5.44	33.0
30	0.03	1.0	6.28	45.1
30	0.06	1.0	7.11	50.6
30	0.09	1.0	7.53	56.2
35	0	1.2	6.28	37.0
35	0.03	1.2	7.11	48.4
35	0.06	1.2	7.95	53.9
35	0.09	1.2	8.79	59.3
40	0	1.4	6.69	41.0
40	0.03	1.4	7.95	51.9
40	0.06	1.4	8.79	57.0
40	0.09	1.4	10.04	62.3
45	0	1.5	8.79	49.5
45	0.03	1.5	9.62	54.8
45	0.06	1.5	10.88	60.1
45	0.09	1.5	12.10	65.3
50	0	1.6	7.95	52.7
50	0.03	1.6	9.20	57.9
50	0.06	1.6	10.88	63.1
50	0.09	1.6	12.13	68.3

表 5-19　育成公绵羊每日营养需要量

活体重（kg）	平均日增重（kg/d）	干物质采食量（kg/d）	代谢能（MJ/d）	小肠可消化粗蛋白（g/d）
20	0.05	0.8	6.7	54.5
20	0.10	0.9	8.0	67.1
20	0.15	1.0	10.0	79.7
25	0.05	0.9	7.2	59.1
25	0.10	0.9	9.0	71.4
25	0.15	1.0	11.1	83.6
30	0.05	1.0	8.5	63.4
30	0.10	1.1	10.0	75.4
30	0.15	1.2	12.1	87.4
35	0.05	1.0	9.3	67.7
35	0.10	1.2	10.9	79.4
35	0.15	1.3	13.2	91.2
40	0.05	1.1	10.2	71.8
40	0.10	1.3	11.8	83.3
40	0.15	1.4	14.2	94.9
45	0.05	1.2	11.1	75.8
45	0.10	1.4	12.7	87.2
45	0.15	1.5	15.3	98.6
50	0.05	1.3	11.8	79.8
50	0.10	1.5	13.6	91.1
50	0.15	1.6	16.2	102.4
55	0.05	1.4	12.6	83.7
55	0.10	1.6	14.5	94.9
55	0.15	1.6	17.2	106.2
60	0.05	1.5	13.4	87.5
60	0.10	1.7	15.4	98.8
60	0.15	1.7	18.2	110.0
65	0.05	1.6	14.2	91.4
65	0.10	1.7	16.3	102.7
65	0.15	1.8	19.3	114.0
70	0.05	1.6	15.0	95.2
70	0.10	1.9	17.1	106.6
70	0.15	1.9	20.3	117.9

表 5-20　妊娠母绵羊每日营养需要量

妊娠阶段	平均日增重（kg/d）	干物质采食量（kg/d）	代谢能（MJ/d）	小肠可消化粗蛋白（g/d）
1~90d	40	1.6	10.46	68
	50	1.8	12.55	73
	60	2.0	13.39	78
	70	2.2	14.23	82
91~120d（母羊怀单羔）	40	1.8	12.55	85
	45	1.9	13.39	89
	50	2.0	14.23	93
	55	2.1	15.06	96
	60	2.2	15.90	101
	65	2.3	16.74	105
	70	2.4	17.57	110
91~120d（母羊怀双羔）	40	1.8	14.23	98
	45	1.9	15.06	103
	50	2.0	16.32	108
	55	2.1	17.15	113
	60	2.2	18.41	118
	65	2.3	19.25	125
	70	2.4	20.50	132

表 5-21　泌乳母绵羊每日营养需要量

活体重（kg）	平均日增重（kg/d）	干物质采食量（kg/d）	代谢能（MJ/d）	小肠可消化粗蛋白（g/d）
40	0	2.0	8.37	57
40	0.4	2.0	12.55	80
40	0.8	2.0	16.74	102
40	1.0	2.0	18.83	113
40	1.2	2.0	20.92	124
40	1.4	2.0	23.01	136
40	1.6	2.0	25.10	146
40	1.8	2.0	27.20	158
50	0	2.2	9.62	59
50	0.4	2.2	14.23	82
50	0.8	2.2	18.41	104

（续表）

活体重（kg）	平均日增重（kg/d）	干物质采食量（kg/d）	代谢能（MJ/d）	小肠可消化粗蛋白（g/d）
50	1.0	2.2	20.50	115
50	1.2	2.2	22.59	126
50	1.4	2.2	24.69	138
50	1.6	2.2	26.78	148
50	1.8	2.2	28.87	160
60	0	2.4	11.30	61
60	0.2	2.4	13.39	72
60	0.4	2.4	15.48	84
60	0.6	2.4	17.57	95
60	0.8	2.4	19.66	105
60	1.0	2.4	21.76	117
60	1.2	2.4	23.85	128
60	1.4	2.4	25.94	139
60	1.6	2.4	28.03	150
60	1.8	2.4	30.12	159
70	0	2.6	12.55	63
70	0.2	2.6	14.64	74
70	0.4	2.6	16.70	86
70	0.6	2.6	18.83	96
70	0.8	2.6	20.92	107
70	1.0	2.6	23.01	119
70	1.2	2.6	25.10	130
70	1.4	2.6	27.61	141
70	1.6	2.6	29.71	152
70	1.8	2.6	31.80	163

参考文献

包付银. 2007. 波尔×隆林杂交育成羊育肥期能量和蛋白质营养需要的研究 [D]. 南宁：广西大学.

程胜利. 2002. 不同营养水平全颗粒料对育肥羔羊生产性能和瘤胃代谢的影响 [D]. 兰州：甘肃农业大学.

巩峰，王建民，王桂芝，等. 2013. 饲粮不同能量水平对育肥奶山羊公羊生长性能和血清生化指标的影响［J］. 动物营养学报，25（1）：208-213.
郭江鹏. 2005. 不同营养水平全颗粒饲粮对早期断奶羔羊的育肥效果［D］. 兰州：甘肃农业大学.
焦光月，马雪豪，金亚倩，等. 2015. 肉用羊能量与蛋白质需要量测定方法及研究进展［J］. 饲料博览（6）：20-23.
楼灿，姜成钢，马涛，等. 2014. 饲养水平对肉用绵羊妊娠期消化代谢的影响［J］. 动物营养学报，26（1）：134-143.
李海阁，袁方. 2017. 奶山羊泌乳期各阶段的饲养管理［J］. 山东畜牧兽医，38（9）：96.
李晓燕. 2013. 应用 NRC 和 CNCPS 体系评定陕北白绒山羊饲料营养价值的研究［D］. 杨凌：西北农林科技大学.
李元晓，赵广永. 2006. 反刍动物饲料蛋白质营养价值评定体系研究进展［J］. 中国畜牧杂志（1）：62-63.
李月彩. 2019. 日粮能量和蛋白质水平对燕山绒山羊育成羊生长及繁殖性能影响［D］. 保定：河北农业大学.
刘鹤翔，欧阳叙向，邓灶福，等. 2006. 不同营养水平补饲对湘东黑山羊育肥羔羊生产性能的影响［J］. 中国草食动物（6）：9-11.
马铁伟，王强，王锋，等. 2016. 营养水平对湖羊生长性能、血清生化指标、屠宰性能和肉品质的影响［J］. 南京农业大学学报，39（6）：1003-1009.
聂海涛，施彬彬，王子玉，等. 2012. 杜泊羊和湖羊杂交 F_1 代公羊能量及蛋白质的需要量［J］. 江苏农业学报，28（2）：344-350.
申汉彬. 2016. 育成羊饲养管理的要点［J］. 现代畜牧科技（3）：12.
唐志高，雒秋江，闫爱荣，等. 2008. 妊娠小尾寒羊对 3 种不同精粗比日粮的消化与代谢［J］. 新疆农业大学学报（1）：72-77.
王鹏. 2011. 肉用公羔生长期（20～35kg）能量和蛋白质需要量研究［D］. 保定：河北农业大学.
王波. 2016. 日粮蛋白水平对早期断奶羔羊生长发育和肝脏基因表达的影响［D］. 北京：中国农业科学院.
王桂秋. 2005. 营养水平对羔羊物质消化的影响及羔羊早期断奶时间的研究［D］. 北京：中国农业科学院.
王惠. 2012. 空怀期及妊娠期陕北白绒山羊能量需要量研究［D］. 杨凌：

西北农林科技大学.
王宏博，郭江鹏，李发弟，等. 2008. 母羊妊娠后期与泌乳期对不同营养水平饲粮的消化性［J］. 甘肃农业大学学报（3）：47-51.
王洪朋，张钒. 2017. 奶山羊繁殖泌乳期的饲养管理［J］. 黑龙江动物繁殖，25（1）：22-23.
王继文，王立志，闫天海，等. 2015. 山羊瘤胃与粪便微生物多样性［J］. 动物营养学报，27（8）：2559-2571.
王明辉. 2012. 育成羊的选种、培育及饲料配方［J］. 养殖技术顾问（1）：32.
吴建平. 2000. 不同肉羊品种体脂脂肪酸遗传变异性及其特性的研究［D］. 兰州：甘肃农业大学.
吴天佑，赵睿，罗阳，等. 2016. 不同粗饲料来源饲粮对湖羊生长性能、瘤胃发酵及血清生化指标的影响［J］. 动物营养学报，28（6）：1907-1915.
许贵善. 2013. 20~35kg 杜寒杂交羔羊能量与蛋白质需要量参数的研究［D］. 北京：中国农业科学院.
许贵善，刁其玉，纪守坤，等. 2012. 不同饲喂水平对肉用绵羊能量与蛋白质消化代谢的影响［J］. 中国畜牧杂志，48（17）：40-44.
许贵善，刁其玉，纪守坤，等. 2012. 不同饲喂水平对肉用绵羊生长性能、屠宰性能及器官指数的影响［J］. 动物营养学报，24（5）：953-960.
杨杜录. 2000. 滩羊早期断奶的效果观察［J］. 中国畜牧杂志（5）：28-29.
杨红建. 2003. 肉牛和肉用羊饲养标准起草与制定研究［D］. 北京：中国农业科学院.
杨诗兴，彭大惠，张文远，等. 1988. 湖羊能量与蛋白质需要量的研究［J］. 中国农业科学（2）：73-80.
杨维仁，杨在宾，李凤双，等. 1997. 大尾寒羊妊娠期蛋白质维持需要量及代谢规律的研究［J］. 山东农业大学学报（3）：57-60.
杨在宾，杨维仁，张崇玉，等. 2004. 小尾寒羊和大尾寒羊能量与蛋白质代谢规律研究［J］. 中国草食动物（5）：12-13.
岳喜新，刁其玉，马春晖，等. 2011. 代乳粉蛋白质水平对早期断奶羔羊生长发育和营养物质代谢的影响［J］. 中国农学通报，27（3）：

268-274.
臧彦全. 2003. 生长期波杂肉羊能量和蛋白质营养需要的研究［D］. 北京：中国农业科学院.
张立涛，李艳玲，王金文，等. 2013. 不同中性洗涤纤维水平饲粮对肉羊生长性能和营养成分表观消化率的影响［J］. 动物营养学报，25（2）：433-440.
甄玉国，马宁. 1998. 绵羊、山羊对不同粗饲料纤维的消化和瘤胃消化动态学的比较研究［J］. 吉林农业大学学报（2）：69-75.
周怿，刁其玉. 2008. 反刍动物瘤胃甲烷气体生成的调控［J］，草食家畜（4）：22-24.
麦克唐纳. 2007. 动物营养学［M］. 王九峰，李同洲，译. 北京：中国农业大学出版社.
Hristov A N，Ropp J K. 2003. Effect of Dietary Carbohydrate Composition and Availability on Utilization of Ruminal Ammonia Nitrogen for Milk Protein Synthesis in Dairy Cows［J］. Journal of Dairy Science，86（7）：2416-2427.
Dineen M，McCarthy B，Dillon P. et al. 2019. Evaluation and development of the Cornell Net Carbohydrate and Protein System v. 7 using a unique pasture-based data set［Z］.
NRC. 2007. Nutrient requirements of small ruminants：sheep，goats，cervids and new world camelids［M］. Washington D C：National Academy Press.

第六章　南方农区肉羊生态减排技术

一般而言，地球上任何一个生态系统都可分为初级生产系统和次级生产系统。初级生产系统是绿色植物和一些化能合成细菌在太阳能作用下积累能量，将元素 C、H、O、N、S 和 P 生物合成碳水化合物、蛋白质和脂肪的光合作用过程。反刍动物生产属于次级生产系统，它将初级生态系统合成物质——饲料中的碳水化合物、蛋白质和脂肪降解成单体（糖或单链有机酸、氨基酸及长链脂肪酸），然后通过消化道吸收，最终合成动物体自身需要的碳水化合物、蛋白质和脂类。与此同时，饲料中提供过量的营养则通过瘤胃发酵、呼吸作用、营养代谢沉积到产品中或随粪尿排泄到环境中，特别是当饲料中由于营养素不平衡，碳、氮、磷和钾过量，从而导致这些元素对环境造成严重的影响。近年来，随着我国南方地区反刍动物养殖数量和规模的不断扩大，大量的粪尿作为肥料被广泛地施用在农田里，其正常生理活动产生的大量气体（二氧化碳和甲烷）也被排放到了空气中，导致温室效应、土壤和水污染等一系列的环境污染问题。

第一节　碳的减排

一、反刍动物碳排放的来源及在我国的分布情况

饲料中的淀粉和蛋白质在瘤胃微生物的作用下，被分解成挥发性脂肪酸（VFA）、氢气（H_2）和二氧化碳（CO_2）等物质，在产甲烷菌的作用下生成甲烷。经肠道发酵产生的甲烷通过动物反刍以嗳气的方式排出体外。甲烷菌合成甲烷主要有 3 个途径：①以 CO_2 和 H_2 为底物；②以甲酸、乙酸和丁酸等 VFA 为底物；③以甲基化合物为底物。以乙酸为底物的甲烷合成占 30%，以氢和 CO_2 为底物的占 70%。瘤胃八叠球菌是唯一可以利用甲胺、甲醇或乙酸的微生物。甲烷的生成是放能反应，可以合成 ATP。此外，粪便堆放也可产生大量的甲烷气体。其原理是在厌氧条件下，微生物和甲烷菌分解 VFA、CO_2、H_2 和醇类等有机化合物而产生（单丽伟等，2003；Ferry，1992）。

CO_2 的排放主要来自家畜的呼吸。此外，以甲酸、乙酸和丁酸等挥发性脂肪酸为底物的甲烷合成及以甲基化合物为底物的甲烷合成，其产物除生成甲烷外，还产生了大量 CO_2。据报道，瘤胃气体的主要成分为：CO_2 40%、甲烷 30%~40%、氢气 5%以及比例不恒定的少量氧和氮气（从空气中摄入），这些气体以嗳气的方式经口腔排出体外。表 6-1 是不同品种肉羊的肠道发酵和粪便堆放的甲烷排放因子。

表 6-1 中国不同种类肉羊肠道发酵和粪便堆放的甲烷排放因子

肉羊种类	甲烷排放因子/(kg/头)	
	肠道发酵	粪便堆放
绵羊	5.34	0.10
山羊	4.62	0.13

资料来源：Zhou 等，2007

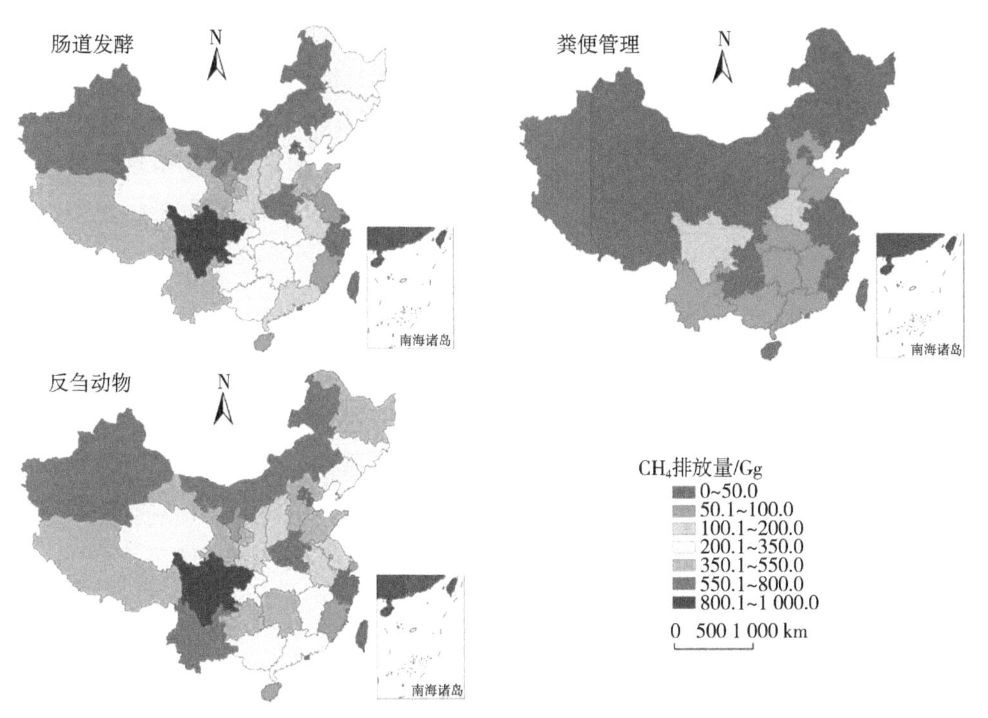

图 6-1 2015 年中国反刍动物排放甲烷空间分布

资料来源：黄满堂，2019

据估算，2015 年中国地区反刍动物产生的甲烷总排放量为 10 209. 6Gg（$1Gg = 10^9g$），其中，肠道发酵的排放量为 8 920. 1Gg，粪便堆放的排放量为 1 289. 5Gg。在区域角度上来看（图 6-1），我国南方地区反刍动物甲烷排放总量相对北方地区要低，但粪便管理方面的甲烷排放明显比北方地区高，其中四川（10. 3%）、河南（8. 2%）和湖南（7. 6%）为主要地区。

二、甲烷对环境的影响

甲烷是一种重要的温室气体，它主要破坏大气的臭氧层。其红外吸收值（3. 3μm 处有特征吸收值）远高于 CO_2，单位体积造成的温室效应是 CO_2 的 3 倍，对全球气候变暖的影响占 15%～20%。全球甲烷排放量的 75%来自家畜饲养、水稻种植、生物质燃烧等。反刍动物甲烷的排放量占其排放总量的 97%。粪便最常见的处理方式是堆放，全球动物粪便排放的甲烷占已知甲烷排放总量的 5. 5%～8. 0%（Khalil，1992）。1991 年和 1995 年全球排放的甲烷分别为 500Tg（$1Tg = 10^{12}g$）和 535Tg（410～600Tg），其中反刍动物的贡献率分别为 15%～25%和 12%～19%。我国家养动物和动物废弃物的甲烷排放量在 1988 年和 1990 年分别为 6. 31Tg 和 6. 61Tg，其中反刍动物排放 5. 67Tg 和 5. 91Tg，分别占 89%和 89. 4%。1994 年我国反刍动物甲烷排放量为 6. 795Tg，2004 年为 8. 85Tg，占世界排放总量的 10. 3%（刘红等，1997；赵玉华等，2005）。

三、减少肉羊甲烷排放的措施

影响甲烷生成量的基本机制主要有两个：一是瘤网胃中可发酵碳水化合物的含量；二是瘤胃发酵产生 VFA 的比例，通过调节可利用氢的供应量，从而影响甲烷产量。根据以上两种机制，可以采用调控采食水平、碳水化合物类型、改变饲料加工方式，加入脂类添加剂和甲烷抑制剂等方法来降低甲烷的生成。

（一）相关措施

1. 采食水平

甲烷能的损失对反刍动物来说非常大。当日粮消化率为 40%时，反刍动物甲烷能损失为消化能的 15%～16%；当维持状态下的粗饲料消化率为 80%时，反刍动物甲烷能损失为消化能 9. 0%。一般而言，饲养水平、饲粮组成和消化率的差异导致的甲烷能损失占饲料总能的 2%～15%。因此，降低瘤胃内甲烷的产量不仅对缓解温室效应有重要意义，而且可以减少反刍动物瘤胃发酵过程中能量的损失，提高饲料的利用率。随着反刍动物采食量的增加，甲烷排放量也随之增加，但饲粮总能中用于甲烷生成损失的能量却相应减少(Johnson，1995)。采食量仅能够减少甲烷生成过程中能量损失的相对含量，其绝对生成量还与其他因素有关。

2. 日粮种类

甲烷的排放量与精料的种类有着密切的联系。以大麦为基础日粮时，甲烷能占总能量的6.5%~12%；以玉米为基础日粮时，甲烷能在5%以下。McCaughey等（1999）发现给肉牛饲喂苜蓿和干草的混合物，甲烷损失的能量占采食总能的7.1%；而单独饲喂干草时，占总能的9.5%。

3. 日粮精粗比

韩继福等的研究表明动物瘤胃的丙酸产量与甲烷排放量呈显著负相关(r=-0.9683)。萧宗法等（1998）以半干青贮草为粗料，精粗比分别为0∶100、30∶70、50∶50、70∶30的日粮饲喂荷兰品种干奶牛，发现其24h的甲烷产量分别为198L、270L、361L及306L。张爱忠等（2005）以青干草为粗饲料，分别饲喂绒山羊精粗比为3∶7和2∶8的日粮，发现后者的丙酸产量明显低于前者。改变精粗比虽然可以有效降低甲烷的产量，但也产生了一定的副作用，如与人争粮，增加了氮的投入与排放等。当丙酸比例过高(33%以上）时，还会影响生产性能，乳用反刍动物的乳脂率会降低，甚至导致产奶量下降，而且往往容易引起酸中毒、蹄叶炎、过肥等问题。因此，应该合理安排日粮精粗比。

4. 饲料的加工和贮存方式

牧草的物理处理（例如切碎和制粒）、化学处理（如氨化和碱化）和生物处理（如青贮）等对甲烷的排放也有一定影响。粗切的牧草比切短的牧草会使反刍动物排放的甲烷增多。牧草的细胞壁在加工时被破坏，从而提高了饲料的利用率，同时VFA比例也发生改变。秸秆经化学或生物处理后，纤维素类物质的分解度增加，秸秆细胞壁膨胀，便于微生物纤维素酶渗入，易于消化。在生产实践中，反刍动物饲粮中采用氨化和切碎的秸秆，生产单位产品的甲烷减少量大于10%。碱处理对提高秸秆的消化率也非常有效，但是成本较高、还容易造成钠离子的污染，并且具有腐蚀性。氨化饲料不存在上述缺点，还可为瘤胃微生物提供氮源和节约成本，应推广使用。

5. 饲喂方式

反刍动物日粮中的粗饲料具有保持瘤胃食物结构层正常的作用，而加入精料会使之破坏，少量而多次地饲喂精料有助于提高食糜在瘤胃内的通过速度，有利于提高饲料的利用率和吸收率，有利于纤维物质在瘤胃内的降解和发酵。先粗后精，以及先饲喂粗饲料，然后多次添加精料，使得瘤胃内产生的 VFA 以丙酸为主，这样既可以减少饲料的损耗，又可以减少甲烷和 CO_2 的排放，还可以改善动物的生产性能，且不会影响产奶量和乳成分。

6. 环境温度

反刍动物瘤胃甲烷的产量与环境温度呈正相关。在温度较低时，绵羊瘤胃生成的甲烷会降低 30%，这是由于随着温度的降低，瘤胃内的发酵趋向于丙酸型发酵，因此甲烷的产量会降低。

7. 脂类物质对甲烷生成的调控

饲粮中添加椰子油、菜籽油、葵花油和亚麻酸等油脂可抑制甲烷的生成。其机理如下：①不饱和脂肪酸能竞争性地利用氢，从而抑制甲烷菌的活动。②发酵类型向丙酸发酵类型转变，在丙酸发酵的过程中能竞争性地利用氢，从而减少甲烷的产生。③对原虫具有抑制作用。植物油、乳脂、C18 不饱和脂肪酸等对原虫具有毒性。④纤维素等养分被脂肪包裹，导致瘤胃微生物难以发生作用。油脂对瘤胃中的甲烷生成菌和原虫具有毒害作用，尤其是会减少原虫的数量，所以过量添加油脂将会出现纤维素消化率降低的问题。此外，添加的油脂会在消化道中形成钙皂，降低钙的吸收率。在今后的研究中，需要了解油脂与其他营养成分之间的互作机理，解决油脂降低甲烷产量与降低纤维素消化率之间的矛盾。

8. 驱除原虫

反刍动物的除虫方式有日粮调控、添加天然化合物和生物学试剂等。Newbold 等（1997）发现一种热带饲料树的叶子具有抗原虫效果；Mclnerney（1995）发现皂角苷对原虫有很强的毒性。皂苷类物质可以与真核细胞膜上的胆固醇发生作用，改变细胞膜的通透性。但是使用皂苷有可能会引起胀气。传统的生物制剂虽然可以减少原虫数量，但是有时原虫数量与甲烷产量并不一致。资料表明，饲喂高精料日粮时，去原虫抑制甲烷生成的效果更明显。驱除原虫可能会改变瘤胃中菌群的微生态环境，从而影响原虫对粗纤维的消化作用，因此运用去原虫的方法减少甲烷的生成还有待于进一步研究。

9. 甲烷抑制剂

在降低甲烷生成方面，许多化合物具有与脂肪酸相同的效果。这类化合物被称为甲烷抑制剂。它们抑制甲烷生成的主要途径有：毒害瘤胃内形成甲烷的微生物；捕获和减少将 CO_2 转变为甲烷的电子；抑制甲基化反应的酶。

（1）离子载体化合物。莫能菌素和拉沙里菌素均可显著抑制细菌产生氢和甲酸，减少甲烷生成，同时还可以提高饲料的转化率。McGinn 等（2004）饲喂肉牛 75%的大麦青贮和 19%的大麦时，添加 6%莫能菌素，甲烷产量明显降低。Tedeschi 等（2003）认为莫能菌素可以降低 25%的甲烷产量。林雪彦等（2000）也证明莫能菌素水平与瘤胃微生物产气量呈线性负相关。但 Rumpler 等（1986）发现一些细菌在短期内对离子载体敏感，时间长了便产生适应性。反刍动物甲烷短杆菌对莫能菌素、拉沙里菌素不敏感，可能是由于这些微生物合成 ATP 时是利用底物磷酸化而不是利用氧化磷酸化的缘故。因此，离子载体化合物在生产中应用时只能产生短期效果。

（2）多卤素化合物抑制剂。氯化甲烷等多卤素化合物对甲烷生成菌均有抑制作用。然而，这类物质容易被一些瘤胃微生物适应或降解，并且容易挥发，所以在生产上很难取得让人满意的效果。三氯乙酰、三氯乙基己二酸和溴氯甲烷抑制甲烷生成的时间较短。但人们发现溴氯甲烷和 α-环式糊精的复合物具有良好的化学稳定性，不但可以明显降低甲烷的产量，还不会影响瘤胃内纤维的消化率。因此，研究并应用含有多氯素化合物的复合物来减少反刍动物甲烷的产生量具有十分重要的意义。

（3）有机酸。有机酸可以降低乙酸和丙酸的比值，从而降低甲烷的产量。其原理是通过提高其他菌对 H^+和甲酸的利用来对甲烷的生成进行调控。苹果酸添加剂可以抑制甲烷的产量。添加延胡索酸盐也有较好的效果，而且不会影响纤维的消化。

（4）添加益生素。微生物添加剂能改变微生物区系组成，改变种群平衡，间接地降低甲烷产量。Frumholtz 等（1989）报道，在不含有底物的人工瘤胃中，每日添加 250mg 米曲酶，甲烷产量下降 50%。Mutsvangwa 等（1992）发现给公牛饲喂酿酒酵母（1.5kg/t 饲料）可以明显降低甲烷产量。迄今为止，国内外关于益生素的研究，主要停留在应用效果的研究之上，基础研究十分薄弱，对益生素的作用机制了解更少。因此，关于益生素对甲烷产量的影响，需要进一步研究。

（5）抑制甲烷合成相关酶的活性。蒽醌类物质（Anthraquinone，AQ）可以直接作用于甲烷菌，阻断电子传递链，并在电子传递和与细胞色素有关的 ATP 合成的偶联反应中起解偶联作用，从而阻止甲基辅酶 M 被还原成甲烷气体。Garcia-Lopez 等（1996）的体外研究证实了添加蒽醌能明显降低甲烷的产量。四氢甲烷蝶呤（tetrahy-dromethanopterin）是产甲烷菌体内合成甲烷的关键辅因子，RFA-P 合成酶可以催化四氢甲烷蝶呤的合成，添加

RFA-P 合成酶抑制剂可以降低甲烷的生成。甲羟戊二酸单酰辅酶 A 还原酶的抑制剂美伐他汀和洛伐他汀也是甲烷菌的抑制剂。

（6）添加其他抑制剂。除以上所述，还有许多甲烷抑制剂、甲烷营养菌、染料（Dye）、单宁酸等都能够对甲烷的产生起到一定的调控作用。一种日本辣根油可减少牛体内甲烷产生菌的数量，抑制甲烷的生成。Sar 等（2005）发现一种野生型的大肠杆菌（*E. coli* W3110）可降低 27%的甲烷产量。反刍动物营养中关于生物素前体物的研究已经取得相当多的成果，多数结果认为其可以降低甲烷产生量。此外，还有利用针对甲烷菌的特异性抗体等新方法来调控甲烷生成的报道。

（7）利用沼气池减少甲烷排放。沼气的主要成分是甲烷，占沼气总体积的 50%~70%，其次是 CO_2，占总体积的 30%~40%。每吨干牛粪、鸡粪和猪粪（中温发酵）分别可产生沼气约 300m^3、490m^3 和 420m^3。在保持相同发酵浓度、同等温度的条件下，发酵气体中甲烷含量的大小顺序为：牛粪>羊粪>猪粪。沼气的热值为 18 017~25 140kJ/m^3，相当于 1kg 原煤或 0.74kg 标准煤所产的热量。按照政府间气候变化专业委员会 2006 年推荐的方法学计算，在南方，一个处理 4 头羊粪便的户用沼气池，每年最大可减排温室气体 2.0~4.1t CO_2 当量。因此，利用畜禽粪便生产清洁能源，对于降低温室气体排放和发展可再生能源都有着重要的意义。

（8）其他方法。研究表明在粪便堆放前期 CO_2 和甲烷排放速率较大，中后期较慢。表面覆盖会减少液态粪便甲烷排放量，平均减少 38%。陆日东等（2007）的研究表明牛粪在堆放时覆盖玉米秸秆也会减少 CO_2 的排放。进行家畜的品种改良，提高个体生产性能，可以间接地减少甲烷的排放。随着科技的发展，基因克隆、转基因技术的不断完善，可以利用外来基因来增加瘤胃内的细菌与甲烷菌的竞争能力，从而可以控制甲烷的产生。

第二节　氮的减排

一、反刍动物氮排放的来源及在我国的分布情况

反刍动物与单胃动物相比，将日粮氮转化为绒、毛、肉和乳的效率很低，大概只有 25%，以在反刍动物当中对日粮氮利用率较高的奶牛为例，也仅达 43%；即使饲料中氮营养素转化为畜产品的效率超过 30%，仍有约 70%的氮排出体外（粪便占 30%，尿液占 40%）。产生的氨气主要来源于粪便、

尿液、垫料和地板上浪费饲料中的有机氮的分解。向环境中排泄的氮主要是尿氮和粪氮。由于日粮中含有角蛋白等不溶性蛋白质，一些难以消化的含氮物质未经消化吸收便被排出体外；此外，如果日粮的氨基酸不平衡或蛋白质水平偏高，多余或不配套的氨基酸在体内代谢分解后会随尿液排出体外。

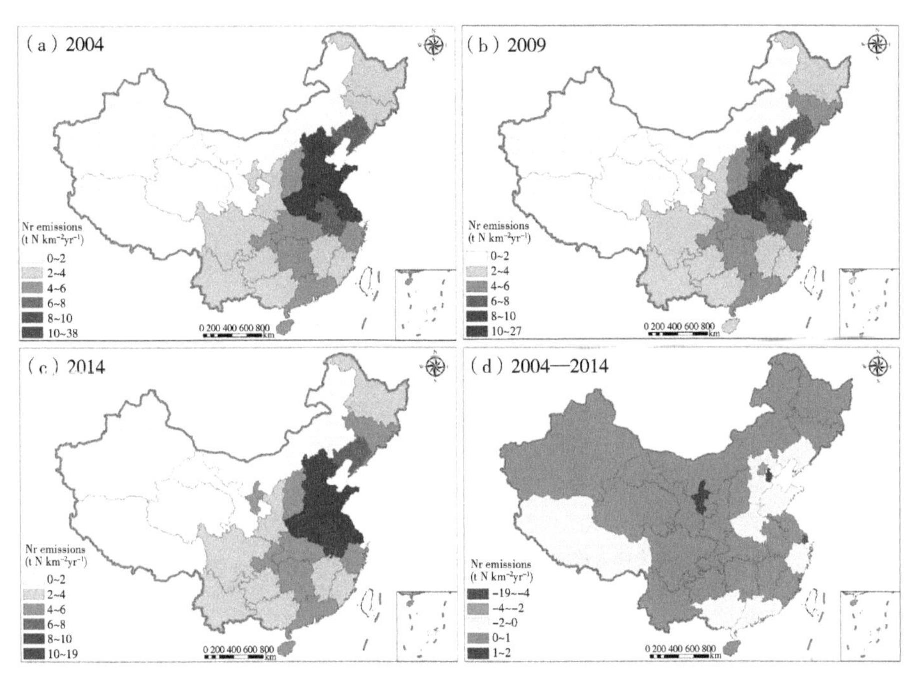

图 6-2　2004—2014 年我国氮排放分布定量分析

资料来源：Xin 等，2019

图 6-2 对氮排放的细分显示全国各地存在很大的空间异质性，单位面积的高排放量主要位于人口密度也很高的发达地区和沿海地区，这表明单位面积的氮排放与人口密度呈正相关。到 2014 年，尽管上海和北京通过向第三产业的工业转移加速实现了氮排放的显著降低，但天津和宁夏的单位面积排放量却由于工业化的加速而显著增加，尽管它们的总排放量较低。而南方地区相比较北方更需要控制氮的排放。

二、影响反刍动物氮利用率的因素

反刍动物氮利用率低的一个重要原因，是日粮蛋白质在瘤胃内被大量降解的过程中造成显著的氮浪费。日粮氮在瘤胃内的主要降解终产物是肽、氨基酸和氧，它们都是合成微生物蛋白质的氮源。然而，在绝大多数日粮条件下，由于瘤胃原虫和细菌对蛋白质的过量分解作用，造成瘤胃内氨氮的产生远远超过了微生物对氧氮的利用能力。另外，微生物和细菌蛋白质的分解（瘤胃内氮的无效循环）也造成瘤胃氧氮浓度上升。过量的氧态氮穿过瘤胃壁被吸收进入门脉血液，然后在肝脏中合成尿素。对于绝大多数的哺乳动物来说，大量的内源尿素氮是通过尿排出体外的。需要指出的是，反刍动物具有一个重要的调节机制，允许尿素氮恒定地再循环回胃肠道，尤其是瘤胃。如此，循环回胃肠道的尿素氮能够作为合成微生物蛋白质的氮源，成为提供小肠代谢蛋白质的主要贡献者。表 6-2 综合了相关影响瘤胃内氮利用率的因素。

表 6-2　影响瘤胃内氮利用率的因素

影响因素	发现	来源
氨基酸和小肽	微生物生长需要的最适氨氮浓度为 5~11mmoL/L；OM 降解与氨氮需求呈正相关	Schwab 等，2005
	氨基酸和小肽对分解纤维素菌和分解淀粉菌有益作用	Atasoglu，2001
pH 值	pH 值对氮利用效率呈二次关系	Calsamiglia，2008
日粮和环境	在 pH 值控制下，NFC：RDP=2：1 时，微生物生长量最大	Hoover 等，1991
嘌呤衍生物	一些嘌呤被降解为黄嘌呤和嘌呤衍生物，它们不能被利用，是一种不可逆的氮损失	Mcallan，1982
原虫	原虫捕捉细菌这个内循环需要很多能量	Firkins 等，1992
	十二指肠内原虫氮在总微生物氮中的比例影响氮利用率	Karnati 等，2007
	驱原虫技术提高氮利用率	Karnati 等，2009

三、氮排泄对环境的影响

氮是形成动物所需蛋白质中氨基酸的重要组成元素。动物消化饲料中的蛋白质和氨基酸，除满足其自身需要外，多余的部分以不同形式的含氮复合物排出体外。进入反刍动物瘤胃的饲料蛋白质，首先通过瘤胃微生物的作用降解成肽和氨基酸，其中的氨基酸又进一步降解为有机酸、氨和二氧化碳。随后，经微生物降解所产生的部分氨和一些简单的肽类和游离氨基酸合成微生物蛋白质。微生物蛋白质与瘤胃未降解蛋白、内源性蛋白随瘤胃食糜进入小肠，在小肠消化酶的作用下再分解为氨基酸被用于组织合成。而未经消化的氮、微生物和内源分泌物随粪尿排出。未吸收的尿氮大部分以尿素的形式被排泄到土壤中，尿素的氨化作用生成氨气扩散到空气中，随后氨气沉积和消化成 NO_3^-，NO_3^-再渗漏进入地下水中，硝酸盐的反消化作用同时引起一氧化氮（NO）扩散，破坏臭氧层。

动物粪便中以氨气形式的少量挥发氮通过降雨、干沉降或者直接吸收返回地面或者水中，且粪便中的氮含量越高，氨气损失的危险就越大。欧美等国的氨气排放总量中有 80%~95%来源于农业生产，其中来源于动物粪便的超过 80%，来源于动物饲料的不足 20%。畜禽舍中的氨气主要来源于其粪便、尿液、垫料和地板上浪费饲料中的有机氮的分解。粪氮和尿氮散发到空气中，会成为酸雨形成的因素之一。长期堆放的粪便会造成土壤板结，危害植物。粪尿会污染地表水和地下水，危害人类的健康。大量的含氮物质会造成水体富营养化，导致水生动物和植物死亡，还会使水稻等作物大量减产，并严重影响沿岸的生态环境。

四、减少肉羊氮排放的措施

大量研究表明动物氮摄入量与粪氮、尿氮及总氮排泄量呈正相关。增加蛋白质的摄入量能够迅速增加尿氮的含量，并且超过动物蛋白质需要量的氮几乎都是通过尿液排出体外。因此，改变日粮蛋白质水平能够显著影响尿氮排泄量。粪氮排泄量相当稳定，约占干物质采食量的 0.6%。可以通过日粮调控等途径以减少排泄物中含氮有机物的含量，从而降低畜舍内空气中氨的浓度。

相关措施

1. 降低日粮氮水平

日粮氮水平对反刍动物氮代谢和尿素氮循环有很大的影响。Kebreab 等（2002）对 580 个试验结果进行的荟萃分析表明，日粮氮水平不同显著影响粪尿、乳中氮的含量和乳氮合成效率。随着日粮氮水平增加，粪尿氮排放和乳中氮量增加，而乳氮合成效率降低。Van 等（2009）的最新研究结果表明，在低氮日粮条件下，奶牛通过自身的内源氮周转调节机制，可以使由内源氮合成瘤胃微生物蛋白总量的比例提高达 15%，由上述研究结果可知，日粮氮水平增加，体内沉积氮增加，进入再循环的尿素氮增加，但日粮氮水平过高导致多余的氮随粪便排出体外。另外，当日粮中的可发酵碳水化合物充足时，饲喂低氮日粮可增加内源尿素氮合成微生物蛋白质的效率。

而有研究表明，在适当降低奶牛日粮的蛋白质水平并通过氨基酸平衡和保证充足能量供应后，奶牛的生产性能不会产生负面影响，并且还会减少蛋白质原料的使用，降低粪尿氮排放量，对牛舍卫生环境及生态环境的保护具有非常重要的意义。

由于反刍动物蛋白质营养的复杂性，优化奶牛饲粮蛋白质利用效率一直是乳业生产者和营养学家的重大挑战。王翀（2008）研究了代谢蛋白质含量相同、蛋白质降解率不同的饲粮对奶牛生产性能及氮代谢的影响，发现饲粮高蛋白质降解率可以增加总氮及尿氮的排放，饲粮低蛋白质降解率可减少粪、尿中氮排放从而提高氮的利用效率。当赖氨酸（Lys）含量相同时饲粮粗蛋白质含量为14.1%或12.6%，奶牛产奶性能不受影响且氮产量增加氮利用效率提高。然而饲粮Lys含量从0.60%降到0.45%时，尽管蛋白质含量相同，但奶牛产奶量下降，乳氮产量和利用效率均降低。也有研究发现饲喂低蛋白质饲粮可以增加氮的利用效率。王星凌等（2012）发现，当饲粮粗蛋白质水平为13.96%时，产奶量28kg/d的中国泌乳荷斯坦奶牛泌乳性能和氮利用达到最佳水平。总氮排放量中尿素氮的比例与饲粮中粗蛋白质含量密切相关，因此，为了减少总氮中尿素氮的浪费，应避免饲喂高粗蛋白质饲粮以及降低瘤胃可降解粗蛋白质水平。

2. 日粮采食量、谷物加工方式和牧草的品质

日粮采食量、谷物加工方式和牧草的品质对反刍动物尿素氮循环也有影响，虽然高投入可实现高产量，但是并不能实现高效益，所以应当选择适当的采食量、牧草品种和谷物加工方式才是提高反刍动物氮利用率的关键。将饲料制成大小适中的颗粒，会增加饲料与消化道的接触面积和改善适口性，消化率因而也得到提高。饲料的膨化处理和颗粒化处理能使随粪便排出的干物质减少1/3。

3. 改变日粮饲喂制度

饲喂变动日粮可调动反刍动物的尿素氮循环机制，降低粪尿氮排泄，增加沉积氮与总摄入氮的比例，而且用于合成的微生物蛋白质增加，机体氮利用率提高。

4. 合理的碳水化合物

饲粮粗蛋白质转化为乳蛋白效率是衡量奶牛饲粮氮转化效率的重要指标，一方面能够影响奶牛养殖的效益，另一方面氮的低效利用能够增加环境压力。而饲粮中的碳水化合物组成对饲粮粗蛋白质转化为乳蛋白效率存在显著影响，随着饲粮中性洗涤纤维/淀粉的增加，呈现先升高后降低的二次曲线变化。中性洗涤纤维/淀粉过高或过低都能降低饲粮粗蛋白质转化为乳蛋

白的效率。有研究表明高蛋白饲粮能够增加饲粮氮利用率；与正常蛋白质含量（16.5%）饲粮相比，提高淀粉水平能够增加低蛋白饲粮氮利用率；这些研究都表明，饲粮碳水化合物能够影响奶牛饲粮氮利用率。因此，科学、合理的碳水化合物组成能够提高奶牛的氮利用率。

5. 改变饲粮组成

我国具有丰富的饲料资源，优质饲料及合理的饲料组合在实际生产中对提高奶牛氮利用效率具有积极的影响。吴爽等（2014）研究了不同粗饲料组合类型对奶牛瘤胃甲烷（CH_4）产生及氮代谢的影响。结果表明，与玉米秸秆组成的饲粮相比，玉米秸秆与羊草混合使用可以降低 CH_4 产量及氮的损失，而羊草与苜蓿组成饲粮向环境排放的 CH_4 及饲粮氮损失较少。夏科等（2014）发现羊草组、苜蓿与羊草组合组的氮利用效率显著高于玉米秸秆组。Holt 等（2013）开展了玉米青贮杂交类型和首蓿干草质量对泌乳早期奶牛饲粮氮利用的研究。结果揭示，饲喂棕色中脉玉米青贮可以通过减少尿素氮的排放进而减少复氮的排出，同时增加乳氮的分泌。也有研究表明饲喂棕色中脉玉米青贮会增加粪氮的排放，但是不影响总氮的排放。Vander 等（2009）发现饲喂含有包被花生粕的饲粮与花生粕饲粮相比可以减少氮的损失。邓丽青等发现泌乳奶牛饲喂糊化淀粉尿素氮替代饲粮总氮的比例为16%时，糊化淀粉尿素与尿素相比可降低氮排放，但替代比例不宜超过24%。Miyajim 等（2012）发现随着饲粮中糙米谷物替代玉米的含量增加，尿素氮的排放量随之线性减少。用玉米青贮替代紫花首蓿或替代大麦青贮均可在不影响产奶性能的情况下减少氮损失。

6. 能氮平衡

瘤胃微生物利用饲粮中的氮合成微生物蛋白质时需要充足的能量。能氮平衡的饲粮可有效提高氮的利用效率。有研究结果表明提高饲粮能量释放速率可有效提高饲料转化率及氮利用效率且在产奶净能 6.36~7.45MJ/kg（干物质基础）（饲粮中性洗涤纤维含量为 26.0%~33.1%）条件下较低的蛋白质水平可减少氮排放，提高氮的利用效率。

冯仰廉（1985）提出了瘤胃能氮平衡的概念和应用方法，即瘤胃能氮平衡=用可利用能估测的 MCP 减去用瘤胃降解蛋白估测的 MCP。如果瘤胃能氮平衡的结果为零，则表明平衡良好；如果为正值，则说明能量多余，这时应增加瘤胃降解蛋白（RDP）；如果为负值，则说明应增加能量，使之达到日粮的能氮平衡。谭支良等（1998）的研究结果表明，在绵羊 1.2 倍维持饲养水平条件下，当日粮中的过瘤胃蛋白（UDP）与 RDP 的比例为 0.5~0.7

时，对绵羊瘤胃的发酵调控最为理想，有利于纤维物质的降解；研究还证明当日粮中的氮源，为降解率较高的蛋白质饲料（如豆饼）时，不利于粗饲料在瘤胃内的发酵降解。由此可见，在反刍动物日粮设计时必须考虑 UDP 与 RDP 的比例，在保证满足瘤胃微生物对可降解氮源需要的前提下，采取一些过瘤胃保护技术（如甲醛处理、血粉包被技术），使日粮中的蛋白质尽量安全通过瘤胃而进入真胃及后肠道，提高蛋白质饲料的利用效率。

7. 氨基酸水平的营养调控技术

其实质是指建立在小肠可消化氨基酸新体系基础上的营养调控技术，前提是必须对瘤胃微生物氨基酸、饲料 UDP 中氨基酸的组成、数量及其在小肠的消化率，有一个准确的了解。谭支良等（1998）的研究表明绵羊日粮中添加鱼粉会提高瘤胃内丙酸的浓度，降低乙酸浓度，提高粗饲料在瘤胃内的动态降解率，其原因可能是鱼粉本身氨基酸平衡度较好，而且含有活性肽，可见瘤胃和小肠内的氨基酸平衡对于反刍动物非常重要。目前比较理想的调控途径是，在已确定了反刍动物不同氮源日粮条件下的瘤胃微生物蛋白产量、过瘤胃饲料蛋白质数量、进入十二指肠的总氨基酸组成模式，以及它们各自的消化率的基础上，根据其小肠理想氨基酸平衡模式和不同日粮条件下的氨基酸限制性顺序，来设计反刍动物的实用日粮配方，使反刍动物的生产性能和饲料利用率达到最优。在这其中，同样必须考虑氨基酸的过瘤胃保护，使各种氨基酸能够逃脱瘤胃微生物的破坏，满足后肠道对氨基酸的需要。如韩春艳等（1998）的研究发现，通过控制瘤胃原虫种类与数量，不仅可以提高绵羊对低质粗饲料的利用效率，而且可以使进入后肠道的氨基酸接近理想氨基酸平衡模式。卢德勋等（1997）提出了以限制性氨基酸指数（LAA index）为主要特征优化配合反刍动物蛋白质浓缩料的营养调控技术，该技术在氨基酸水平上评定单一蛋白质饲料、蛋白质浓缩料以及整个反刍动物蛋白质营养状况和优化配合蛋白质浓缩料等方面，均取得了极大的成功。

8. 使用过瘤胃蛋白技术

在实际生产中，为提高蛋白质的利用率，保证高产动物对蛋白质的需要，通常需要采取一些保护措施来增加过瘤胃蛋白质的量，提高反刍动物小肠可消化蛋白质和氨基酸，减少因饲料蛋白在瘤胃内的大量降解而造成的浪费。通常采取的方法有以下几种。

（1）化学处理。①甲醛保护。甲醛还原性较强，能与蛋白质分子的氨基、羧基、巯基发生烷基化反应形成酸性溶液中可逆的桥键，使蛋白质分子在瘤胃内处于不溶状态，导致对其降解率相应降低，由于反应中形成的桥键在强酸环境下能发生可逆反应，随着真胃环境 pH 值降低，甲醛与蛋白质逐渐分离，被消化道中蛋白酶等降解，供动物体利用，从而增加优质蛋白的过瘤胃率。徐淑倩等（2002）用甲醛处理的生豆饼饲喂生长羯羊，结果表明，甲醛水平为 0.6%时具有积极的保护效果，提高进入十二指肠食糜非氨态氮、过瘤胃蛋白氮产量及氮的沉积率，而对微生物氮产量及氮在瘤胃后的消化率均无显著影响。方华圣等（2005）用甲醛处理的小麦饲喂湖羊，发现该方法可使湖羊的粗饲料采食量增加 7.99%，通过十二指肠的非氨氮增加 20.16%、过瘤胃蛋白氮增加 38.70%，能显著提高蛋白质过瘤率。任莉等（2005）分别用 0.5%和 0.7%甲醛处理豆粕和棉籽粕，研究不同水平甲醛对豆粕和棉籽粕蛋白质的保护效果，结果表明，甲醛处理可以大幅降低饲料中蛋白质的降解率，0.7%甲醛处理可使豆粕和棉籽粕过瘤胃蛋白分别提高 51.9%和 26.3%，0.5%甲醛处理可使豆粕和棉籽粕过瘤胃蛋白分别提高 44.7%和 10.4%。何文娟等（2006）通过尼龙袋试验和产气量试验研究甲醛处理大豆粕对瘤胃蛋白质降解率、产气量和活体外瘤胃发酵参数的影响，结果表明，甲醛处理能使干物质及蛋白质的降解率及降解速度显著下降，快速降解组分的比例和有效降解率显著下降，慢速降解组分比例显著提高，有效降低蛋白质在瘤胃内的降解率，并改善活体外发酵参数。甲醛虽可以提高蛋白质的瘤胃率，但有较强的毒性，当饲料中甲醛超标时可以在动物体内富集，危害动物体自身健康，因此生产中需谨慎使用。②丹宁保护。Horigome 等（1984）发现，饲喂含丹宁的日粮（无论是游离丹宁还是蛋白丹宁复合物），蛋白质的消化率随日粮中丹宁浓度的增加而降低。Segnar 等（1982）研究认为，丹宁与蛋白质的反应有两类，一类是水解反应，在真胃酸性条件下可逆，易被家畜消化利用；另一类是不可逆的缩合反应，降低了饲料适口性，抑制酶和微生物的活性，与蛋白质形成不良的复合物，消化率降低。但对反刍动物无不良后果，反而有利于预防膨胀。③氢氧化钠保护。Mirt 等（1984）用氢氧化钠处理豆饼饲喂公犊和泌乳母牛，发现豆饼含氮化合物的消化率提高，犊牛氮沉积增加，泌乳母牛的产奶量、校正乳固形物产量及蛋白质利用率比喂未处理豆饼日粮的母牛高。Min 等（1984）用氢氧化钠处理豆饼日粮和菜籽饼，发现 3%的处理水平效果最佳，使蛋白质的降解率减少，并且对氨基酸的组成没有不利影响。并且再次证明了氢氧化钠处理的大豆饼使犊牛的氮沉积改善，奶牛泌乳初期产奶量显著增加，饲料效率和蛋白质利用率提高。但是 Waltz 等（1989）用 5%的氢氧化钠保护豆粕，发现根本就不起作用。④其他化学保护。因为蛋白质的亲水氨基酸链位于蛋白质分子表层，疏水氨基酸链趋向于蛋白质分子中央。Vander 等（1984）和 Lyneh 等（1987）研究表明，70%乙醇处理豆饼，其蛋白质的瘤胃中降解降低。70%的乙醇 80℃处理豆饼或 70%乙醇热压处理豆饼比单一乙醇处理要降低 0. 66%。VaderAar 等（1984）报道，40%丙醇处理豆饼和 50%的乙醇处理豆饼其蛋白质瘤胃非降解的幅度相近，比乙烷浸豆饼提高 6. 6%。Lynch 等（1987）研究表明，70%丙醇 80℃处理豆饼和 70%乙醇 80℃处理豆饼蛋白质的溶解度比不处理豆饼、70%乙醇 23℃处理豆饼及 80℃热处理豆饼要低。结果表明丙醇和乙醇类似，对蛋白质有一定的保护作用，且丙醇比乙醇处理效果好。

（2）热处理。热处理包括干热、焙炒、高压加热、蒸汽加热、加热同时采用物理化学复合处理。利用蛋白质高温易变性的特点，在高温下使蛋白质分子疏水基团更多地暴露于分子表面，降低蛋白质溶解度，从而降低蛋白质在瘤胃中的降解率。王淑香等（2006）利用装有永久性瘤胃瘘管的荷斯坦奶牛研究不同加工处理玉米在瘤胃中的降解率，试验结果表明，与对照组相比，膨化玉米和颗粒玉米的粗蛋白质降解效率提高。陈萍等（2007）研究了不同加工方式全脂大豆对奶牛营养物质消化率、瘤胃发酵的影响，试验结果表明，全脂大豆日粮显著降低瘤胃乙酸浓度及乙丙酸比例，烘烤大豆组和膨化大豆组降低瘤胃液氨态氮浓度，提高了饲料中蛋白质过瘤胃率。秦山（2003）研究表明，饼粕在进行加工时，温度越高，其营养成分的瘤胃降解率就越低，在豆粕试验中，75℃和 120℃干热处理豆粕的粗蛋白质降解率均出现下降，分别比正常豆粕降低 5. 57%和 21. 18%，其中 120℃干热处理的豆粕降解率极显著降低。王加启（1993）认为，热处理蛋白质使瘤胃内氮产量下降，降解率下降，并使糖醛基与游离的氨基酸基团发生不可逆反应，因此用热处理保护蛋白质常伴随着小肠内消化率降低，且热处理常使一些氨基酸如半胱氨酸、酪氨酸和赖氨酸等受到破坏。因此，在用加热方式处理饼粕类饲料时要注意加热时间和温度等，根据饲料本身的特点做出相应调整，尽量减少热处理对饲料中氨基酸的破坏程度。

（3）物理包被保护蛋白质。白蛋白包被保护全血、乳清蛋白、卵清蛋白等富含白蛋白的物质都能对蛋白质起到保护作用，白蛋白在饲料颗粒外可形成一层保护壳，防止易溶蛋白在瘤胃内的扩散溶解，从而降低了被保护的蛋白质饲料在瘤胃内的降解。Rakvo 等（1980）用全血洒到蛋白质补充料上在 100℃下干燥，发现其在瘤胃内氮的消失率显著下降，随着全血用量的增加，氮的消失率显著下降。Mirt 等（1984）用全血处理豆饼，发现其最佳处理量为每千克干物质 1. 5L，氮进食量和氮沉积显著增加。李爱科（1991）用

10%、20%、30%、40%、50%鲜血对豆饼蛋白质蒸煮时降解率研究结果表明，用30%的鲜血比较合适。全血等白蛋白保护日粮蛋白质不存在过度保护，但存在用血量大的问题。

（4）化合物、聚合物包被保护。依据瘤胃与皱胃液 pH 值的差别，把饲料用一些中性或崩解的材料包裹起来。要求包被材料能在蛋白质饲料颗粒外形成坚韧的保护薄膜，并且具有吸湿性、耐热性、无毒及异常的臭味，与包被物不反应以及价格便宜等优点。冯仰廉和陈喜斌（1994）研制的新型蛋白保护剂可明显降低豆粕蛋白质的瘤胃降解率，增加氮的沉积。

9. 瘤胃外流速度的调解率

瘤胃外流速度加快，日粮在瘤胃内停留时间缩短，其蛋白质降解率下降。影响外流速度的因素很多，其中受日粮的结构和饲养水平的影响较大，尤其是日粮的精粗比例。同时生理因素如妊娠也会对饲料的外流速度产生影响，饲料颗粒大小及密度等也对外流速度有影响。

10. 瘤胃微生物发酵的生物学调控

Fehrason 等（1975）认为，抗生素能够降低微生物分解蛋白质的活性，瘤胃素可以改变瘤胃微生物群体组成和关键酶活性而影响瘤胃发酵过程，增加丙酸，减少甲烷产生，抑制蛋白质降解，改善饲料利用率。Poos 等（1979）用瘤胃素添加剂饲喂小公牛表明，瘤胃素的添加显著降低细菌氮的流量，增加小肠饲料氮量，可能是瘤胃朊解作用降低而节省饲料蛋白质。Chahia 等（1980）讨论了各种有前途的化学物质，如莫能菌素能降低氨浓度，可能通过选择性抑制脱氨反应，或者降低微生物蛋白分解酶的活性。

随着技术的发展和研究手段的改进，对反刍动物蛋白质的消化代谢机理和调控研究的加深，将有更加有效的方法评价预测蛋白质的代谢规律，使蛋白质的预测和调控进入模型化阶段。

第三节　磷和钾的减排

一、反刍动物磷、钾排放的来源及其对环境的影响

磷是直接影响一切生物生长发育不可缺少的元素之一，几乎参与了机体的所有代谢反应，在保证动物健康和生产繁殖性能方面发挥着重要作用。在反刍动物体内，磷不仅是牙齿和骨骼的重要组成元素，而且是瘤胃微生物消化纤维素及微生物蛋白所必需的矿物元素。进入消化道内的总磷由外源磷和

内源磷两部分组成。外源部分来源于日粮中的磷，内源部分则主要来源于唾液、消化道脱落细胞和消化道壁细胞分泌物。经体内代谢的内源磷大部分从粪中排出，占总排出量的95%~98%，其余的通过尿液和乳汁排出体外。内源磷的排泄量与动物从日粮中吸收的磷量直接有关。日粮含磷水平在一定范围内时，动物对磷的吸收随日粮磷水平的提高而增加。长此以往，大量的磷积累在土壤中，直到土壤变饱和或渗透，最后过滤到地下水中或保持在地表水中，污染地下水。

钾元素是动物和植物必需的矿物质营养成分，一般钾在水中有较高的溶解性。与动物钾需要量相比，植物的钾需要量相对较高。反刍动物的精料含有较高水平的钾，而反刍动物能有效利用的钾较低。因此，反刍动物经常发生钾过剩，过剩的钾积累在尿中，随着动物排尿，钾也被排泄到环境中，进入土壤和地表水，由于土壤对钾的积累有一定的限度，进入土壤和地表水中过量的钾会对其造成严重的污染。

二、减少肉羊磷和钾排放的措施

相应措施

1. 饲粮配方的优化

磷、钾的平衡调节机制主要通过唾液磷的再循环和内源磷的排出来实现，两者与反刍动物磷的吸收量密切相关。钙、磷能促进反刍动物的生长发育、维持正常的免疫功能、有效提高生产性能。较早的研究认为，钙磷比为(1~7)：1比较适合。但钙在瘤胃中会与植酸盐结合形成难以利用的植酸钙，不仅抑制植酸酶的水解作用，还会降低钙的利用率，过量的钙和其他金属离子如铁离子、镁离子、铝离子等都能与磷酸结合生成不溶性盐类而阻碍磷的吸收。反刍动物缺乏排出多余钙的机制，而且饲粮中钙比例也容易偏高，因此适宜的钙磷比及钙含量对磷利用非常重要。维生素D是维持细胞外液磷生理含量的重要因子，1,25-二羟基维生素D能促进肠道对磷的吸收，血浆磷含量过低时会刺激其产生，低含量磷的吸收也要依靠维生素D的主动转运来实现，所以配制低磷饲粮时要尤其注意维生素D的补充。

2. 外源植酸酶的添加

植物性内源植酸酶在瘤胃内的植酸盐降解中只发挥很小的作用，因此通过增加含有高内源性植酸酶的精料的比例来促进植酸磷的降解并不可行，外源植酸酶是一种广泛使用的单胃动物饲料添加剂，可以通过细菌、酵母、黑曲霉等多种形式的微生物获得，目前很少见到其适用于反刍动物的商业产品。Knowlton 等（2007）发现给泌乳奶牛补充外源植酸酶可以减少其粪磷的排泄；Jarrett 等（2014）虽然观察到了相反的结果，但其研究表明植酸酶可以将植酸磷的消化率从 96.7%提高到 97.6%，且植酸酶在全混合日粮中就可以快速地将植酸磷降解为无机磷；Kincaid 等（2005）通过给奶牛补饲植酸酶，将植酸磷的全消化道消化率从 80%提高到 85%。这些结果提示，补饲植酸酶或许可以在降低饲粮总磷含量的条件下促进植酸磷的降解，进而提高磷的消化率、减少磷排泄，但外源植酸酶在反刍动物机体内作用的有效性仍然需要进一步的研究。

3. 饲料加工技术的优化

植酸盐的可消化性与其在植物饲料中的贮存形式与分布有关，且植酸盐主要位于糊粉层和外麸中，因此通过机械加工来使这一部分分离能有效减少植酸磷含量，但研磨等加工方法会导致营养物质的损失，且反刍动物饲粮中就含有谷物副产品。研究显示，发酵可以有效降解植酸磷，因为乳酸菌、酵母等均能产生植酸酶，发酵后微生物产酸使饲料 pH 值降低也有利于植物内源性植酸酶发挥作用。使用热处理、甲醛等化学剂处理饲料会降低其在瘤胃中的溶解度，但用乳酸处理大麦不仅增强了淀粉和纤维的消化，还催化了植酸盐的水解，促进了磷的消化，利用乳酸、柠檬酸等有机酸处理后的大麦还能促进反刍动物对中性洗涤纤维的消化，这可能与其对瘤胃内细菌菌群的影响有关。种子萌发后植酸盐含量会迅速降低，且植酸酶活性增加，但在反刍动物饲粮中应用发芽谷物对其生长、生产性能等的影响还有待于进一步研究。此外，还可以利用植酸盐的水溶性来通过浸泡去除部分植酸盐，浸泡条件也有利于植酸酶活性的提高，有效降解植酸盐，但该过程也会造成其他营养成分的损失。以上方法都可以在一定程度上减少植酸盐含量和增强植酸酶活性，但使用时需综合考虑对其他营养物质消化的影响。

第四节 重金属元素的减排

一、反刍动物重金属元素排放的来源及其对环境的影响

微量元素添加剂是畜牧业重金属污染的主要来源。在集约化畜禽养殖过程中，饲料均添加有多种微量元素添加剂，如铜、铁、锌、锰等。而有些饲料生产企业片面强调其促生长作用，违规加大添加量，而这些无机元素在畜

禽体内的消化吸收效率极低，在排出的粪便中含量很高。大量的重金属具有毒性、持久性和不可逆性，通过粪肥还田，长期滞留在土壤中，不仅严重破坏了植物生态和农产品品质，而且还经食物链，间接性在人体富集和影响着人类健康。有研究报道，我国目前每年使用的微量元素添加剂为 30 万～38 万 t，但由于生物效价低，约有 95%以上未被动物利用的矿物元素随粪尿排出体外，造成土壤的重金属污染。

侯月卿等对广西、福建和江苏等南方地区 8 个省（区）的畜禽养殖场重金属调研数据总结发现，各地区和畜禽种类间重金属超标数据差异较大。其中，广西、福建地区猪粪中铜、锌均超标，安徽地区以铜超标为主，上海地区以锌超标为主，而且相比较猪禽的重金属污染程度，反刍动物排放量要低很多。

二、减少肉羊重金属元素排放的措施

相应措施

1. 源头减排控制

畜禽粪便中重金属主要来源是饲料。我国对于饲料中重金属的推荐量很低，但是有许多饲料生产商过分放大重金属的能效，往往在饲料中添加推荐量的几倍，甚至几十倍。由于动物本身对重金属的利用率较低，因而摄入的大量重金属元素随粪肥迁移入土壤，长期积累、污染隐蔽和不可降解性，成为了环境学界的“化学定时炸弹”。因此，从饲料源头减少重金属的使用及对外排放，是当前解决畜禽粪污重金属污染问题的关键。我国于 2017 年又重新修订了《饲料添加剂安全使用规范》，进一步强调了 Cu、Zn、As 等在配合饲料或全混合日粮中的最高限量要求。

2. 粪便堆肥发酵

通过对粪便进行堆肥和沼气发酵可促使重金属钝化，主要原理是利用发酵过程中粪便中有机形态变化而络合固定重金属，使其活性被钝化，降低重金属的生物有效性，有研究表明，鸡粪中重金属经堆肥处理后铜的有机结合态和残渣态含量提升 10.9%。Mzrcato 等（2009）用化学方法对鲜猪粪和沼肥中铜、锌的生物有效性研究对比发现，经发酵的沼肥中重金属的流动性比鲜粪中低。

3. 使用钝化剂

主要包括物理钝化剂、化学钝化剂和生物钝化剂等。物理钝化剂利用吸附能力大的硅酸盐物质，如活性炭、沸石、海泡石和膨润土等，从而对粪便堆肥过程中重金属进行物理吸附。添加化学钝化剂对重金属钝化效果要好，但易对环境造成二次污染。因此在生产中大面积使用面临着较大的困难。

4. 生物絮凝

生物絮凝法是介质中重金属污染修复、治理的较好技术措施之一。对于重金属残留超标的畜禽粪便，可首先干湿分离，在污水中适量加入一些重金属絮凝剂或吸附剂，将游离态的重金属进行沉淀富集收集，从而减少重金属元素的排放。

生物吸附剂主要有细菌、真菌和藻类。细菌中芽孢杆菌属菌株具有强大的吸附金属能力，研究表明，用地衣芽孢杆菌吸附铬，45min 吸附量可达 224. 8mg/g；多粘芽孢杆菌对铜有潜在的吸附能力，吸附量可达 62. 72mg/g。真菌类微生物，如酵母菌、霉菌等对重金属有着很高的吸附能力。研究表明，酱油曲霉对铬和镉的吸附率分别为 69. 76%和 72. 28%；米曲霉则分别为 60. 64%和 81. 34%。藻类是光合自养生物，包括淡水藻和海藻，对许多重金属均有良好的生物富集能力。藻类细胞壁表面褶皱较多，有较大的表面积，可以提供大量的与金属离子结合的官能团，如羧基、羟基、酰胺基、氨基、醛基等，这些官能团与金属离子发生吸附反应，反应时间极短，不需要任何代谢过程和能量提供。

参考文献

单丽伟，冯贵颖，范三红. 2003. 产甲烷菌的研究进展［J］. 微生物学杂志，23（6）：42-46.

冯仰廉，张志文，周建民，等. 1985. 奶牛饲养标准的新蛋白质体系的建议［J］. 中国畜牧杂志（2）：2-6，78.

韩春艳. 1998. 控制原虫对绵羊日粮中纤维物质和蛋白质在瘤胃内的降解和利用以及进入十二指肠含氮物质流通量和氨基酸组成的影响［D］. 呼和浩特：内蒙古农牧学院.

黄满堂. 2019. 中国地区大气甲烷排放估计与数值模拟研究［D］. 南京：南京大学.

林雪彦，谢幼梅. 2000. 莫能菌素在畜牧生产中的应用［J］. 黄牛杂志，26（3）：62-65.

刘红，张运涛，方德罗，等. 1997. 反刍动物甲烷排放及其对全球变暖的影响［J］. 山东环境，1：36-37.

陆日东，李玉娥，万运帆，等. 2007. 堆放奶牛粪便温室气体排放及影响因子研究［J］. 农业工程学报，23（8）：198-204.

谭支良. 1998. 绵阳日粮中不同碳水化合物和氮源比例对纤维物质消化动力学的影响及其组合效应评估模型研究［D］. 呼和浩特：内蒙古农业大学.

王翀. 2008. 代谢蛋白水平、氨基酸补充对中国荷斯坦奶牛泌乳性能及氮代谢的影响［D］. 杭州：浙江大学.

王星凌，刘春林，赵红波，等. 2012. 饲粮粗蛋白质水平对中国荷斯坦奶牛产奶性能、氮利用及血液激素的影响［J］. 动物营养学报，24（4）：669-680.

吴爽，张永根，夏科，等. 2014. 不同粗饲料组合类型对奶牛瘤胃甲烷产量及氮代谢的影响［J］. 中国饲料（3）：29-33.

夏科，王志博，郗伟斌，等. 2012. 粗饲料组合对奶牛饲粮养分消化率、能量和氮的利用的影响［J］. 动物营养学报，24（4）：681-688.

萧宗法，刘秀州，陈吉斌，等. 1998. 饲料精粗比对荷兰种干乳牛消化道甲烷产量的影响［J］. 中国畜牧学会会志（27）：166.

张爱忠，卢德勋，王立志，等. 2005. 不同精粗比日粮条件下绒山羊瘤胃内环境和发酵指标动态变化的研究［J］. 黑龙江畜牧兽医（12）：23-25.

赵玉华，杨瑞红，王加启. 2005. 反刍动物甲烷生成的调控［J］. 中国饲料（3）：18-20.

Ferry G G. 1992. Biochemistry of methanogenesis. Crit. Rev Biochen［J］. Molecule Biology，27：473-503.

Frumholtz P P，Newbold C J and Wallace R T. 1989. Influence of Asergillus oryzae fermentation extracts on the basal ration in rumensimulation technology［J］. Journal Agriculture Science，113：169.

Garcia-Lopez P M，Kung J L，Odom J M. 1996. In vitro inhibition of microbial methane production by 9，10-anthraquinone［J］. Journal of Animal Science，74：2276-2284.

Holt M S，Neal K，Eun J S，et al. 2013. corn silage hy-brid type and quality of alfalfa hay affct dietary nitro-gen utilization by early lactating dairy cows［J］. Journal of Dairy Science，96（10）：6564-6576.

Jarrett J P, Wilson J W, Ray P P, et al. 2014. The effects of forage particle length and exogenous phytase inclusion on phosphorus digestion and absorption in lactating cows [J]. Journal of Dairy Science, 97 (1): 411-418.

Johnson K A, Johnson D E. 1995. Methane emissions from cattle [J]. Journal of Animal Science, 73 (8): 2483-2492.

Kebreab E, France J, Mills J A N, et al. 2002. A dynamic model of N metabolism inthe. lactating dairy cow and an ass essment of impact of N excretion on the environment [J]. Journal of Animal Science, 80: 248-259.

Khalil M A K, Rasmussen R A. 1992. The global sources of nitrous oxide [J]. Journal of Geophysical Research, 97: 14561-14660.

Kincaid R L, garikipati D K, nennich T D, et al. 2005. Effect of grain source and exogenous phytase on phosphorus digestibility in dairy cows [J]. Journal of Dairy Science, 88 (8): 2893-2902.

Knowlton K F, Taylor M S, hill S R, et al. 2007. Manure nutrient excretion by lactating cows fed exogenous phytase and cellulase [J]. Journal of Dairy Science, 90 (9): 4356-4360.

Marcato E, Pinelli E, Cecchi M, et al. 2009. Bioavailability of Cu and Zn in raw and anaerobically digested pig slurry [J]. Ecotoxicol Environ Safety, 72: 1538-1544.

McCaughey W P, Wittenberg K and Corrigan D. 1999. Impact of pasture type on methane production by lactating beef cows [J]. Journal of Animal Science, 79: 221-226.

McGinn S M, Beauchemin K A, Coates T, et al. 2004. Methane emissions from beef cattle: Effects of monensin, sunflower oil, enzymes, yeast, and fumaric acid [J]. Journal of Animal Science, 82: 3346-3356.

Mclnerney S M. 1995. Toxicological and structural studies of the antiprotozoal agent found in Enterolobium cyclocarpus [D]. Armidale: University of New England.

Miyajim M, Matsuyama H, Hosoda K, et al. 2012. Effect of replacing corn with brown rice grain in a total mixed ration silage on milk production, ruminal fermentation and nitrogen balance in lactating dairy cows [J]. Animal Science Journal, 83 (8): 585-593.

Mutsvangwa T, Edwards I E. 1992. The effect of dietary inclusion of yeast culture on patterns of rumen fermentation, food intake and growth of intensively fed bulls [J]. Animal Production. 55: 35.

Newbold C J, Hassan E, Wang S M, et al. 1997. Influence of foliage from African multipurpose trees on activity of rumen protozoa and bacteria [J]. British Journal of nutrition, 78: 237-249.

Rumpler W V, Johnson D E, Bates D B. 1986. The effect of hinge dietary cation concentration on methanogenesis by steers fed diets with and without ionophores [J]. Journal of Animal Science, 62: 1737-1741.

Sar C, Mwenya B, Santoso B, et al. 2005. Effect of Escherichia coli W3110 on ruminal methanogensis and nitrate reduction *in vitro* [J]. Anim Feed Sci Technol, 118: 295-306.

Tedeschi L O, Fox D G. 2003. Potential environmental benefits of ionophores inruminant diets [J]. Journal of Environmental Quality, 32: 1591-1602.

Van Amburgh M E, Overton T R, Chase L E, et al. 2009. The Cornell Net Carbohydrate and Protein System: Current and future approaches for balancing of amino acids [C]. New York: Proceedings of the Cornell Nutrition Conference, 28-37.

Vander P M, Hristov A N, Zaman S, et al. 2009. effect of inclusion of peas in dairy cow diets on rumi-nal fermentation, digestibility, and nitogen losses [J]. Anim Feed Sci Technol, 150 (1): 95-105.

Xian C, Zhang X, Zhang J, et al. 2019. Recent patterns of anthropogenic reactive nitrogen emissions with urbanization in China: Dynamics, major problems, and potential solutions [J]. Sci Total Environ, 656: 1071-1081.

Zhou J B, Jiang M M, Chen G Q. 2007. Estimation of methane and nitrous oxide emission from livestock and poultry in China during 1949-2003 [J]. Energy Policy, 35 (7): 3759-3767.

第七章　南方农区肉羊饲养模式与畜舍设计

南方农区相较于北方大规模草场，草山草坡资源不足，天然饲草缺乏，不适合肉羊大规模草场放牧饲养。同时，长期以来，由于南方农区管理粗放、肉羊粗饲料来源不足、畜舍设计与建设缺乏科学性等问题，导致农区肉羊饲养管理水平偏低，无法充分发挥肉羊的生产潜能。且南方地区夏季梅雨季节温度和湿度较高，容易导致肉羊死亡等问题。因此，选择适宜的肉羊饲养管理模式与设计科学合理的肉羊场对提高肉羊生产水平尤为重要。肉羊的舍饲模式是指将肉羊通过圈舍限制的方式集中在一起饲养，具有方便统一管理、节约土地资源等优点，舍饲模式的圈舍设计较于放牧饲养更加科学合理，适宜在南方农区推广使用。同时，良好的饲养管理措施对肉羊的增膘、繁殖和生长也起到了重要作用。本章将重点论述适宜南方农区肉羊规模饲养的养殖模式、饲养管理措施与畜舍设计方法。

第一节　南方农区肉羊的饲养模式

一、肉羊的标准化高效养殖模式

南方农区气候温和，雨量适中，四季分明，冬季寒冷干燥，夏季炎热湿润。综合南方农区气候特点与养殖政策等因素，适宜南方农区肉羊的标准化高效养殖模式大致分为以下几类：

（一）“1235”肉羊养殖模式

杨祖林等（2012）说明，“1235”肉羊养殖模式的核心内容是：1户农户，饲养20只繁殖母羊，补充3亩青饲料（或自种牧草），年出栏商品肉羊50只以上，年养羊收入达到3万元以上。该创新养殖模式起源于湖北省十堰市房县，适合于南方农区小型规模化肉羊养殖小区建设，该模式于2007年正式提出并推广（张作仁，2010）。资料显示，2009年，十堰市采用肉羊“1235”肉羊养殖模式养殖的农户达6 576户，出栏肉羊量34.67万只，户均出栏肉羊约52.70只（张作仁，2010），可见该养殖模式在发展农村经济和促进农民增收中起到了至关重要的作用。该养殖技术新颖，具有投资小、见效快、操作简单等优点，且适合在南方农区进行小规模养殖，考虑到南方农区草地资源缺乏，可适当选择购买牧草。该养殖模式的技术要点为：①建设标准化羊栏设施，每间羊舍面积为150~200m²，设饲料仓库、公羊栏、妊娠母羊栏、哺乳母羊栏、产羔房、育成栏和育肥栏等；②充分利用配方饲料，由于南方农区土地资源紧张，缺乏可种植牧草的农田，在大力开发青贮农作物秸秆饲料资源利用的同时，购买人工牧草以满足肉羊生长发育需求，同时也要改变饲料品种单一、营养不全等问题，提高蛋白质饲料的利用，要保证生产每只肉羊投入60kg以上精饲料；③繁殖母羊保证最少20只，同时饲养良种公羊约5只，才能充分发挥资源优势与肉羊的生产力。

（二）发酵床肉羊养殖模式

发酵床肉羊养殖模式是指在羊舍发酵床区域铺设30~50cm厚秸秆、木屑等垫料原料，再在垫料表面均匀撒上发酵菌种，最后使用旋耕机将垫料耕均匀，制成羊舍发酵床。在发酵床上养羊，利用羊在垫料上踩踏等日常活动，再加上羊场每日疏粪管理，可使得羊粪尿液与垫料充分混合，通过内源性或外源性微生物进行有氧发酵，对粪污进行分解和转化。一般只需3d，羊的粪便便会被发酵床上的微生物分解，这些微生物通过羊粪中的营养物质不断繁殖，形成菌体蛋白，羊可以食用这些菌体蛋白，从而提高自身免疫力（赵立君，2015）。发酵床肉羊模式的优点为：发酵床养殖肉羊相较于普通养殖，中途无须人工清粪、打扫圈舍，节省人工和水电，并且舍内氨气浓度低、有害细菌少，无臭味，更符合绿色养殖的理念。此外，松软的垫料对羊的肢蹄也有良好的保护作用，可减少羊的疾病发生从而减少经济损失，并且发酵床养殖在一定程度上可以提高肉羊的舒适度和生产水平，羊生活在发酵床上，床体温度高使得一些虫卵与病原微生物被杀灭（付艳芳等，2019），身体更健康，免疫力提高。根据生产实践，采用发酵床养羊还可以节省饲料资源约10%（赵立君，2015）。按正确的技术指导规范养殖，能带来经济效益的提升。该养殖模式的技术要点为：①每天进行人工疏粪工作，使粪尿均匀散开在发酵床表面，再埋入垫料里层，保证充分发酵；②如发酵床出现高温段上移、持水能力减弱和散发臭味等问题，需补充或更新垫料；③垫料每周翻动一次，深度20~30cm，可结合疏粪或补水时翻匀垫料；④清出的垫料做好陈化处理，进行养分、有机质调节后作为有机肥利用。

(三)高架舍饲肉羊养殖模式

高架舍饲肉羊养殖模式是指利用木条制作羊床，羊床高架离地约60cm，羊床长约40m，宽度5~10m，将肉羊放置在高架床上进行养殖的技术。董飞(2019)认为，采用高架床养殖肉羊，能够有效提高生产效率，每平方米高架床的肉羊饲养数量可达3只，提高了羊舍利用效率，且该养殖模式避免了羊群与粪尿的直接接触，降低了疾病传播的概率。同时还能降低羊舍内的湿度，高湿度环境会使肉羊发生胃肠道疾病和寄生虫病等，羊适宜在干燥的环境生长，降低羊舍湿度从而提高养殖效益。该养殖模式的技术要点为：①饲养密度大，应配套采用屋面无动力风扇设备，该设备可以常年进行通风换气，改善羊舍内空气质量；②南方农区夏季高温高湿，应配备风扇与湿帘，保证良好的通风与降温效果；③应配套使用塑料管或铁皮制作的料槽。

(四)肉羊舍饲散养或栓系模式

肉羊舍饲散养或栓系模式是指养殖户饲养的羊通过购入所得，通过高密度集中栓系饲养，或圈舍内散养，经过短期育肥后再出栏的养殖模式。该养殖模式饲养周期短、投资见效快、畜舍建设投资少，养殖密度高，适合大规模养殖，利于推广使用，也是目前南方农区普遍采用的养殖模式。并且该养殖模式还有利于肉羊品种的改良，羊场多为规模化养殖，基于商业竞争和市场消费需求的拉动，羊场会选择利用不同的母本和父本优势进行有目的的育种，从而加速品种的改良，也有利于优势性状的保留(陈西风等，2019)。同时，该模式也存在许多缺点，如畜舍内氨气浓度高、环境卫生条件较差、饲养密度高不利于消毒与防疫等。该养殖模式的技术要点为：①受自然环境条件的影响较大，应加强畜舍内的环境卫生控制与温湿度管理，勤通风、消毒；②需提高养殖生产水平，以保证高效率养殖，减少出栏时间；③根据肉羊不同的养殖阶段，针对每个阶段肉羊的生理特点和生活习性进行针对性饲养。

养殖户在选择肉羊养殖模式时，要根据养殖规模、养殖户经济状况、南方农区养殖政策、生态化效益水平和肉羊饲料加工运输条件等综合考虑，选择最适合的养殖模式才能做到效益最大化。

二、南方农区肉羊的管理措施

羊是以草食为主的家畜，过去以放牧为主，常用的标准化高效舍饲无法满足羊群自然放牧的条件。例如，饮水对羊群起到了至关重要的作用，标准化舍饲模式如果未能及时供应充足且洁净的饮水，羊群便会患病，必须让羊群在保持适当运动的同时，供应充足的饮水，夏季和冬季需增加饮水次数。可见，好的饲养与管理水平对肉羊的生长、器官发育起到了重要作用。赵政等（2018）概括总结了肉羊的管理措施，按阶段划分主要有以下几个方面。

（一）羔羊饲养与管理

初生阶段的羔羊，其体温调节机制不完善，且血液中缺乏必需的免疫抗体，肠道适应能力较差，抗病、抗寒能力差均较差，缺乏合理饲养与管理水平的羊出生后一周内死亡比例较高，必须注意加强护理。随着羔羊母乳喂养一段时间之后，母羊母乳变不足，因此应注意及时补饲，并让羔羊在适当的时间断奶，出生后 1~3d，要注意让羔羊吃好初乳，排好胎粪。母羊的初乳含有丰富的维生素与矿物质、脂肪、免疫抗体、蛋白质等，对羔羊增强体质、抵抗疾病和排出胎粪有很大的好处。因此，羔羊生后能自行站立时，要人工辅助其吃到初乳，3~7d 后羔羊可以适当随着母羊外出放风。羔羊吃奶时，通常频频摇尾，吃奶后摇头，此为正常现象；若发现羔羊吃奶时边吮吸边撞，并且时有鸣叫，说明母羊奶水不足或缺奶。羔羊出生 7d 之内的死亡数占全部死亡数量的 85%以上，危害较大的病是肺炎、肠胃炎和脐带炎，因此要注意搞好羊舍卫生，保证吃奶时间均匀，以提高羔羊成活率。羔羊补饲一般在羔羊出生后 7~10d 内进行，当羔羊能够舔舐草料或料槽水槽时，就应开始喂给青干草和饮水。羔羊舍内应常备有青干草、粉碎饲料或盐砖、清洁饮水等。羔羊出生后 15~20d，随着羔羊采食能力的增强，应在 15d 就开始为其补饲混合料，并逐渐达到正常水平。

羔羊断奶：羔羊出生后 90~120d 应根据羔羊体格发育情况断奶。断奶方法有两种，一次性断奶和交叉断奶，一次性断奶通常在断奶羔羊群中放入几十大羊以引导羔羊饮水吃料等，交叉断奶是指把两个断奶羔羊群的母羊进行交换，减少断奶应激。

（二）育成羊饲养与管理

通常来说，从断奶后到第一次配种的这段时间内的公母羊称为育成羊，其对应的年龄通常为 5~18 月龄。此阶段的羊只的生长发育速度加快，对营养物质的需求量明显加大，但由于断奶阶段造成的应激影响还未能明显消除导致育成羊在这个生长阶段容易营养不良。长期营养不良会明显地影响到羊的生长发育，严重的会造成终生缺陷。所以在育成期，要及时地对羊进行补饲，补饲后可显著改善育成羊的营养水平，对日后的快速增重有很大益处。

越冬饲养管理：在冬季育成羊的日粮中适当增喂青贮饲料，适当减少干草的饲喂。同时注意羊群的防寒保温，羊虽耐寒冷性强，但在南方农区冬季过度寒冷或受贼风侵袭必将消耗大量营养而导致生长发育不良。越冬时容易引起羊群疾病的发生甚至死亡。越冬前，对原有羊舍要进行维修，彻底清除羊粪，进行消毒、垫土和垫草等。

（三）种公羊饲养管理

种公羊在配种期阶段的饲养管理非常重要。此阶段的种公羊在营养和体能上消耗巨大，因此，种公羊配种期的营养显得尤为重要，要选用优质蛋白质原料，并且及时补饲各类维生素和矿物质，特别是钙、磷。一般钙、磷比例应为（1.5~2）：1，因此需要增加骨粉、贝壳粉以提高钙水平。种公羊的日粮适口性要好，每日补充精料 0.7~0.8kg，骨粉 10g、食盐 15g，有条件的羊场可每日给种公羊饲喂鸡蛋两枚。配种期种公羊不爱吃草，应补喂些青割苜蓿、沙打旺、大豆和榆树叶等。

（四）种母羊饲养管理

羊受胎后的第二个月为妊娠前期，第三个月为妊娠中期，最后两个月为妊娠后期。妊娠前期和妊娠中期胎儿发育较慢，需要适当补充优质牧草。妊娠后期母羊除了维持其自身营养需要外，还需要提供胎儿生长发育需要的营养物质，此阶段的种母羊能量代谢比空怀期高 60%~80%，可消化粗蛋白提高 150%，钙和磷的需要量要增加 1~2 倍。还应补饲一些优质青贮，喂其营养丰富、体积较小的饲草和饲料。例如，每日补饲时配合精料 0.2~0.25kg，优质豆科甘草 0.25~0.5kg，青饲料 0.4~0.5kg，多汁块根饲料。产羔后的母羊要多喂青绿多汁的饲料增加泌乳量。母羊对蛋白质和无机盐的需求量较高，一定要供给种母羊充足而又完善的营养物质。

三、南方农区标准化舍饲模式需要注意的问题与对策

（一）南方农区肉羊基础设施建设不足

南方农区肉羊养殖人员并没有充分认识到标准化羊舍在养殖工作中的重要作用，基础设施建设中的资金投入较少，大多数养殖人员仍在使用以往的圈舍饲养方式，养殖环境较差，导致肉羊养殖水平较低，不利于农村肉羊养殖行业的长久发展（胡延杰，2019）。因此，养殖人员需根据养殖规模、当地自然资源、相关政策等综合考虑养殖模式，并切实做好畜舍的规划与设计，建设高效率肉羊养殖场，从而大幅提高养殖水平。

（二）规模化程度与饲养水平不高

现阶段，南方农村肉羊养殖人员对自然资源的利用效率较低，饲养管理粗放，肉羊并不能得到生长所需的营养，导致肉羊养殖产量较低，对养殖人员的经济利益造成一定损害（刘文斌，2019）。因此，养殖人员应注重对饲养管理技术的学习及应用，积极改进自身饲养管理工作，切实提高饲养管理工作水平。应根据实际情况采取适当措施饲养肉羊，确保肉羊能获取充足的营养，进而提高羊肉产量，实现养殖人员经济利益最大化。

（三）防疫意识不足

防疫意识对肉羊生产至关重要，在养殖过程中羊群不免会受到各种疾病困扰，目前规模化养羊场防疫意识还较缺乏，大大提高了羊群的疾病发生率，对生产造成损失较大。养殖者需要学习羊场疾病防控相关知识，对员工进行定期安全培训，同时相关部门要加强对养殖户防疫工作的宣传与监管力度，利用线上与线下相结合的方式，一旦发现了羊群发病，立即进行处理，防止疾病大范围传播（刘文斌，2019）。除此之外，还要加强羊舍内的彻底消毒，特别是料槽、墙角等容易忽略的地方，并加强羊舍内的光照，及时清理粪污，为羊群营造健康舒适的生长环境。

（四）产业链建设不完善

肉羊规模化舍饲模式有着完整的产业链，从羊舍布局与建设、牧草等的供给，到育肥羊出栏销售、屠宰，由于南方农区部分地区产业发展缓慢，产业链建设不够完善，这对生产、生态环境保护不利，因此在发展过程当中，要建设完善的肉羊养殖产业链。该项工作离不开政府部门的支撑。举个例子来说，在融资方面，政府部门可以制定激励政策使金融机构加大对肉羊养殖企业的帮扶；在销售方面，可以建立统一的肉羊收购站，消除养殖户的后顾之忧（刘文斌，2019）。通过建立完整的养殖产业链，能够更好地促进肉羊养殖业的稳定发展。

第二节　南方农区肉羊舍的畜舍设计

羊场建筑、设备的设计是否合理，将直接影响到技术管理、生产经营和经济效益。因此，应根据生产方向、生产任务、饲养管理方式、生产规模和集约程度等条件，结合当地自然经济条件，科学规划羊养殖场的设备，使其成为一个综合性的养殖场。南方农区肉羊舍的畜舍设计在遵循一定设计原则的基础上，根据不同的养殖模式、养殖规模，结合当地生态条件与养羊生产方向进行肉羊舍的精细调整。同时还需充分考虑满足羊只的生理和生长要求，以保证其达到最好的生产性能，羊场的内部设置要合理，减轻周围环境因素对羊场的危害，以保证羊群的健康生长。

一、羊场场址选择与功能区布局

（一）羊场场址选择

根据肉羊的生活习性，选择地势高、阳光充足、干燥、通风良好与排水方便的地方作为羊场场址。切忌在低洼潮湿、冬季风口等区域建设羊场，圈舍阴暗潮湿易导致骨软症等疾病发生及病原菌滋生（肖登科，2019）。避免在法律规定的禁养区内养殖。羊场应建在居民区下风方向，直线距离 500m 以上，与居民饮用水源、学校等单位直线距离 1 000m 以上。羊场附近应有标准水源和充足的电力供应。羊场周边有丰富的牧草、农作物秸秆和农副产品，供应半径 5 000m（肖登科，2019；麻二军，2018）。且必须考虑周边地区过去的疫情，避免在有传染病的地方建羊舍。距主要交通干线 200m，距一般交通干线 100m（麻二军，2018）。既要保证防疫距离，又要保证交通便利，特别要防止布氏杆菌病、炭疽病和破伤风等人畜共患疾病。羊场周围 1 000m 内无皮革厂、大型化工厂、屠宰场、动物医院和垃圾处理厂等污染源。

（二）羊场功能区布局

羊场功能区划分一般为生活管理区、辅助生产区、生产区和隔离区。生活管理区主要包括值班室、办公室、技术培训室、会议室等，位于生产区的上风向区域或设置在场外；辅助生产区主要包括青贮窖、饲料储藏室、饲料加工车间、配电室等，位于生活管理区的下风向或侧风向；生产区主要包括羊舍、运动场、兽医室和人工授精室等，位于辅助生产区的下风向，需配备消毒更衣室和车辆消毒池等；隔离区主要包括患病羊隔离治疗室、粪便处理场、沼气设备与病死羊无害化处理室等，位于生产区的下风向且保持 100m 以上的隔离距离（肖登科，2019；张建新，2010）。

羊场功能区布局遵循的原则一般为：①符合最佳生产条件、符合防疫和消防安全；②净道（场区内用于健康羊群与饲料等物品的专用通道）与污道（场区内用于各类垃圾、粪便、尿液和病死羊等非洁净物品的专用道路）完全分开隔离；③羊舍间间隔 10m 左右，便于采光与防疫；④青贮窖靠近成年羊舍，便于取料方便，干草车间可距离成年羊舍较远，便于防火防尘。

二、标准化羊舍建筑要求

（一）饲养密度

羊舍饲养密度根据肉羊的生产方向、品种、性别等不同，要求也不一样。具体可参考表 7-1 中的参数。

表 7-1　标准化羊舍推荐饲养密度

项目	种公羊	母羊	妊娠母羊（冬季）	妊娠母羊（夏季）	哺乳母羊	育肥羊	幼龄羊
饲养密度（m^2/只）	3.0~5.0	1.5~2.0	2.0~2.5	1.0~1.5	2.0~2.5	0.8~1.0	0.5~0.6

总体上，羊舍应设计足够的面积与高度，使得羊群保持一定的饲养密度而不会过度拥挤，可以自由活动。羊舍面积过小，舍内空气质量差，不利于清理与消毒，羊舍面积过大会造成资源的浪费且不利于管理与冬季保温。

（二）方位平面布置

羊舍以坐北朝南、东西走向为宜，单列式或双列式布置（张建新，2010）。建设地点选在干燥、排水良好的区域。目前我国普遍建设的羊舍为长方形羊舍，这种羊舍建造简单，设计科学合理，也可设置为棚舍结合羊舍。

（三）羊舍建筑材料

羊舍建筑材料应因地制宜，以选择经济耐用的材料为主。土块、石头、砖块、瓦片、木材等皆可作为建筑材料。有条件的地区可利于砖块、水泥修建坚固的永久性羊舍，以减少维修和劳动力等费用。

（四）羊舍地面与羊栏

羊舍地面高于舍外地面 20~25cm，羊舍入口处采取缓坡道连接，以便排水，地面为三合土地面（黏土：石灰：碎石的比例为 4：1：2）。羊栏高度不能低于 1.2m（张建新，2010）。

（五）料槽

肉羊料槽表面应光滑、平整且耐用。料槽底部为圆弧形，高约 25cm，深 16cm。每只羊采食空间为 30~40cm（张建新，2010）。

（六）运动场与水槽

每一栋羊舍需配备一个运动场，运动场一般位于羊舍南部，围墙高度1.2m；运动场铺设砖块地面，保持1.5%的向外坡度，运动场的面积大致为羊舍面积的2倍（张建新，2010）。

运动场边设水槽和活动饲槽（多用木料或铁皮制作），每只羊占位空间10~20cm，深40cm，水深不超过20cm。设计和制作时既要保证羊只自由饮食，又要防止羊只跳进槽内污染水源和饲料。

（七）羊舍门窗

羊舍门窗的设计应不影响舍内的采光与养只的身体健康。窗户面积与舍内地面面积之比为1∶12（张建新，2010），窗户距离地面约1.5m，向阳，防止贼风吹入羊舍。舍门宽度约3m，高度约2m。为避免冬季外部气温过低，可在羊舍门外设置套门。

（八）羊舍内温度与通风

冬季羊舍内温度保持在5℃以上，羔羊舍内温度不能低于10℃，产羔舍温度约为18~20℃。设置通风装置，保持足够的新鲜空气，需特别注意夏季通风，防止高温高湿使得羊群产生热应激，夏季需配备湿帘与风扇以降温。

（九）饲料储藏室与加工车间

饲料储藏室的规模应满足该羊场1~2个月的生产需求。车间地面为水泥材质并且设有防水层，室顶应结实、防晒、防漏。

饲料加工车间配备铡草机、粉碎机等（麻二军，2018）。

（十）青贮设备

每只羊每天饲喂青贮饲料大约1.5kg，青贮饲料窖一般为矩形，呈倒梯形，建设在排水良好、地下水位低的区域，此外还有青贮塔、青贮壕和青贮袋等。牧草青贮窖建筑面积依养羊场的饲养规模而设计，以每年8个月的羊群需要量进行设计。牧草青贮窖建设工艺参数如表7-2所示（林家传，2015）。

表7-2　南方农区羊场牧草青贮设施建设工艺参数

项目	牧草青贮设施建设工艺参数			
养殖规模（只）	3 000	5 000	10 000	20 000
牧草青贮量（万kg）	108	180	360	720
建筑面积（m^3）	1 800	3 000	6 000	12 000

（十一）消毒池与消毒车间

羊场大门口设置消毒池，消毒池长度不小于运输车辆轮胎周长的 1.5 倍，即 2m 以上，宽度应与门口的宽度相同，池深 10~15cm（麻二军，2018）。进入生产区的入口设置紫外线消毒间，面积约 $13m^2$。

（十二）人工授精室

较大规模的羊场一般都应开展人工授精工作，包括采精室、输精室（可合用，面积为 $20~30m^2$），设一个采精台，1~2 个输精架，精液处理室面积 $8~10m^2$（麻二军，2018）。

（十三）药浴池

池深约 1m，长 10~15m，底宽 30~60cm，上宽 60~100cm。肉羊药浴的技术要点为：①健康的肉羊先药浴，有疥癣的肉羊后药浴；②药浴前 8h 停止喂料，羊药浴前 2~3h 供应充足的饮水；③妊娠 2 个月以上的母羊不能进行药浴；④药浴时，工作人员应控制羊的前行。

（十四）堆粪场

可采用干清粪工艺，每个生产单元对应的堆粪场的面积为 $20m^2$。堆粪场建设为地上 1.5m，地下 2.5m（麻二军，2018），地面用混凝土硬化做防渗漏处理，墙面用砖砌好水泥抹面，上面设计顶棚防雨。

（十五）隔离羊舍

隔离羊舍、药浴池和堆粪场建于隔离区，隔离羊舍用于饲养隔离的病羊或等待检疫的羊只，羊舍面积 $37m^2$ 左右，运动场面积 $43m^2$ 左右（麻二军，2018）。

（十六）分群栏

为了便于对羊群进行鉴定及防疫注射，常需将羊分群，分群栏用栅栏临时隔成，将其设置成窄长的通道。通道的宽度比羊体稍宽，通道长度为 6~8m，只能单行前进，在通道两侧需要设置若干个小门，由此门的开关方向决定羊只的去路（麻二军，2018）。

（十七）补饲栏

肉羊补饲栏一般建在母羊舍的运动场，且应选在阳光充足、平坦、干燥之处。可用铁管或钢筋制成，间距 10~15cm，栅栏上设多个进出口（高 38~46cm，宽约 20cm），小羊羔可自由进出采食（麻二军，2018）。

三、羊舍养殖设备

（一）料槽、饮水器和草架

1. 料槽

羊舍内料槽主要有移动式长方形料槽、悬挂式料槽、固定式料槽和栅栏式长形料槽等。养殖户需要根据养殖肉羊的数量、畜舍的建造选择合适的料槽。常见的羊用料槽如图 7-1 所示。

图 7-1　常见的羊用料槽

2. 饮水设备

羊舍内饮水设备主要有饮水槽、自动饮水器等。选择方式同料槽。常见的羊用饮水器如图 7-2 和图 7-3 所示。

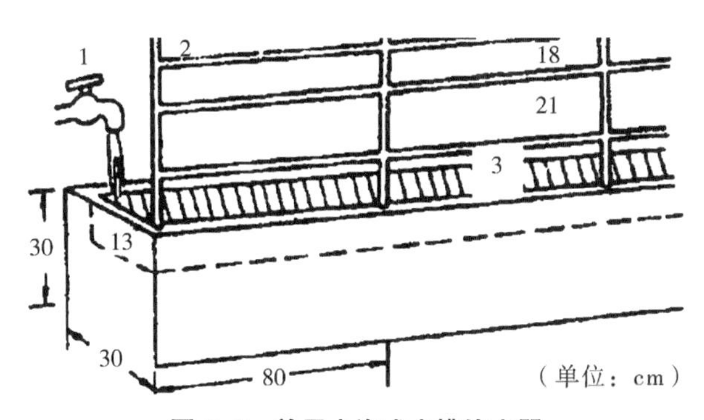

图 7-2　羊用水沟式水槽饮水器

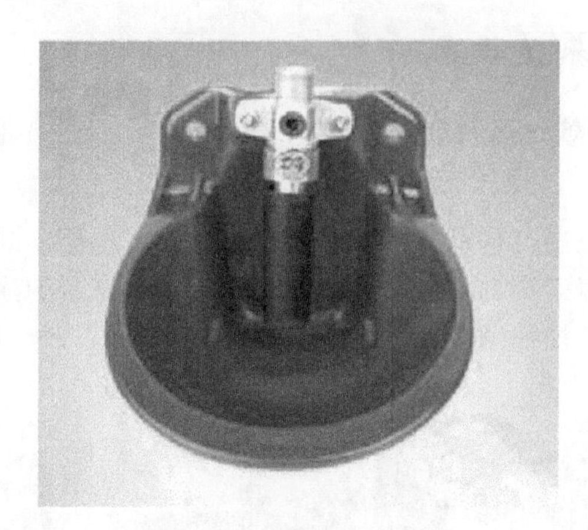

图 7-3　羊用自动饮水器

3. 草架

草架是防止羊群采食时相互干扰、造成浪费的设施。

（二）饲料加工设备

1. 常见饲草加工设备

羊场常见的饲料加工设备包括自走式牧草收割机、打捆机、铡草机、揉丝机，饲料粉碎机、饲料搅拌机和运输、装卸车辆等，如图 7-4 至图 7-8 所示。一般规模化舍饲模式的羊场以购买牧草资源为主，有能力的羊场可以自建牧草场，自建牧草场的肉羊场需要考虑以上设备。

图 7-4　自走式饲料收割机

图 7-5　打捆机

图 7-6　铡草机

2. TMR 技术设备

TMR（Total Mixed Rations），即为全混合日粮饲喂技术，是指根据肉羊不同的生理与饲养阶段的生理需要，将青贮饲料、粗饲料、精饲料和饲料添加剂等进行科学配比，并在饲料搅拌机内混合均匀后形成的一种营养均衡的全价日粮，适合规模化舍饲模式肉羊的饲养（陶声萍，2018）。

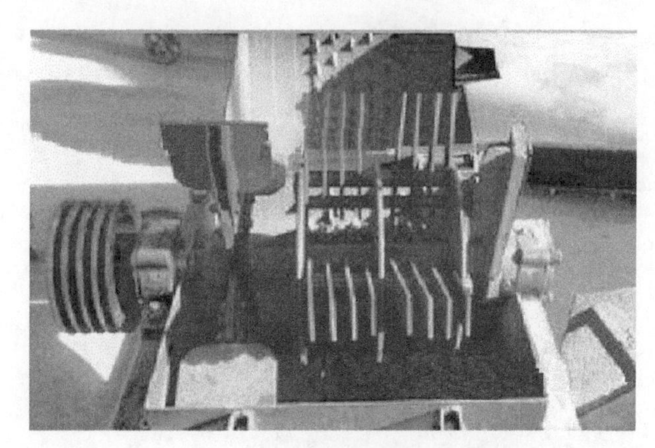

图 7-7　揉丝机

图 7-8　立式饲料搅拌机

规模化羊场需要选择合适的 TMR 设备。选择要点为：①根据羊场建筑结构、饲喂通道的宽度、羊舍的高度等选择 TMR 搅拌机的容积；②根据羊群密度、饲料干物质采食量、日粮容重、饲喂次数等选择 TMR 混合机的容积，5~7m^3 的搅拌车可供 500~3 000 头肉羊饲喂；③TMR 搅拌机有立式、卧式、自走式、牵引式和固定式等，建议使用立式 TMR 搅拌机（陶声萍，

2018)，因为立式能够保证饲料充分混合均匀，易清除剩料、机器维修方便、使用寿命长等；④TMR 饲料的放入顺序一般为，精料、干草、副饲料、全棉籽、青贮，原则为先长后短、先干料后湿料，先轻料后重料等（陶声萍，2018)；⑤搅拌时间大致为最后一批饲料原料添加完毕后再搅拌 5~10min，长度不可过长或过短，如搅拌时间过短则饲料混合不均匀，时间过长导致饲料过细，有效纤维成分不足，可以导致羊群患营养代谢病；⑥TMR 日粮的水分大致在 45%~55%（陶声萍，2018)；⑦TMR 日粮每天饲喂 3~4 次，保证料槽中 24h 之内均有新鲜的饲料。常见的 TMR 设备见图 7-9。

图 7-9　TMR 饲料搅拌机

李纪委等（2016）概况总结了 TMR 饲喂技术目前存在的一些问题，大致为：①使用 TMR 饲喂技术时肉羊精细分群饲料还存在问题，种公羊、妊娠母羊、哺乳母羊、羔羊、育肥羊群等需要针对不同的生长阶段提供不同的饲料配方，否则会造成羊群营养过剩或者营养不足；②肉羊各生长发育阶段营养需要量和饲料原料营养参数确定不够明确，不同的肉羊品种、生长环境、养殖方式等所需要的营养存在一定差异，导致了 TMR 饲料营养含量与实际标准配方存在差异，因此，为避免差异太大，有条件的羊场应定期抽样测定各饲料原料养分的含量；③TMR 设备生产的饲料质量品控环节较多，包括饲料水分含量、搅拌时间、饲料放入顺序等，养殖场需对 TMR 设备使用人员培训到位，包括一些简单有效的品控方法等，并采取一定的有效措施对生产各环节控制把握到位，同时，技术人员也要随时进行现场监督与检验，定期检查 TMR 饲料品质，保证饲料效果才能提高羊群的生产水平，提高养殖效率。

（三）药浴设施和器械

肉羊药浴设备主要为药浴池。药浴池一般由水泥筑成，形状为长方形的水沟状。池深约 1m，长 10~15m，底宽 30~60cm，上宽 60~100cm。池的入口为陡坡，出口一端用石头、砖块砌成或者栅栏围住形成储羊圈，出口一段设滴流台，羊出浴后，可在滴流台上停留片刻，使得身上的药液流回池内，羊用药浴池见图 7-10。喷淋式药浴使用也较普遍。

图 7-10　羊用药浴池

（四）饲料青贮设备

青贮饲料饲喂肉羊能够提高农作物秸秆利用率，是发展肉羊舍饲模式的有效途径，可以为养羊生产提供优质的粗饲料，且减少秸秆等资源的浪费，有利于肉羊养殖可持续发展（刘海燕，2018）。常见的青贮设备主要有：①青贮窖，多为圆形，上部大于下部，一般采用半地下式，青贮窖底须高于地下水位 0.5m 以上，以砖块与水泥制成的永久性青贮窖较为常见；②青贮塔，为圆形建筑组，由钢板、水泥、砖块等制成，小型青贮塔容积为 100m^3 左右，大型青贮塔容积为 400~600m^3；③青贮壕，为水平坑道结构，由水泥和砖块制成的永久性建筑，深度 2~2.5m，上口宽 5.5~6m，下口宽 4.5~5m，长度为 30~60m，需留出镇压机的过道；④青贮袋，由无毒的聚氯乙烯塑料构成，袋厚度为 0.8~1.0mm，颜色为外白内黑（吕贵喜，2001）。常见的青贮设备见图 7-11 至图 7-13。

青贮地选址要高燥、靠近羊舍、远离水源和粪坑等，土质坚硬，排水良好。养殖场需根据不同的养殖条件选择不同的青贮设备。

图 7-11　青贮窖

图 7-12　青贮塔

图 7-13　青贮壕

（五）其他设备

1. 自动刮粪机

羊舍常见的除粪设备包括漏粪地板、刮粪板和刮粪机等，有条件的羊场可以使用自动刮粪机，见图 7-14，可显著提高刮粪效率，节约人力成本。

图 7-14　自动刮粪机

2. 羊用采精与输精设备

规模化羊场需要对种公羊进行人工采精与对种母羊进行人工输精，即人工授精技术。种公羊人工授精是指用一定的器械采集公羊的精液，经过精液品质鉴定、稀释等一系列操作之后再将精液输入发情母羊的生殖道内，使母羊受胎而产犊羊。采用人工授精技术可以扩大优良种公羊的利用率和使用潜能，充分发挥其生产潜能，并且还能节省购买和饲养种公羊的费用，从而节省成本。同时人工授精技术可以提高母羊的受胎率，减少疾病传播的几率，羊群更加健康。因此，该技术适宜在南方农区推广使用，养殖户需购买一些人工授精器械，如羊用采精架、羊用输精架、输精器等，见图 7-15 至图 7-17。养殖人员在人工授精时一定要彻底地对器械、公羊与母羊、输精室进行消毒。

3. 羊用断尾钳

羊用断尾钳是用于羔羊断尾的手术器械。用断尾钳断尾时，首先要准备两块 20cm 见方的木板。一块木板的下方挖一个半月形的缺口，木板的两面钉上铁皮，另一块两面钉上铁皮即可。操作时，一人把羊固定好，两手分别

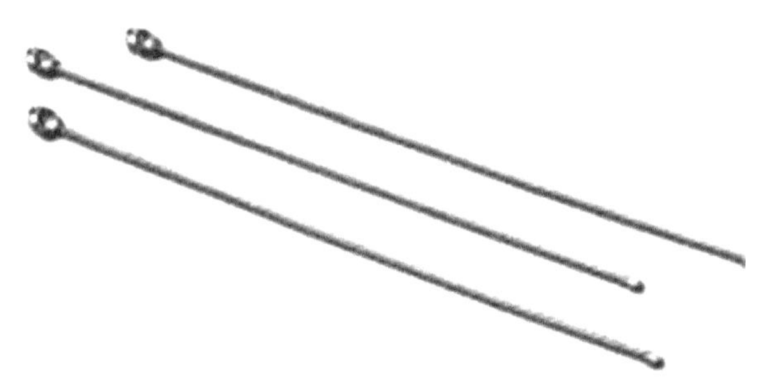

图 7-15　羊用输精器

图 7-16　羊用采精架

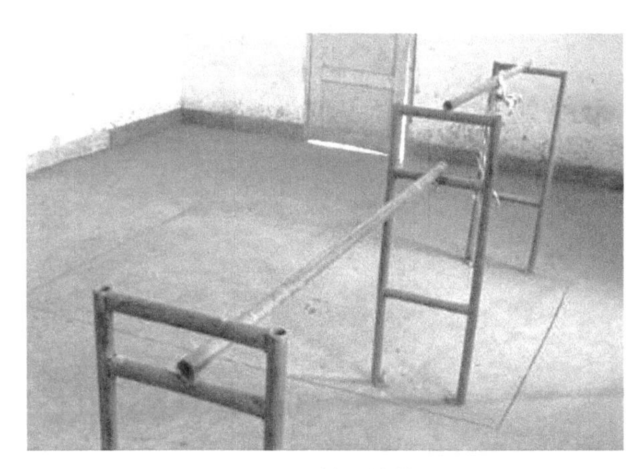

图 7-17　羊用输精架

握住羔羊的四肢，把羔羊的背贴在固定人的胸前，让羔羊蹲坐在木板上。操作者用带有半月形缺口的木板，在尾根第三四尾椎间，把尾巴紧紧地压住。用断尾钳紧贴木块稍用力下压，切的速度不宜过急，然后用碘酒消毒。羔羊断尾有利于育肥期生长和改善羊肉品质。图 7-18 为羊用断尾钳。

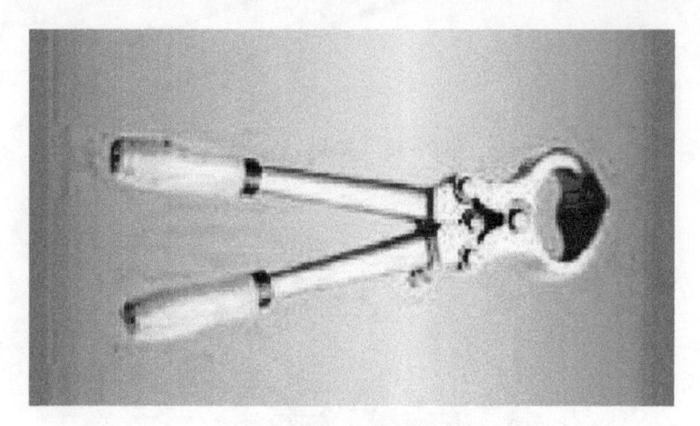

图 7-18　羊用断尾钳

4. 羊用去势钳

羊用去势钳是用于育肥公羊去势（又称阉割）的手术器械，见图 7-19。通过隔着家畜的阴囊用力夹断动物精索的方法达到手术目的。

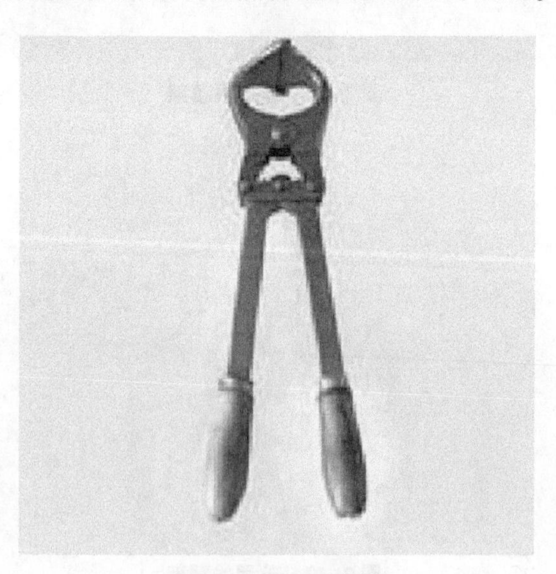

图 7-19　羊用去势钳

5. 羊用耳标

羊用耳标是指加施于羊耳部的证明羊只身份、承载羊只个体信息的标志。可以跟踪监测羊从出生、屠宰、销售到最终消费的整个过程。使用羊用耳标有利于羊场疾病控制、安全生产且便于国家对畜产品的安全监管。图7-20为羊用耳标。

图7-20　羊用耳标

四、不同养殖模式羊舍建设

（一）“1235”养羊模式

1. “1235”养羊模式概念

概念为：1个农户，饲养20只繁殖母羊，补充3亩青饲料，年出栏商品羊50只以上，年养羊收入达到3万元以上（杨祖林等，2012）。

2. “1235”养羊模式羊舍设计

“1235”养羊模式羊舍设计参照图7-21（杨祖林等，2012）：

3. “1235”养羊模式投资与生产概算

杨祖林等（2012）计算得出：“1235”养羊模式总投资概算约34 000元，其中：①羊栏约15 000元。②机械。饲料粉碎机约3 000元。③能繁母羊。购买能繁母羊约20只，约16 000元。

“1235”养羊模式总生产概算：年收入约30 000元，饲养能繁母羊20只，一年繁殖56只，育成50只，年出栏50只，销售额约40 000元，扣除饲料、医药等成本，年纯收入约30 000元，适合农区个体养殖。

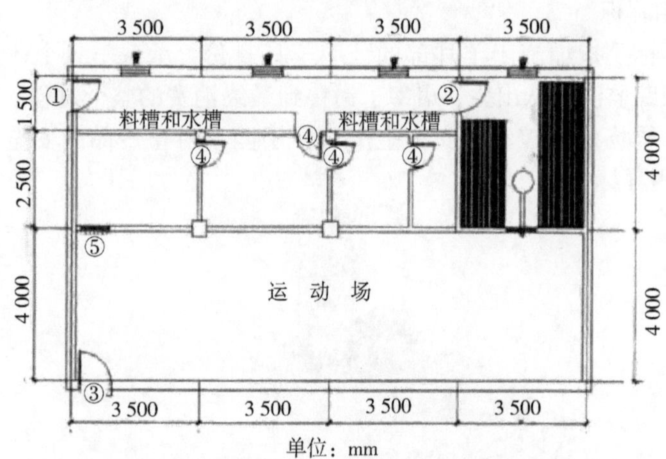

单位：mm

1. 门：①过道门800mm×1 900mm；②栏间门700mm×1 200mm；③运动场门900mm×1 300mm；④进栏门700mm×1 000mm；⑤栏出入口800mm×1 200mm。2. 窗800mm×600mm（离地高900mm）

图 7-21 “1235”养羊模式羊舍设计图纸

（二）发酵床养殖模式

1. 发酵床垫料准备

养羊发酵床垫料层厚度一般略低于猪圈发酵床厚度，厚度过大会导致垫料湿度过大，羊群容易患肢体病、关节炎等，30~40cm 即可。垫料可以采用单独使用锯末或者锯末、稻壳、秸秆相结合的方式，垫料碳氮比大于 25∶1 为宜（付艳芳等，2019），常见垫料原料的碳氮比可参照表 7－3（NY/T 3048—2016）。垫料原料要透气性好、吸水性好、耐腐蚀、适合菌种生长，腐烂、霉变或者含防腐剂的垫料不能使用。另外，南方农区冬季气温低，较寒冷，养殖户根据生产需要可以在垫料中添加一些麦麸、稻壳粉、饼粕等材料来确保垫料发酵的效果（付艳芳等，2019）。

表 7-3 常用垫料碳氮比

垫料	碳（C）/%	氮（N）/%	碳∶氮（C∶N）
杂木屑	49.18	0.10	491.80
栎木屑	50.40	1.10	45.80
锯末	58.40	0.12	486.67
棉花秆	55.65	0.50	111.30
稻壳	36.00	0.48	75.00

（续表）

垫料	碳（C）/%	氮（N）/%	碳：氮（C：N）
稻草	42.30	0.72	58.70
麦秸	46.50	0.48	96.90
玉米粒	46.70	0.48	97.30
玉米芯	42.30	0.48	88.10
豆秸	49.80	2.44	20.40
野草	46.70	1.55	30.10
甘蔗渣	53.10	0.63	84.20
棉籽壳	56.00	2.03	27.60
麦麸	44.70	2.20	20.30
米糠	41.20	2.08	19.80
啤酒糟	47.00	7.00	6.70
豆饼	45.50	6.71	6.80
花生饼	49.00	6.32	7.75
菜籽饼	45.20	4.60	9.80

2. 发酵床菌种准备

发酵菌种选择目前暂无标准，可以采用土著菌，或购买成品菌种。羊舍发酵菌种的选择要点主要有两点：一是发酵菌种要有高效的除臭功能，二是发酵菌种的活性要高，生长迅速，这样才能保证发酵床长时间使用，不会发生“死床”等问题，如乳酸菌、芽孢杆菌、酵母菌等。选购成品时要选择正规单位生产、包装规范、菌种色味纯正、验证效果好并适合当地气候的菌种。菌种使用前应适当稀释。

3. 发酵床垫料铺设

首先，在发酵床羊舍底部铺设底层垫料，如玉米芯、碎秸秆等，约10cm厚，然后均匀洒上稀释好的菌种，再在中间铺设木屑、稻壳等垫料原料，再均匀撒上发酵菌种。最后铺设上层垫料，使得发酵床体厚度达到约40cm。使用旋耕机将菌种与垫料充分混合，使其完全腐熟后，发酵床即制作完成。有条件的可适当喷洒红糖水（可按 $70m^2/kg$ 备用）。垫料腐熟后，即可进羊。

4. 发酵床羊舍建造要点

发酵床羊舍可与与普通舍饲模式羊舍一致，或可以由育肥羊舍改造成发酵床羊舍。建议育肥羊的发酵床在春、夏、秋季用30cm左右的原位发酵床，冬天加厚到 40~50cm，这样既可以减少羊得关节病的几率（付艳芳等，2019），又能保证冬天能发酵成功。

5. 发酵床羊舍饲养密度

采用发酵床养殖肉羊的饲养密度不能过大，应低于普通舍饲模式饲养密度，因为密度过大会使得单位面积上羊排出的粪和尿量过大，使得发酵床体湿度过高，影响菌种活性与发酵效果。同时，粪尿量过大会导致营养物质过多，微生物无法充分发酵分解这些粪尿，长期下去使得发酵床使用寿命变短，同时密度过低也影响发酵床养殖效果。推荐的密度为：羔羊每只占地 0.8~1.0m^2，成年羊每只占地 1.2~1.5m^2。同时，养殖户需根据发酵床使用效果与羊只生长发育的不同阶段及时调整养殖密度（赵立君，2015）。

（三）高架养羊模式

高架养羊每平方米的羊床可以饲养肉羊 3 只以上，提高了饲养密度和养殖效率，羊群可以在高架床上自由活动，且可以实现羊群与粪尿分离，减少疾病的传播，且降低了湿度，适合羊群生长（濮存全，2016）。

1. 高架养羊羊舍建设

高架养羊场区内的生活管理区、生产辅助区、生产区和隔离区等的设计见本章（一）羊场场址选择与功能区布局。养羊高架材料为木梁，设计为三角结构，羊舍屋顶为瓦椽结构。羊舍坐北朝南，长度不超过 40m，羊舍宽度为 5m（双列式）、7.5m（三列式）、10m（四列式）（董涛等，2019）。

2. 高架养羊设施与设备

（1）羊高架床。高架床材料可以选木条、竹板或者漏钢板等，综合成本、舒适度等因素，推荐采用木条材料。羊床用木条钉制时，木条厚度约 3cm、宽度约 4cm、长度根据需要确定，木条间距 1.8~2cm，龙骨用 5cm×10cm 的木条，缝隙宽要略小于羊蹄的宽度。羊床架高离地 60cm，长度约 40m，木条之间间距为 1.5~2.0cm（濮存全，2016）。

（2）羊舍栅栏。栅栏材料为钢管。栅栏围成羊笼，高度 1m，宽度 1.5m，长 3m（董涛等，2019）。

（3）羊舍水槽与料槽。水槽为自动饮水器，固定于羊床漏尿板正上方，高度以羊可以自由饮水为宜。料槽用白铁皮制成，底宽 17cm，口宽 32cm，高 17cm，或用内径 30~40cm 的 PVC 管，从中间剖开，两个半边均可作料槽（董涛等，2019；濮存全，2016）。

（4）羊舍承粪池。羊床下设置水泥制成的承粪池，深度 40~50cm。在承粪池中建粪尿分离设备。粪尿分离设备为将承粪池底部建成圆弧形状，在最低处安装 1.0~1.5cm 的排尿管道，排尿管道与大的污水处理池相连，同时在羊舍的下风向处建设一个蓄粪池，用于贮存羊粪（濮存全，2016）。

（5）运动场。高架养羊同时要设置运动场，以增强肉羊体质，提高抵抗力。南方农区土地资源较少，需保证运动场面积至少为羊舍面积的 2 倍以上，每只羊至少有 $2m^2$ 以上的活动空间，运动场向阳、干燥、排水条件好（徐国庆等，2014）。

（6）其他配套设备。羊舍重点做好夏季遮阳网防暑，冬季门窗及运动场塑膜防寒保暖。可配套无动力通风球用于排风（徐国庆等，2014）。

五、南方农区肉羊舍饲模式评价体系

为方便评价南方农区舍饲模式的养殖效果，针对肉羊舍饲模式的畜舍建筑类型、料槽、羊舍地面、羊舍隔栏、运动场、饮水设施、羊群分群与饲养密度和强制运动等，引用武启繁（2019）的《基于层次分析的南方地区山羊舍饲评价体系》中的评价方法并作一定的修改，其内容如表 7-4 所示。

表 7-4　基于南方农区舍饲模式畜舍设计等指标评分标准

评价指标	评价细则	评价分值	总分值
畜舍类型	（1）封闭式羊舍（有窗户）、半开放式羊舍、棚式羊舍、发酵床羊舍、高架羊舍等。	8.6	12.6
	（2）羊舍地面与运动场地面高度差不低于 70cm。	1.4	
	（3）羊舍檐高度大于 2m	2.6	
料槽	（1）采食空间可供所有羊同时采食，羊群采食不拥挤。	0.7	1.6
	（2）采食面比羊群站立地面高 10cm，羊群可轻松采食。	0.1	
	（3）产羔舍有补饲栏和围栏。	0.6	
	（4）没有或有较少的饲料浪费	0.1	
羊舍地面	（1）羊舍设置有漏粪地板、刮粪板和刮粪机，或高架养羊，其中漏粪地面宽度较大或者较小均扣分。	4.3	6.9
	（2）①羊舍地面为实体砖块地面； ②羊舍地面为混凝土地面； ③羊舍地面为土块地面	1.4 0.9 0.3	

（续表）

评价指标	评价细则	评价分值	总分值
羊舍隔栏	（1）羊舍和运动场为通风隔栏，高度大于120cm，缝隙宽度小于15cm。羊群不会卡在缝隙中，不会跳出料槽。	0.9	2.0
	（2）通风性隔栏，高度低于120cm，缝隙宽度大于15cm，时有卡羊、跳槽等现象发生。	0.6	
	（3）运动场隔栏为实体墙面隔栏，高度合适。	0.4	
	（4）运动场为实体墙面，高度不适合，影响通风	0.1	
运动场	（1）①羊舍设有运动场； ②运动场面积为羊舍面积2倍以上； ③夏季有运动场遮阳、通风设施； ④运动场地面有一定坡度，防水与防滑效果较好。	1.4 0.3 0.4 0.4	2.4
	（2）无运动场	0	
饮水设施	（1）肉羊水源为自来水或者流动的地下水，饮水洁净，经检验合格，清洁度较差的水源适当扣分。	3.4	6.7
	（2）水槽需要每日更换、洗刷，如被羊粪污染，有泥垢、青苔等需酌情扣分。	2.0	
	（3）①夏季提供清凉饮水，冬季提供恒温饮水； ②仅提供常温饮水	0.7 0.6	
羊群分群管理	（1）科学分群：羊群分育成羊、育肥羊、空怀母羊、妊娠母羊、哺乳母羊与种公羊。	13.9	37.3
	（2）羊群分育成羊、育肥羊、空怀妊娠羊、哺乳母羊与种公羊。	12.4	
	（3）羊群分为育成羊、育肥羊、母羊群与公羊群	11.0	
饲养密度	种公羊：每只3.0~5.0m^2。 母羊：每只1.5~2.0m^2。 妊娠母羊：冬季产羔母羊每只2.0~2.5m^2；夏季产羔母羊每只1.0~1.5m^2。 哺乳母羊：每只2.0~2.5m^2。 育肥羊：每只0.8~1.0m^2。 幼龄羊：每只0.5~0.6m^2。 低于饲养密度适当扣分	11.3	11.3
强制运动	（1）种用羊群每日有强制运动，时间不低于1h。	1.6	3.3
	（2）种用羊群每日有强制运动，时间低于1h。	1.1	
	（3）种用羊无强制运动或者仅在羊舍内运动	0.6	

（续表）

评价指标	评价细则	评价分值	总分值
粪污处理	（1）羊舍地面与运动场内每日及时清理粪便，羊床干净清洁，无羊粪堆积，羊群体表无羊粪。	4.4	9.9
	（2）羊舍地面与运动场内每日及时清理粪便，羊床有少量羊粪堆积，羊群体表无羊粪。	3.4	
	（3）羊舍地面与运动场内粪污处理不及时，粪污堆积较多，羊群体表有粪尿等	2.0	
羊舍消毒	（1）羊舍与运动场等区域每2周消毒一次。	2.4	6.1
	（2）羊舍与运动场等区域每4周消毒一次。	1.7	
	（3）羊舍与运动场等区域每半年消毒一次。	1.3	
	（4）羊舍与运动场等区域基本不消毒	0.7	
			100

养殖人员可针对表7-4中的细则对羊场内畜舍建筑类型、料槽、羊舍地面、羊舍隔栏、运动场、饮水设施、羊群分群与饲养密度和强制运动等进行打分，该项目累计分值为100分，低于该值可酌情扣分，最后进行总目标评价分，按照表7-5进行等级划分，基于此可找出羊场存在的问题并提出改善建议（武启繁，2019）。

表7-5　总目标评价等级划分

项目	得分	评价等级
1	分数<70	较差
2	70≤分数<80	中等
3	80≤分数<90	良好
4	90≤分数<100	优秀

第三节　总　结

养羊模式的选择与羊舍建设是养好肉羊重要的步骤之一，根据自身条件选择适宜的养羊模式并且建设好羊舍可以减少不必要的预算与开支，这其中需要非常多的需要考虑的环节，比如羊舍材料的选择、肉羊的饲养密度、如何处理建设合适的粪污处理设备、购买一定数量的养羊设备等，养殖人员需要认真考虑并结合一些专家的意见，建设好适宜羊群生长、羊场建设投资合理且环境友好型牧场，才能大力发展肉羊的生产力，带来一定的经济效益。

参考文献

陈西风，杨刚. 2019. 舍饲羊群的科学管理［J］. 养殖与饲料（10）：32-34.

董涛，任应高，单留江，等. 2016. 高架养羊的关键技术［J］. 农村百事通（10）：35-37.

董飞. 2019. 肉羊规模化养殖的关键技术及应用［J］. 养殖与饲料（10）：37-39.

付艳芳，杨丹. 2019. 发酵床养羊的制作方式及注意事项［J］. 北方牧业（15）：20.

胡延杰. 2019. 浅议农村肉羊养殖存在的问题及对策［J］. 中国畜禽种业，15（12）：98-99.

吕贵喜. 2001. 常用青贮设备［J］. 四川畜牧兽医（6）：40.

林家传. 2015. 福建省湖羊舍饲规模化养殖新工艺模式探讨［J］. 黑龙江畜牧兽医（12）：59-61.

李纪委，赵俊，赵本领，等. 2016. TMR 饲喂技术在肉羊养殖中的应用［J］. 安徽农业科学，44（9）：124-125，179.

刘海燕，王秀飞，王彦靖，等. 2018. 秸秆青贮饲料在我国肉羊生产中的应用研究［J］. 饲料广角（3）：38-39，44.

刘文斌. 2019. 肉羊养殖中存在的问题及对策［J］. 今日畜牧兽医，35（10）：51.

麻二军. 2018. 浅谈规模羊场的基础设施建设［J］. 农业技术与装备（2）：95-96.

濮存全. 2016. 农区规模化肉羊高架舍饲新技术要点［J］. 当代畜牧（6）：4-7.

陶声萍. 2018. 肉羊全舍饲 TMR 饲喂技术［J］. 现代农业（7）：80-81.

武启繁. 2019. 基于层次分析的南方地区山羊舍饲评价体系［J］. 畜禽业，30（10）：18-22，24.

徐国庆，王宏民，张程. 2014. 肉羊规模化高架舍饲养殖技术研究［J］. 湖南农业科学（19）：33-35.

肖登科. 2019. 养羊场规划设计要求［J］. 湖北畜牧兽医，40（10）：

26-27.
杨祖林，饶正超，刘新兵，等. 2012. “1235”养羊模式应用推广及经济效益分析［J］. 湖北畜牧兽医（8）：14-15.
张建新. 2010. 肉羊规模健康养殖场建设方案［C］. 中国畜牧兽医学会养羊学分会. 中国畜牧兽医学会养羊学分会全国养羊生产与学术研讨会议论文集，38-40.
张作仁. 2010. 创新山羊养殖模式 推进山羊产业发展——十堰市推广山羊“1235 饲养模式”的实践与成效［C］. 中国畜牧兽医学会养羊学分会. 中国畜牧兽医学会养羊学分会全国养羊生产与学术研讨会议论文集，537-538.
赵立君. 2015. 发酵床养羊的优点及其工作原理［J］. 现代畜牧科技（2）：16.
赵政，陈剑. 2018. 浅析淮安市肉羊的科学饲养管理［J］. 中国畜牧兽医文摘，34（6）：164-165.
中华人民共和国农业行业标准. 2016. 发酵床养猪技术规程［S］. NY/T 3048-2016. 北京：中国农业出版社.

第八章　南方农区舍饲肉羊环境控制与福利生产

动物福利问题关注的是动物死亡之前所发生的事件，也就是如何更好地对待屠宰前的动物，包括如何对待生命最后阶段的动物，以及动物所处的环境和动物的处死方式。影响南方肉羊福利生产的环境因素不是单方面的，而是复杂的，多方面的。包括温热环境、光环境、空气环境、噪音、防疫工作、饲养密度、人为因素和贸易壁垒等。这些因素长期的、不间断的影响羊只，对羊只有持续的慢性应激，在畜禽生产过程中，慢性应激不会立即导致个体发病，而是首先引起个体的心理不适（即不舒适感），长时间的心理不适则会引发机体对病原微生物的抵抗力下降，同时机体的免疫力下降，而下降的免疫能力又导致个体易感，易感的个体表现出疾病的频发。如果养殖场对产生疾病的羊只进行药物治疗，那只会治标不治本，没有从环境的根源解决动物慢性应激产生的问题，这些疾病会周而复始的发生。从动物福利角度看，这是由于环境条件恶化而导致的福利恶化过程。养殖场只有充分考虑羊只的生存环境，按照动物福利的五大自由，即满足动物在屠宰之前的生存权利，尊重动物的“自然性”，充分考虑羊只的身体健康、环境健康和心理健康情况，把散养和有机养殖相结合，也就是放养或舍饲且有户外运动场，并提供充足的庇护场所，尽可能采用自然光照和自然通风，保证空气质量，足够的活动空间和充分的运动，提供垫料或垫草，丰富生存环境，使肉羊生产更加自然和健康。现在越来越多的人注重福利产品、绿色产品、有机产品，养殖场注重肉羊的福利生产可获得更多的福利产品，提高经济效益。

第一节　南方农区舍饲肉羊的环境控制

一、温热环境

（一）温度

冬季产羔羊舍最低温度保持在10℃以上。山羊舒适温度13~27℃，绵羊舒适温度 5~25℃。据 Curtis（1983）报道，当环境温度为 12℃时，绵羊通过呼吸消耗身体 20%的能量，当环境温度高于 35℃时，通过提高呼吸频率，消耗的能量约为 60%。当环境温度较高时，动物会大量出汗排出体内多余的热量和水分，随着汗液的排出，体内的氯离子也排出，而氯离子能刺激胃酸的分泌，会造成胃酸分泌减少，加之动物大量饮水补充失去的水分，胃酸又一次稀释，影响动物的胃肠道消化和蠕动。

1. 温湿度指数（THI）

温湿度指数（THI）采用环境空气温度和相对湿度的公式计算（Tucker 等，2008）：

$$THI=(1.8\times T+32)-[(0.55-0.0055\times RH)\times(1.8\times T-26)]$$

式中，T 表示温度，RH 表示相对湿度

据报道，随着 THI 的升高，藏绵羊和山羊的干物质采食量（DMI）和平均日增重（ADG）降低，料重比增高，血清葡萄糖（GLU）及非酯化脂肪酸（NEFA）降低，促肾上腺皮质激素（ACTH）先升高再降低，皮质醇（COR）升高，生长激素（GH）和胰岛素样生长因子-1（IGF-1）先升高再降低（张灿，2016）。温湿度指数是评价动物热应激的指标。这在下文热应激部分会详细介绍。

根据动物对环境做出的反应，温热环境可以划分为三个区域：热应激区，冷应激区，温度适中区。研究发现高于温度舒适区的临界值为热应激区，低于温度舒适区的临界值为冷应激区。

2. 热应激

当环境温度高于羊群的温度舒适区的临界值时，羊群会产生热应激。在夏季动物饲养密度大，羊舍的降温设施不是很完善，缺少排风扇和降温系统，造成了动物的热应激。当外界环境温度超过温度适中区的临界值时，动物就会出现热应激现象，动物的呼吸频率加快，机体维持能量需要量增加 7%~25%，会导致动物的生产性能降低，身体的免疫力下降，严重时还可导致动物休克死亡（张灿，2016）。据 Marai（1997）研究表明，羔羊在夏季的日增重显著低于冬季。在高温条件下，机体不能保持内环境的稳定，动物的直肠温度会升高。当山羊直肠温度高于 42℃时，动物会有生命危险。恒温哺乳动物的皮肤是内外环境热量交换的主要部位，并且随着温度的升高，散失到外界的热量增多，当羊只受到热应激时，体表温度会升高。当环境温度过高时，羊只呼吸频率加快，喘气量减少，肺中的二氧化碳浓度降低，碳酸的浓度减少，破坏了血液中的离子平衡，致使碳酸盐和碳酸氢盐的平衡被打

破，影响 pH 值，造成羊只的呼吸碱中毒（Schneider 等，1988）。在湿热的环境下，羊群的基础代谢水平增高，采食量降低，胰岛素增加，血糖降低，羊群为了维持机体的能量平衡，脂质合成代谢增加，糖异生代谢增强，免疫球蛋白浓度（IgA、IgG、IgM）降低，免疫能力降低（张灿，2016）。热应激可影响动物的发情周期、受胎率、子宫的相应机能和胎儿的发育情况。据 Ulberg 等（1976）研究表明，当母牛连续 72h 处在 21.1℃，母牛的受胎率为 48%，当母牛处在 32.2℃，直肠温度为 40℃时，母牛的受胎率为 0%。据 Stott 等（1985）研究表明，羊群妊娠期所处的环境温度较低，羊只的直肠温度较低时，羊羔出生重较高，成活率较高。

根据上文的温湿度指数，当 THI≤70，动物不发生热应激；THI 为 71~74，动物处于适当的热应激；THI 为 75~78，动物处在严重热应激；THI 为 79~85，动物处于极严重热应激；THI>86，动物有生命危险（Tucker 等，2008）。

3. 冷应激

当环境温度低于羊群的温度适中区的临界值时，羊群便会产生冷应激。环境寒冷，缺少供暖设备，羊群呼吸心跳脉搏减弱，尤其是冬季出生的羔羊，母体环境较为温和，有足够的营养物质，当胎儿出生后，周围较为寒冷，羔羊一时适应不了严寒，产生冷应激。寒冷的空气刺激羔羊的呼吸系统，白细胞的吞噬能力下降，损害呼吸道上皮黏膜细胞。羔羊刚出生，皮毛的御寒能力不足，冷气侵入脾脏肠道，而且有的母羊体质较弱，羔羊吃到的初乳较少，获取的免疫球蛋白较少，继而通过人为的补饲，80%的羊羔会出现消化不良，致使羔羊拉稀，或者死亡（杨会芹，2006）。据刘兴伟等（2010）研究报道，冬季妊娠母羊舍要达到 5℃以上，已产羔母羊舍要达到 8℃以上，否则会有冷应激。

4. 温度适中

在温度适中区，山羊舒适温度 13~27℃，绵羊舒适温度 5~25℃（Curtis，1983），动物的各项基础代谢指标正常，内外环境平衡，免疫力较强，可维持正常体温，摄入的热量和消耗的热量相一致，动物感到舒适。在此温度环境中，羊只才会有更高的生产繁殖性能。

（二）相对湿度

相对湿度是指空气中实际水汽压与同温度下饱和水汽压的百分比（%），表示空气中的潮湿程度，相对湿度越大，空气越潮湿。山羊的舒适湿度为

60%~70% RH（Mishra 等，2009）。南方梅雨季节到来时，阴雨连绵，空气相对湿度较大，有足够的空气和水分，各种细菌和微生物滋生，同时羊群在该环境下热量蒸发，羊群没有足够的热量御寒，潮湿的环境会导致跛足、烂蹄、肢蹄损伤，影响羊群的健康。

冬季羊舍为了保温，加入相应的保暖设备，没有很好的通风换气，羊舍内外温差较大，舍内空气湿度饱和，多余的水蒸气会凝成露水分散于草垫、饲料、墙壁、窗户，加大了羊舍环境的污染。

当步入夏天，羊舍相对湿度过低，羊群皮肤和外露的黏膜发生干裂，呼吸道表面水分不足，防卫能力减弱，使病原微生物突破第一道防线进入肺部，引发肺炎，继而引起败血症等疾病。

（三）气流速度

气流速度是舍内通风换气的重要指标。气流会加速空气水分和有害气体的散失，夏季可以通过安装排风扇等带走羊群体表的温度，利于散热，起到降温的作用（杨少超，2019）。据任春环等（2015）相关文献报道，羊舍通风换气前与通风换气后相比，空气温度降低了 1.23℃，相对湿度降低了 4.04%，NH_3质量浓度降低了 0.29mg/m^3，CO_2 体积分数降低了 0.02%。在只考虑 CO_2 时，通风量以 3 000m^3/h 为宜，在只考虑 NH_3时，通风量以 6 000m^3/h 为宜，综合各方面包括有害气体浓度，粉尘数量等考虑，环境温度较低时，通风量以 3 000m^3/h 为宜，在光控条件下，环境温度较高时，通风量以 6 000m^3/h 为宜（林昌龙，2016）。冬季成年羊 0.6~0.7m^3/(min・只)，育肥羔羊 0.3m^3/(min・只)；夏季成年羊 1.1~1.4m^3/(min・只)，育肥羔羊 0.65m^3/(min・只)（许鑫，2015）。适宜的通风能够降低羊群的呼吸道感染，使羊群保持干燥的皮毛，提高羊群的免疫力。

（四）改善温热环境的福利措施

1. 增加羊场的绿化面积

在羊舍四周种植一些高大的乔木或者阔叶树木，具有隔热防寒的作用，能使羊舍冬暖夏凉，还可以改善空气，减少粉尘、毛发的污染，降低羊群呼吸道的发病率。

2. 适量的通风

夏季可采用自然通风和风扇等降低舍内的温度；这些降温设施能够降低夏季羊舍的温度，同时增加羊舍的湿度，降低粉尘和蚊虫的密度，使羊群生活得更舒适。冬季温度保证在 5℃左右，要注意门旁设有防风塑料薄膜，窗户要关闭，以防“贼风”进入，使羊群感冒（孙冬梅，2015）。

3. 适量饮水

一般羊舍采用自动饮水设备，采用科学的安装和调试，使得位置和高度供不同的羊群饮用，每天检查是否漏水。夏季天气炎热，羊群需要排出过量的水分才能保持机体内外环境的平衡，羊舍需要给羊只提供足量的饮水，如果条件允许，还可以在水中加入适当藿香以减少羊只中暑（杨晓峰，2014）。冬季羊群要饮用加热过的水，防止饮水过凉对羊群造成冷应激，引起消化道疾病。妊娠母羊饮水的水温尽量加热到30℃，可增加妊娠母羊的采食量，提高胎儿的成活率（刘兴伟等，2010）。

4. 顶棚设备

夏季太阳光较强烈，可以在羊舍顶部增加防晒网，或者在羊舍顶部涂有浅色的涂料以减少对太阳光的吸收起到降温的作用（袁麟，2019）。冬季可以用苇板作为羊舍的保温材料（图 8-1），以防冬季羊舍舍顶结水珠滴落对羊群造成冷应激（赵云辉等，2016）。

图 8-1　装有苇板的羊舍

5. 增加设备

炎热夏季应该做好防晒降温工作，饲槽线上设置喷淋、排风扇、冷风机，喷淋与风扇相结合：0.5min 喷淋+4.5min 吹风，喷淋时要注意通风，防止舍内闷热；羊舍可增设喷帘降温、湿帘降温系统，利用帘幕内的冷水循环，带走舍内的温度。冬季可增加供暖设备，如油汀式电暖气使羊舍增温。有相关报道，冬季江淮地区羊舍舍外温度为3℃左右，相对湿度为75%左右，舍内增加供暖设备后，舍内平均温度为10℃左右（任春环等，2015）。

6. 饲养密度

详细说明见下文。

二、光环境

（一）光照

羊舍要向阳，利于羊生长发育和尽可能地利用太阳辐射的小环境。夏季如若阳光过于灼烈，可采用隔热采光板。据林昌龙（2016）研究表明，光控舍内强度需小于1lx，在无光控的自然光下也要达到此要求。羊只能够利用光照使体内松果体分泌褪黑色素，能够影响羊只对饲料的消化吸收利用率，提高羊绒的产量，对睡眠、生殖机能、免疫调节、肉产量有重要作用。

（二）羊舍采光

羊舍需要充足的阳光，一般采用自然光照，舍内地面坡度1%~2%，入射角要大于25°，透射角要大于5°；窗户有效采光面积与舍内地面面积之比，即采光系数：成年羊舍为1∶(15~25)，高产羊舍为1∶(10~12)，羔羊羊舍为1∶(15~20)（许鑫，2015）。

三、空气环境

（一）空气细菌密度

当舍内饲养羊只过多，没有合理通风换气，卫生条件不好，一些排泄的粪便尿液没有及时清理，或者一些生病的羊只没有隔离观察治疗时，空气中的细菌密度便会增多，会随着空气中的各种成分进入羊只的呼吸道和消化道，损害羊只的肺部和各个消化器官，甚至会群居性发病。

空气中的细菌主要是通过三种传播途径传播：空气中的细菌致病微生物黏附羊只的呼吸道黏膜，通过飞沫、唾液经过呼吸系统传播给其他羊只；空气中的细菌致病微生物黏附于粉尘等微粒传播；空气中的病原微生物会通过气溶胶传播，当空气中水分较少时，会加大粉尘气溶胶传播给羊只的可能性。

细菌密度的范围：按照国标没有对羊群的具体介绍，牛群和羊群相比较有类似的地方，可参照牛群的细菌密度 2×10^4 个/m³，有相关文献报道，河北夏季不同地区规模羊舍测得的细菌密度分别为 6.23×10^3 ~ 9.78×10^3 个/m³、5.05×10^3 ~ 6.56×10^3 个/m³、6.05×10^3 ~ 7.51×10^3 个/m³，所以羊舍的细菌密度要低于 2×10^4 个/m³（单春花等，2020）。

（二）舍内有害气体浓度

羊舍内由于饲养密度过高，通风不良，动物的排泄物没有及时清理掉，会使氨气浓度，一氧化碳、二氧化碳、甲烷、硫化氢等浓度升高，严重影响动物的生长生产性能，引起动物的慢性应激。甲烷和二氧化碳主要是羊群反刍嗳气时产出，也是不容忽视的危害气体。当空气中氧气充足，如果动物的机体免疫不是特变强壮，肺部对氧气的吸入量减少，空气中的刺激性气体如氨气、一氧化碳等会刺激肺泡，引起腹部水肿。动物的皮肤、呼吸道上皮黏膜等是动物免疫系统的第一道防线，当动物呼吸时，黏膜上的纤毛会粘连空气中的大分子成分，避免随着气流流进呼吸道，进而保护动物机体。而纤毛的粘连功能取决于黏膜的 pH 值。大量研究结果表明，当畜舍空气中氨气浓度高于 25mL/L 时，便会刺激动物的肺部，产生病变。当氨气浓度为 35mL/L 时，动物会出现传染性鼻炎。当空气中氨气浓度过高时，黏膜的 pH 值会升高，这就破坏了机体的第一道防线，一些空气中的大分子，致病微生物会随着呼吸道进入机体，造成支气管黏膜损伤，继而引起机体的溶菌酶降低，影响动物机体的第二道防线，一些吞噬细胞数量过少，无法吞噬大量的外界有害物质，危害肺泡。硫化氢带有臭鸡蛋气味的气体，过量的硫化氢会引起呼吸道感染，肺炎，水肿等疾病，动物会出现食欲减退，呕吐和腹泻。据相关报道，夏季因通风不畅，气体不流通，会导致舍内硫化氢含量较高，鸡舍的硫化氢浓度要低于 10mg/m³（陈洪，2012）。

（三）粉尘气溶胶

畜舍内沾有水的垫草，垫料长时间得不到清理，羊群蹄肢，身体表层皮脂腺分泌的物质没有及时清理消毒，便会滋生微生物，这些微生物与动物排泄物中的微生物经过空气中气流的传播，弥漫在空气中就形成了粉尘气溶胶。直径 50μm 以上的粉尘肉眼可见；直径 50μm 以下的粉尘可停留在支气管黏膜上；直径10μm以下的粉尘吸入可停留在肺泡组织上。有相关研究表明，春秋季节天气较为干燥，没有水分子的吸附，粉尘气溶胶暴露于空气中，粉尘的浓度升高，加大了病原微生物与粉尘气溶胶的结合，各种病原微生物会着落于粉尘气溶胶上传播，粉尘气溶胶体积越大，各种病原微生物的黏着能力就越强。这些病原体通过空气侵染动物机体，从而春秋季的传染病高发。粉尘等还会黏附于羊群的皮脂腺表面和腹部皮肤上，引发皮炎、皮肤瘙痒干裂等症状。羊舍内的臭气会黏附于粉尘气溶胶上，能随着空气传播，带有臭气的干燥多粉尘的环境会导致羊只呼吸系统多方面的问题，造成支气管黏膜的损伤。

（四）改善空气环境的措施

1. 清理羊舍

羊舍的刮板清粪机一天清理两次羊群的粪便等排泄物，羊群食槽旁剩余的饲料，羊只掉落的毛发等也需一天清理两次，防止毛发、塑料等被羊只误食造成胃部阻塞痉挛。要定期给羊群驱虫，防止毛皮上的微生物进入羊只胃肠道影响羊群健康。

2. 严格舍内消毒

空气中布满大量病原微生物、有害气体、粉尘气溶胶，可以采用喷淋的方式切断传播途径，从源头避免各种有害物质的传播。消毒剂中可以用10%漂白粉溶液，0.5%的过氧乙酸，15%的石灰乳进行消毒。对羊舍的入口、羊舍的单个羊圈、走道等消毒，同时也要关注养殖用具，羊群的皮毛、肢蹄等的卫生消毒。

3. 羊舍通风换气

（1）南方地区春秋季雨水较多，羊舍地面潮湿，可采用换气扇进行舍内的四周通风；当天气好时，应将羊舍的门都敞开，各个遮风帘卷起，使紫外线能照射到羊圈内进行天然的杀菌消毒，同时通风换气，保持舍内空气新鲜。冬季通风时，舍内通风口要朝上方，避免冷风直吹羊体，使羊群致病。通风换气能够有效降低舍内有害气体浓度，要保证羊群的福利最低要满足国标的养殖场畜禽养殖产地环境评价规范标准（表8-1），羊群才能健康快乐。

（2）注意环境的清洁消毒、空气流通，切断病原微生物的生存环境和传播途径可以很大程度上降低外界病原传播的可能性（范丽春，2010；刘迪等，2018）。

表 8-1 畜禽养殖场和养殖小区环境空气质量评价指标限值

序号	评价指标	取值时间	场区	单位
1	氨气	一日平均	5	mg/m^3
2	硫化氢		2	
3	二氧化碳		750	
4	可吸入颗粒物		1	
5	总悬浮颗粒物		2	
6	恶臭（稀释倍数）		50	无量纲

资料来源：中华人民共和国国家标准．畜禽养殖产地环境评价规范，2010

4. 采用设备技术手段

一些有技术条件的羊舍可以建立空间电厂，利用空间电极产生臭氧和一些高能荷电粒子，用于杀死和削弱钝化空气中的病原微生物和其他一些致病因素，舍内的病菌减少，舍外的病菌很难进入舍内，一些蚊虫也会减少。“畜禽舍内多功能杀菌净化机”通过电极放电产生臭氧/羟基，高能超氧阴离子的形式循环畜舍内的空气进行杀菌消毒。

这些技术手段有三个主要功能：

（1）带电粒子可以结合畜舍内的粉尘病原微生物，将其排除畜舍。

（2）高能超氧阴离子可以杀灭各种病原体，清除舍内的氨气、一氧化碳、二氧化碳等有害气体。

（3）这些电子，离子的相互作用，将舍内与舍外环境的传播途径切断。

5. 养殖者思想转变

以往养殖畜禽以赢取最大利益为目标，一味地追求药物治疗减少生病，最少的投入成本获得最大的利润，很少考虑动物福利问题，动物不仅能感受痛苦悲伤，还能感受快乐。为了保持动物健康，饲料中添加过量的微量元素，给动物注射过量的抗生素和疫苗以减少疾病。现在的理念是“环境保健防病”，改善羊群的生存环境，重视饲养管理，让羊群在健康、病原微生物较少的环境中生存，保持舍内卫生，通风换气，减少饲养密度，羊群有足够的活动空间，适当放一些玩具设施，以提高羊群自身免疫力，在此基础上辅助配合疫苗和药物治疗。广大养殖者考虑动物切身的权利和需要，让动物在被人类利用前没有不必要的痛苦和恐惧，动物不光是为人类而生存，也是为自己生存，并体会到生存的快乐，动物才能减少生病的频率，这样动物和人类才能共赢。

6. 发展生态养殖

(1) 种养结合。在羊舍周围种植一些羊群喜爱的饲草，如多年生或一年生黑麦草、羊草，羊群产生的有机肥经过处理后可用作肥料。

(2) 粪污处理。将羊舍的粪便放置在发酵罐中发酵，用于高温好氧、厌氧发酵和消毒等技术杀灭粪便中的病原菌、寄生虫（卵）和杂草种子，并降解有机物，所产生的沼液经液化塘曝气，在加入一定的水分混匀后还田。沼液经过田地的吸收后继续排入鱼塘用于水产养殖。这种养殖模式既节省了化肥，又可以用天然肥料施肥，增加土地的利用年限。但是这些粪污需要达到一定的标准才可进行发酵处理，具体见表 8-2 和表 8-3。

表 8-2　集约化畜禽养殖业水污染最高允许日均排放浓度

控制项目	五日生化需氧量（mg/L）	化学需氧量（mg/L）	悬浮物（mg/L）	氨氮（mg/L）	总磷（以 P 计）（mg/L）	粪大肠杆菌群数（个/100mL）	蛔虫卵（个/L）
标准值	150	400	200	80	8.0	1 000	2.0

资料来源：中华人民共和国国家标准．畜禽养殖业污染物排放标准，2003

表 8-3　畜禽养殖业废渣无害化环境标准

控制项目	指标
蛔虫卵	死亡率≥95%
粪大肠菌群数	≤10^5 个/kg

资料来源：中华人民共和国国家标准．畜禽养殖业污染物排放标准，2003

四、噪音

在动物福利五大自由中，动物有享有舒适生活的自由，要提供适宜的环境与舒适的栖息空间，动物能够得到舒适的睡眠和休息。羊对周围声音较敏感，能辨别声音的强度和音调，羊群对意外的声响和致使危险的声音很敏感，在睡觉时也会立马警醒站立并且羊群围在一堆远离危险物。羊舍的噪音主要来源于舍内生产活动，包括舍内的制冷系统，饲料储藏生产室产生的声音，送料的机动车声，工作人员的操作声，羊群活动产生的声音等。当饲养密度过大时，羊群的采食声，相互争抢的声音也加大，加之夏季降温器械的声音使羊舍的整体噪声过大。噪音会降低羊群的听觉，引起内分泌失调，影响消化系统的消化吸收。妊娠母羊突然听到大的噪声会惊吓，造成早产或者难产（冯培功等，2018）。据李超英等（2006）报道，实验鼠在噪音为 80~

90dB 的死亡率为10%，噪音为100dB 的死亡率为20%，噪音越高，实验鼠的死亡率越高。

减少噪音的福利措施

选择低噪音的生产设备，采用自动喂料设备，减小羊群的饲养密度，降低羊群争夺打架的几率，在生产中尽量将噪音降低，并放一些悦耳的音乐。乐声能对交感神经起作用，提高日增重，放松动物的心情，减少噪音造成的应激，噪音要达到羊舍的福利标准，需在国标规定的畜禽养殖场声环境质量评价指标限值之上（表8-4），羊群能够得到舒适的睡眠和休息，机体抵抗力提高，更好地为人类服务。

表8-4　畜禽养殖场、养殖小区及放牧区声环境质量评价指标限值

昼间	夜间	单位
60	50	dB（A）

资料来源：中华人民共和国国家标准．畜禽养殖产地环境评价规范，2010

第二节　南方农区舍饲肉羊的动物福利管理

一、防疫工作

羊群身体免疫强弱取决于饲养管理、免疫接种、药物防治、消毒、驱虫管理等情况，做好这些综合防疫措施，羊群的生活环境才会舒适健康，减少疾病的发生。

1. 饲养管理

根据羊只的大小、年龄、性别等合理分群，传统饲养与现代规模化相结合，饲料营养价值全面，减少低劣饲料的配入，饲料要新鲜，不能霉变，不添加抗生素，以防羊群体内产生的抗药性增强，产生超级细菌，加大患病治理的难度。养殖人员要善待羊只，及时发现羊只是否处于不适的环境或者身体产生疾病，包括外观、异常行为、饮水、饮食等精神状态。

2. 免疫接种

免疫接种是羊群抵抗一些疾病的重要手段。养殖场根据该地区疫病流行特点选择性的接种一些疫苗，按照免疫程序免疫接种，并定期抽测接种疫苗在体内的活性，如若羊只体内抗体较低还需补免。选购的疫苗要注意接种时间间隔，以免影响接种效果。尤其在春季，做好羊痘鸡胚化弱毒苗、三联四防灭活苗等的预防接种工作。

3. 药物防治

对于一些突发性没有研制出特效性疫苗的疫情，养殖场可以用一些广谱药，如抗生素、头孢、磺胺类药物防止治疗。但是养殖场要严格按照医嘱用药，不可紧急免疫，不得擅自添加过量，以防羊只产生应激，药物中毒。

4. 消毒

严格控制舍外人员、车辆进入养殖区，养殖场要定期消毒，人员进出时严格遵循养殖场的消毒制度，禁止在养殖区饲养其他动物，以防交叉感染，增大其他疾病的可能性。定期对羊舍的围栏、地面、窗户、食槽等其他用具消毒。

5. 驱虫管理

羊只体内的寄生虫主要为线虫、吸虫等。春秋季可采取口服药物进行驱虫。肠内线虫通过口服左旋咪唑 10mg/kg（按照体重计算，以下类似）；脾脏线虫可口服氢乙酰肼 17.5mg/kg；绦虫可口服氯硝柳胺 70mg/kg；预防肝片吸虫可口服硫双二氯酚 40mg/kg（邵亚飞和张国军，2019）。

二、饲养密度

羊群的饲养密度被视为影响动物福利的重要因素，羊只需要一定的活动空间，羊只的空间过于狭小，养殖密度过大，环境贫瘠，羊群正常行为无法表达，产生焦虑，烦躁不安，如传统规模公羊舍中没有供羊群消遣的设备，这就造成公羊的注意力转移到其他公羊身上，互相打斗（如抵头等）。羊群生产生活过于拥挤，会丧失打闹、嬉戏、炫耀的天性（李超英等，2006），而且羊群密度过大，皮毛相互摩擦会滋生一些细菌。羊群长时间被饲养在面积狭小的围栏中会出现慢性应激反应，如氮代谢出现的糖异生和代谢损耗的变化、代谢速率的提高、免疫抑制作用的出现以及繁殖性能的降低等。在早期断奶仔猪舍中增加的玩具可以减少伤害和打斗行为，还可以减少动物的躺卧时间和啃咬围栏的次数（Beattie 等，1996）。据冯培功等（2018）报道，妊娠母羊在高密度下的应激水平要比中密度和低密度高，而且母羊因饲养密度产生的应激要比公羊高。羊舍中可改变羊群的饲养密度，在成年种公羊为 4.0~6.0m^2/只，产羔母羊为 1.5~2.0m^2/只，断奶羔羊为 0.2~0.4m^2/只，其他羊 0.7~1.0m^2/只。这样可以有效地保证羊只的活动空间，可以在运动场堆土堆，放球状物，放轮胎等，羊群可以自由活动（杨燕燕等，2019）。

让羊只自由活动并提供充足的空间可以促进骨骼和肌肉的健康发育，并减少刻板行为的发生。同样，自由活动还能够促进如母性行为、探究行为或玩耍行为等有益行为的表现，这对羊群的健康和福利可产生有利影响。

发达国家对动物福利的研究已经从理论转向生产实践，而动物行为学便是对生产实践的应用研究。从动物行为学的角度观察羊只，可以感受它们的生理、心理和行为需要，还能降低生产成本。南方羊舍的饲养和生产可以将传统养殖与集约化养殖相结合，利用本地的丘陵、林地、果园、农田、将传统的放养方式与现在的集约化养殖相结合，在羊舍外部散养的地方种植羊草、黑麦草等，羊群能够吃到新鲜多汁、营养丰富的饲草。有研究表明，仔猪在断奶前放入一些稻草，并适当地扩大其的活动空间，可减少日后猪只打斗的行为。猪只对自己周围一些物品具有探索心理，采用漏缝地板或者其他一些富集材料能够满足猪只的好奇心（Chaloupkova 等，2007 ；Averos 等，2010）。所以养殖的过程中也可以适当地增加一些羊群感兴趣的物品或者搭建羊舍时采用一些富集材料，建造羊舍的运动场（图 8-2），这样能够满足羊群的饲养空间，羊群能够自由地表达它们的天性，减少躺卧和啃栏时间，在放养的大空间奔跑觅食，提高能量的利用率、饲料转化率、免疫力和繁殖能力，符合动物福利无公害、绿色、有机产品的要求，减少发达国家对我国的动物福利贸易壁垒，增加收入，形成经济效益，生态效益，社会效益相统一的福利养殖（齐琳等，2009）。

图 8-2　羊舍的运动场

三、人为因素

在饲养羊只的过程中，人类要与动物建立信任关系。据相关行为学报道，动物对人类接近和回避，取决于人类对动物的饲养训练。如工作人员的知识技能水平，养殖模式，饲养员的性格，工作动机，对现在工作的满意度，这些都会影响动物对人类的信任以及生产福利。人类对动物的消积饲养会使动物对人类产生恐惧心理，影响动物的心理健康。它们排斥与人类接触，见到人类会不自觉地奔跑，嚎叫，身体发抖，眼神紧张而绝望，严重的还会攻击人类。动物的生理表现为，呼吸频率增加，糖皮质激素升高，肾上腺素水平升高，使动物外周血中白细胞总数、淋巴细胞数和单核细胞数都显著降低，机体抵抗力下降，引发各种疾病。Bernard（2006）在 *Animal Rights and Human Morality* 中强调，动物不但能感受喜悦和痛苦，还能感受挫折、厌烦、不适、愤怒。只要动物的利益得到尊重，就可以被人类使用，也就是尊重动物的“自然性”，运用科学解决动物自身和环境的问题。饲养人员要积极地对待羊群，才能改善动物生产和福利。饲养人员做法：不得殴打、虐待、过度驱使、滥用和折磨动物，不得给动物造成不必要的疼痛或痛苦，所有这些行为均涉及故意的残忍行为。

我们提倡健康养殖模式，也就是要保证羊群的心理健康，身体健康，环境健康。所谓“心理健康”，是指生产中的畜禽个体能够自如活动或表达自然行为，不存在因长期受到约束或限制而导致的沮丧（distress）或压抑（depressed）而产生心理问题，确保个体的免疫力维持在较高水平；“身体健康”是指充分的运动量能使个体具有较强的抵御环境刺激的能力，也就是抗病力；“环境健康”包括两层含义：一是指环境中有害微生物含量较低，畜禽自身的免疫力和抗病力较强，不需要外界药物自身足以抵御；二是畜禽生产废弃物对环境不造成人为污染，使畜牧业生产可持续健康发展。

1. 国家政府机构的立法监督管理

（1）国家政府加大对动物福利的立法、管理、监督，制定一系列保护动物福利的详细政策，羊只属于养殖企业私有财产，但因羊只能感受痛苦、悲伤和快乐，所以在保护养殖企业私有财产的前提下要考虑羊只的身体和心理健康。

（2）政府可以对优秀动物福利企业给予奖励养殖企业补贴，通过激励性政策加大动物福利的宣传，如降低养殖场实施动物福利的成本，适当地提高动物福利产品的价格，从而更广泛地推广我国的动物福利事业。

（3）立法项目还应当包括禁止养殖者对动物残忍的殴打、踢踹、虐待、激怒、恐吓等恶意言行给动物造成不必要的痛苦，在动物感染疾病时，需要考虑动物的痛苦程度给予相应的药物麻醉疾病治疗，禁止过度使役动物等的法律政策。当公民做出损害动物福利的行为时要接受法律的制裁。

2. 公共服务平台的宣传

达尔文的进化论认为：从低等动物到高等动物在结构和能力上具有连续性，人类和高等动物在心理和能力上没有区别，动物也有感受人力情感的能力。人类和动物来源于共同的祖先，具有基因的相似性。我们可以利用人类与动物的同源性的哲学理论让大部分养殖企业，养殖者感同身受，去了解和感受动物的习性、状态。

（1）公共福利平台的建设对于普及动物福利非常重要，可以以动物为第一视角像人们讲述它们的一生和遭遇，镜头可以捕捉人类残忍对待它们时的恐惧，害怕，伤心的眼神，动作，声音。让养殖者产生同情，意识到动物的感情流露，潜移默化地改善他们对动物的态度。

（2）平台上也放一些国内或国外动物福利事业比较先进的企业记录动物在运动场上奔跑玩耍开心的面部表情和动作。

（3）通过培训、技能拓展、知识竞赛等对典型肉羊福利的做法进行剖析、宣传，向肉羊养殖场讲述动物福利的相关内容、原则、技术标准等。

（4）鼓励引导具有模范带头作用的肉羊养殖场发挥模范带头作用，形成良好风气，用舆论的力量鼓励其他养殖场开展动物福利（季斌，2019）。

3. 养殖场理念的引导

（1）养殖场的建场理念不仅在于赢取最大化的利益，以谋求致富，现在的养殖场基本上走在富裕的道路上，所以更要考虑动物福利问题。而且养殖场提高肉羊福利可以增加一定的收入，同时能提高肉羊产品的质量。但是，过高的肉羊福利投入会增加生产成本，所以养殖场要把握好平衡点，保持收入和福利的最佳效益。

（2）养殖场还要严格遵守国家的法律法规，将公共服务平台的动物福利理念传达到每一位养殖者，让养殖者理解只有动物的权益得到保障，它们才会更高效地为人类服务，它们没有不必要的痛苦、恐慌，能在养殖场里心情愉悦，才能有较高的抵抗力。减少养殖场的药物投入，避免药物残留，提高农贸产品的质量，增加农副产品的产出，符合动物福利要求的相关内容，减少与发达国家的贸易壁垒，增加养殖场和国家的贸易收入。养殖场的科学引导是让每位养殖者做好动物福利的关键，只有做好动物福利，养殖场才能更好地生产，满足动物和人类的需求。

4. 养殖者的自我管理和约束

（1）在政府法律规范，公共服务平台和养殖场理念各个方面积极对待动物的倡导下，养殖者要自觉提高动物福利保护意识，在与动物接触时，要友善地对待动物，不要带给动物不必要的痛苦。

（2）养殖者要有责任意识，科学管理饲养动物是养殖者的本职工作，只有在满足动物福利的前提下，养殖者和动物的权益才能相互保障，实现养殖的共赢。

（3）养殖者要用社会道德意识来约束自我的行为，动物福利不仅仅要符合法律法规，也来自道德舆论的制约。

（4）养殖者与养殖者之间可以相互交流，传播经验，共同提高肉羊的养殖福利。所以养殖者要做好每一次饲养工作，让动物在服务于人类社会之前也能感受生存的意义（杨义风等，2017；尤晓霖，2015）。

四、贸易壁垒下的动物福利

在做到环境控制下的福利生产时，也要考虑我国的动物福利壁垒。UFAW（动物福利大学联盟）认为动物问题应该以科学为基础，应当投入最大的“同情”（sympathy）但最少的“感情用事”（sentimentality）。由于我国目前还是以经济建设为中心，畜牧业上大力发展规模化养殖，饲料收购，药物购买，养殖环境等都以最小的成本赢得最大的利润，这样使得各企业忽视了动物的健康、营养、心理等福利，逐渐造成了人们对动物福利意识淡薄，并且对动物福利相关专业知识了解甚少。在挪威和芬兰等国禁止羊只的断尾和去势，这些行为会造成应激（赵永聚，2010），降低他们的采食量和免疫力。我国企业为了提高经济效益，到目前还没有对应的法律条款。这些方面导致我国受制于一些发达国家的动物福利壁垒，从而不得不退出相应的国际市场。

（1）养殖企业应加大对环境的监控，各种设备的投入，避免仅仅为了利益收入虐待或者给动物投用抗生素等兽药。养殖企业要了解兽药的安全风险和合理使用量，有时过量地使用各种药物会适得其反。养殖企业营造良好的生存环境，生活的空气质量较好，使动物进行正常心理活动，免受不必要的疾病痛苦，表达自己天性和自由。

（2）由于养殖者知道生产动物的福利情况，而消费者无法验证自己购买的动物产品是福利产品，所以政府要制定从业人员的动物福利道德考核管理详细具体的规范政策，建立养殖者与消费者可信任的福利标签体系，缓解养殖者和消费者之间消息不对等的现象，更大地促进养殖者合理的按照动物的天性对待动物，使从业人员感受到动物也是有感情，希望被积极对待。同时政府制定相应的法律法规，加大分类管理与全程监督，还可以实行奖励政策。认证部门在对申请企业进行相关标准的认证后，可以当场授予动物福利标签，既可增加企业动物福利产品的收入，又可减少福利壁垒，同时还有政府福利补贴。认证部门在授予证书的一年后进行抽检，不合格三次吊销福利标签（翟明鲁，2010）。

（3）动物福利措施的最初引入也仅仅是经济目标的巧合，即通过促进养殖福利进步和确保农业生产理性发展而提高农业生产力。所以在健康方面，要以动物的保健和疾病预防为策略，重防轻治；对患病或受伤的个体采取及时治疗，要开展每日例行兽医巡查制度；在兽医处置患病家畜个体时要采用无痛处置手段（如麻药处置）；在社会行为方面，尽可能满足家畜社会性的需要；保持稳定的社会结构，避免不必要的争斗和混群带来的应激；尽可能减少饲养密度过大而产生应激反应（包军，2012），这样我国才会尽量消除与发达国家的贸易壁垒。

第三节　结　语

羊舍环境决定了羊只的健康水平，以往只注重羊只的身体健康，但是仅仅保证羊只的身体健康是不够的，还要注重羊只的心理健康，让它们能够在健康的生活环境下没有不必要的伤害，能够充分表达自己的天性，维护自己的权利，这样羊只才会更好地为人类服务，提高我国的动物福利水平，减少动物福利壁垒，变成世界畜牧养殖大国。

参考文献

包军. 2012. 动物福利与健康养殖［J］. 饲料工业，33（12）：1-3.

陈洪. 2012. 现代化超大规模蛋鸡舍冬春季环境控制模式及其经济效果研究［D］. 杨凌：西北农林科技大学.

单春花，赵娟娟，王超，等. 2020. 河北省不同地区夏季规模化羊场气载细菌的检测与分析［J］. 畜牧与兽医，52（1）：38-42.

范丽春. 2010. 舍饲羊春季饲养管理要点［J］. 养殖技术顾问（5）：13.

冯培功，郭艳丽，杨华明，等. 2018. 畜禽饲养密度对畜禽生产性能及健康影响的研究进展［J］. 黑龙江畜牧兽医（7）：34-38.
季斌. 2019. 山东省养猪场户动物福利行为的实证研究［D］. 泰安：山东农业大学.
李超英，赵文阁，亓新华. 2006. 温度、湿度、饲养密度、噪音对实验动物福利的影响［J］. 河南科技学院学报（自然科学版）（3）：24-25.
林昌龙. 2016. 舍饲条件下陕北白绒山羊光控增绒技术的研究［D］. 杨凌：西北农林科技大学.
刘迪，吕航，王众，等. 2018. 浅淡农场动物福利对我国畜牧养殖业发展的影响［J］. 畜禽业，29（3）：55-56，58.
刘兴伟，赵圆圆. 2010. 母羊冬季的饲养管理［J］. 农村养殖技术（2）：14.
齐琳，包军，李剑虹. 2009. 动物行为学研究在动物福利养殖中的应用［J］. 中国动物检疫，26（9）：68-69.
任春环，王强军，张彦，等. 2015. 江淮地区冬季羊舍供暖及通风换气效果［J］. 农业工程学报，31（23）：179-186.
邵亚飞. 2019. 规模化肉羊养殖场防疫技术要点［J］. 畜牧兽医科学（电子版）（22）：38-39.
孙冬梅. 2015. 羊冬季饲养管理技术要点［J］. 吉林畜牧兽医，36（3）：54-55.
许鑫. 2015. 光照控制对陕北白绒山羊绒毛生长的影响研究［D］. 西安：西北农林科技大学.
杨会芹. 2006. 初生羔羊死亡原因及对策［J］. 北方牧业（1）：22.
杨少超. 2019. 影响舍饲肉羊生长速度的环境因素［J］. 现代畜牧科技（6）：50，52.
杨晓峰. 2014. 规模羊场夏季防暑降温技术措施［J］. 山东科技报（7）：54.
杨燕燕，达来，郭天龙，等. 2019. 内蒙古农区舍饲羊养殖福利现状分析［J］. 畜牧与饲料科学，40（4）：73-78.
杨义风，王桂霞，朱媛媛. 2017. 欧盟农场动物福利养殖的保障措施及对中国的启示——基于养殖业转型视角［J］. 世界农业（10）：165-169.

尤晓霖. 2015. 英国动物福利理念发展的研究［D］. 南京：南京农业大学.

袁麟. 2019. 夏季猪场防暑降温与疫病防控措施［J］. 今日畜牧兽医, 35（12）：22.

翟明鲁. 2010. WTO 框架下的动物福利壁垒法律问题研究［D］. 哈尔滨：东北林业大学.

张灿. 2016. 湿热应激对藏绵羊和山羊生产性能、瘤胃发酵及血液生化指标影响的比较研究［D］. 雅安：四川农业大学.

张国军. 2019. 肉羊疾病的综合预防与防疫措施综述［J］. 山东畜牧兽医, 40（5）：83-84.

赵永聚. 2010. 北欧养羊业发展现状和成功经验［J］. 中国畜牧杂志, 46（20）：49-53.

赵云辉, 赵卓, 王春昕等. 2016. 冬季羊舍的管理技术要点［J］. 江西畜牧兽医杂志（6）：18-19.

中华人民共和国国家标准. 2003. 畜禽养殖业污染物排放标准［S］. GB 18596—2001. 北京：国家环境保护总局；国家质量监督检验检疫总局.

中华人民共和国国家标准. 2010. 畜禽养殖产地环境评价规范［S］. HJ 568-2010. 北京：中国环境科学出版社.

Averos X L, Brossard J Y, Dourmad K H. 2010. A meta-analysis of the combined effect of housing and environmental enrichment characteristics on the behavior and performance of pigs［J］. Applied Animal Behavior Science, 127（3-4）：73-85.

Beattie V E, Walker N. 1996. An investigation of the effect of environmental enrichment and space allowance on the behaviour and production of growing pigs［J］. Applied Animal Behavior Science, 48：151-158.

Bernard E, Rollin. 2006. Animal rights and human morality［M］. Prometheus Books.

Chaloupkova H G, Illmann L, Bartos. 2007. The effect of pre - weaning housing on the play and agonistic behavior of domestic of pigs［J］. Applied Animal Behavior Science, 103（1-2）：25-34.

Curtis S E. 1983. Environmental management in animal agriculture［M］. Iowa State University Press.

Marai I, Shalaby T, Bahgat L. 1997. Fattening of lambs on concentrates mixture diet alone without roughages or with addition of natural clay under sub-tropical conditions of Egypt. 2. -physiological reactions [C]. Proceedings of the international conference on animals, poultry, rabbit Production and health, Cairo (Egypt), 2-4 Sep 1997.

Mishra R P. 2009. Role of housing and management in improving productivity efficiency of goats [M]. In: Goat production - processing of milk and meat. First edn. 45.

Schneider I, Beede D K, Wilcox C J. 1988. Nycterohemeral patterns of acid-base status, mineral concentrations and digestive function of lactating cows in natural or chamber heat stress environments [J]. Journal of Animal Science, 66 (1): 112-125.

Stott A, Slee J. 1985. The effect of environmental temperature during pregnancy on thermoregulation in the newborn lamb [J]. Animal Production, 41 (3): 341-347.

Tucker C B, Rogers A R, Schutz K E. 2008. Effect of solar radiation on dairy cattle behavior, use of shade and body temperature in a pasture-based system [J]. Applied Animal Behavior Science, 109 (2-4): 141-154.

Ulberg L, Burfening P. 1976. Embyro death resulting from adverse environment on spermatozoa or ova [J]. Journal of Animal Science, 26 (3): 571-577.

第九章　南方农区肉羊生产粪污处理技术

随着人们生活水平的日益提高，羊肉凭借其胆固醇及脂肪含量低、药用价值高，受到越来越多人的喜爱。这也促进了肉羊养殖的发展，但肉羊养殖过程中所产生的废弃物对生态环境造成极大危害。羊粪有机质含量和氮磷钾含量都很高，当羊粪不经处理直接排放至土壤中，其包含的有机污染物会造成土壤的透气性、透水能力的下降甚至板结，严重降低了土壤的质量。而当羊粪直接排入水中会造成水体的富营养化（王晓娟，2011）。在生产中大量的羊粪若不经处理就地堆放，会形成厌氧发酵的环境，产生大量 NH_3、CH_4S、C_2H_6S、H_2S 等臭气。若不经适当的处理，不仅降低了空气质量，还影响养殖场周围的空气环境，危害附近居民的身体健康（李天枢，2013）。

第一节　南方肉羊养殖现状

一、南方肉羊养殖优缺点

（一）南方肉羊养殖缺点

我国南方各省份，种用肉羊场普遍存在规模小、生产设施简陋、技术力量薄弱等问题，存在着羊供种能力弱、良种化水平低，重引进轻选育的现象，导致肉羊的良种率低。我国南方地形又以丘陵、山地为主，不利于机械化操作；加上夏季气候炎热潮湿冬季阴冷，不利于规模化肉羊养殖。南方大部分地区肉羊产业并无龙头企业带动，仍以养殖合作社和小规模分散饲养、粗放的农户经营模式为主。饲养方式以放牧为主，存在管理粗放、生产结构混乱、混乱杂交、技术含量低、生产周期长、经济效益偏低、标准化和规模化养殖程度低的特点（熊小燕等，2016）。

（二）南方肉羊养殖优点

国家和南方很多省（自治区、直辖市）为促进羊产业发展出台了多项优惠政策。在交通、生态、产业结构调整升级、肉羊标准化规模健康养殖等方面，都可获得国家和地方财政多种项目和资金支持。南方属热带、亚热带气候，特点是夏季高温多雨、冬季温和少雨、雨热同期，无霜期长，有利于农作物和牧草生长。随着国民生活水平的提高及自身保健意识的增强，中国城乡居民对羊肉的需求量不断增加，羊肉在国民经济生活中已经不可或缺，羊肉价格持续快速上涨。南方养羊业发展相对北方规模小、产业化水平低，具有很大的发展空间，南方发展肉羊养殖业具有市场优势（熊小燕等，2016）。

二、南方肉羊饲养模式

南方肉羊养殖多采用半放牧半舍饲饲养和舍饲两种模式，其中半放牧半舍饲模式根据气候环境以及羊群生长需求制订合理的饲喂方案，主要包括 2 种饲养工艺：放牧+补饲、暖季放牧+冷季舍饲。放牧+补饲即白天放牧，晚上羊群归舍后补饲精粗料。舍饲养殖是一种规模化、集约化、产业化的新型畜牧业饲养模式，在我国南方舍饲多采用高床养羊的养殖新工艺，此种养殖工艺相比起传统的圈养具有卫生防潮，通风换气效果好，发病率降低，提高出栏量，育肥增重效果好，保护生态环境等明显的优势（黄文琴等，2018）。

第二节　肉羊生产粪污类型及其特点

一、粪便

新鲜羊粪（图 9-1）外表层呈黑褐色黏稠状，内芯呈绿色的细小碎末，臭味较浓，并具有保持完整颗粒的特性。有机质含量为 24%～27%，氮含量为 0.7%～0.8%，磷含量为 0.45%～0.6%，钾含量为 0.4%～0.5%。其有机质、氮的含量比猪粪、牛粪均高，肥分浓厚，是生产有机肥料的优质原料（张鲁杰，2018）。羊粪为弱碱性，对土地具有增高地温、疏松土壤、改善土壤团粒结构、防止板结的作用，对于改良盐碱地和重黏土效果明显。对植物而言，羊粪中含有一定量的维生素、激素、酶、生长素、叶酸等物质，除了能促进植物生长外，还能明显地提高植物抗逆性，增强植物抗病、抗虫能力，长期适量施用羊粪有机肥可显著提高土壤有机质和活性腐植酸含量，提高微生物的数量和活性，进而全面改善土壤物理性质、化学性质，全面提高土壤肥力（张庆国，2018）。

图 9-1 新鲜羊粪

二、污水

养殖场污水由羊的尿液、饲料残渣以及残余粪便的冲洗水等构成。有的养殖场污水还包括生产处理过程中产生的和人工生活产生的污水两部分，其中尿液和冲洗水占了绝大部分，养殖场的冲洗废水中含有大量悬浮物和大肠杆菌等病原微生物，氨氮等浓度很高（于新东等，2010）。

第三节 肉羊养殖中粪污的危害

由于如今各种添加剂、防腐剂的泛滥、以及工业废污气的排放等行为，各种有害物质不可避免地流入羊的饲料、牧草之中，使得羊粪除了含恶臭气体、寄生虫、杂草种子、病原菌外，还会检测出微量元素、抗生素和激素、重金属等污染物质，若不对其加以处理，势必会对环境造成大量的污染（陈直，2015），极其不利于畜牧养殖业良性发展，甚至会危及人类自身的生命健康。羊粪中较高浓度的有机质和氮、磷、钾会使庄稼的茎干过于迅速地生长，造成农作物易倒伏、晚熟甚至不熟，给农民造成不可估量的损失。而羊粪中的重金属、微量元素等进入土壤也会一定程度导致农作物重金属和相关元素的超标，最后随着食物链的传递被我们人体摄入，严重危害人体健康。羊粪中残留的抗生素、激素类物质会使土壤中的病原微生物产生耐药基因，给畜牧业的防疫工作增大难度。羊粪中的病原微生物、寄生虫等都可能导致传染病在动植物之间蔓延，造成畜牧业遭受经济损失。而羊粪中含有的杂草种子进入农田或耕地会滋生大量杂草，竞争作物养分，导致作物产量降低，造成经济损失（狄继芳，2009；孙元烽，2019）。

第四节　肉羊生产粪便处理方法

一、发酵床养殖技术

我国南方地区小规模养殖户较多，无法自主建设粪便处理系统以及污水处理系统，此类养殖户大多数采用发酵床养殖（图 9-2）模式，它是结合现代微生物发酵处理技术提出的一种生态养殖方法，该养殖方式遵循低成本、高产出、无污染的原则，融养殖学、营养学、环境卫生学、生物学、土壤肥料学等学科为一体的环保、安全、有效的生态养殖法，在生产中实现无污染、无臭气，彻底解决了小规模养殖的粪污污染的问题（傅艳芳等，2019）。

图 9-2　发酵床养羊

（一）发酵床养殖好处

由于羊的粪尿直接排泄在发酵床上省事、简单、方便，在养殖过程中给羊一个自然生态的原始生存环境，粪尿在有机物料腐熟剂的作用下被分解转化，形成含粗蛋白的物质，既可以用作饲料也可以用作生物有机肥还可作饲料使用，可以用于鸡、鸭、鹅、兔等多种动物的饲养，发酵后的产物作有机肥使用可用于各种苗木花卉、果树蔬菜的肥料，营养丰富、疏松通气、无臭味，还不烧根不烧苗（傅艳芳等，2019）。在微生物发酵粪尿过程中不仅能杀灭粪尿中的多种虫卵与病原菌，使羊少生病，还可以产生热量，发酵床表层温度常年保持在20℃左右，冬季起到保温作用节省取暖费，夏季通风凉爽不闷热。发酵床养羊，圈舍内无臭味，免冲洗，能节省饲料用量，不清粪便还可节省大量用水。在肉羊养殖过程中由于发酵床柔软，羊只应激减少，增重快、肉质好，生产效益高（赵立君，2015）。

（二）发酵床制作原料选择

发酵床制作首先是垫料的选择，制作羊发酵床，选取垫料要因地制宜，不得选用已经腐烂霉变的材料。养殖户可以根据当地的特点选取垫料材料，如玉米芯、树皮、树叶、木屑、稻壳、米糠、草炭、各种农作物秸秆、蘑菇渣、糠醛渣等。从发酵床的实际使用效果看，要选用通透性、吸附性好的材料，并且要碳强度大、供碳能力均衡，制作发酵床的材料必须调节碳氮比，一般碳氮比为25：1就可以了。其次是在温度较低的寒冷冬季，养殖户根据生产需要，可以在垫料中添加一些麦麸、稻壳粉、饼粕等材料来确保垫料发酵的效果。传统发酵床养殖的垫料厚度一般在80cm左右。但是羊的发酵床为了降低垫料的湿度，建议养殖户采用30cm厚的垫料来做。具体的垫料组成可以根据当地的实际情况来确定（傅艳芳等，2019）。

（三）发酵床制作过程

养殖发酵床一般要在底层、中层和表层铺设三层有机物料腐熟剂，在制作过程中，首先在圈底铺一层底料，如玉米棒芯、蘑菇渣、粉碎的秸秆等，然后铺一层含木质素高的垫料，比如木屑、稻壳等，最后再泼洒一层有机物料腐熟剂。在填放垫料至要求高度后，再泼洒一层有机物料腐熟剂，最后一定要在制作好的发酵垫料表面铺洒一层未经发酵的，舒适性、吸湿性好的柔软垫料，垫料最好选择颗粒细小的锯末（傅艳芳等，2019）。

（四）发酵床制作菌剂选择

羊发酵床菌剂的选择主要有两个指标：首先发酵菌要有高效的除臭功能，其次发酵菌的活性要高。发酵菌的活性高在使用过程中具有很多优势：一是保证发酵床在使用过程中不死床，能够使用2年以上；二是保证发酵床垫料厚度不高的情况下也能正常发酵；三是保证在温度、湿度等环境条件较差的情况下能正常发酵。目前生物肥料发酵菌的国家标准为有效活菌数不低于0.5亿/g，目前市面上销售的有效菌含量都比较高，有的有效菌含量能达到 70 亿/g，是国家标准的 140 倍，能保证在恶劣环境下的正常发酵。一般 1kg 发酵床菌种可以铺建 15～20m^2 的羊圈，单个圈舍面积不能过小，建议 40～50m^2 为宜，养殖密度不能过高，建议每只羊占 2m^2 左右（傅艳芳等，2019）。

（五）发酵床制作注意事项

由于羊生性喜清洁，要求饲料和饮水洁净新鲜，对圈舍要求干燥通风，低洼潮湿和空气污浊的环境容易导致寄生虫病和蹄病，所以圈舍尽量选择干燥平坦、背风向阳，土壤透气透水的沙土壤地最好。如果圈舍周围地势较低的话，可将地面处理成有漏缝地板的“吊脚楼”，下面 10～20cm 空间避免多余水分浸泡垫料，同时也避免周围水分渗入发酵床垫料中。垫料厚度建议采用 30cm 厚度，添加 2 层腐熟剂即可，冬天天气寒冷，可以再补充一些垫料。另外，羊不像猪一样有翻拱的习惯，容易踩实发酵床，因此可将饲槽和水槽分别设置在羊舍的两端，羊只进食过程中则会来回走动，起到翻拱作用，但还是需要定期对垫料进行人工或设备翻拱，垫料的翻拱时间是根据羊只排泄的粪尿量来确定，一般情况下 5～7d 翻 1 次，使粪便和垫料均匀混合，使发酵更充分，粪便分解更彻底。如果对 2～5 个月的育肥周期的育肥羊舍改造，建议育肥羊的发酵床在春、夏、秋季用厚 30cm 左右的原位发酵床，冬天加厚到 50cm 左右，这样既可以减少羊得关节病的几率，又能保证冬天能发酵成功（傅艳芳等，2019；赵立君，2015；佚名，2018）。

二、粪污肥料化利用技术

（一）羊粪堆肥料化处理

羊粪的肥料化主要有两种方式：一种是直接投放于农田或者对其进行干燥后再施用，此种方法羊粪中的重金属、抗生素、激素、寄生虫卵、病原菌等都会给农田和作物带来极大的污染，现出于环境保护和资源化利用的考虑，已逐渐淘汰此种方法（朱文转，1999）。另一种是堆肥处理生产有机肥施用于农田。羊粪通过堆肥发酵后会形成大量腐殖质，这些腐殖质对改善土壤的物理、化学结构都有极大的帮助。这种方式生产的有机肥的最大特点就是其具有缓释效应，即缓慢释放其中的养分，为植物所利用（薛梅，2016；孙元烽，2019）。

堆肥过程可根据其对氧气的需求程度分为两种，一种是好氧堆肥，是在堆肥过程中对堆体进行供氧，其中的微生物快速繁殖，温度快速升高，在高温期将病原微生物、虫卵、杂草种子等杀灭，随后进入中低温腐熟，最后生产出优质有机肥料。另一种是厌氧堆肥，即不对堆体进行供氧，这种方式会使堆体形成厌氧发酵环境，厌氧环境下极易产生恶臭气体，污染大气、危害人体健康，由于微生物繁殖较慢，无法形成高温环境，导致最终堆肥产物有恶臭味、含有大量粪大肠杆菌以及其他病原微生物，而且无法有效杀灭杂草种子和寄生虫卵。而好氧堆肥处理成本低、安全、生态环保、还可以循环利用，所以现多采用此种堆肥方法（薛梅，2016；孙元烽，2019）。

1. 羊粪好氧堆肥作用机理

好氧堆肥是指在人工控制堆肥过程的氧气、水分等条件下，通过堆体中微生物的大量繁殖，将羊粪中的不稳定有机物转化为稳定有机物如腐殖质的过程（Mohammed，2004）。主要有 4 个步骤，分别为升温、消毒杀菌、降温以及腐熟（图 9-3）。堆肥初期，外加剂添加的量要采用合理的比例，并且需要足够的通风量，这些条件缺一不可，为微生物的繁殖提供了适宜的生存条件。微生物在这个过程中频繁活动，分解有机物，使反应器的温度大幅度上升，温度超过 55℃后，能够有效抑制堆体内的微生物的活动频率，此时嗜热菌开始活动。嗜热菌主要的作用就是对堆体内的相关病原菌等有害物质进行灭杀，当有机物分解完成时，温度开始逐渐下降。温度降到 40℃时，堆体进入腐熟的阶段，整个堆肥周期完成。

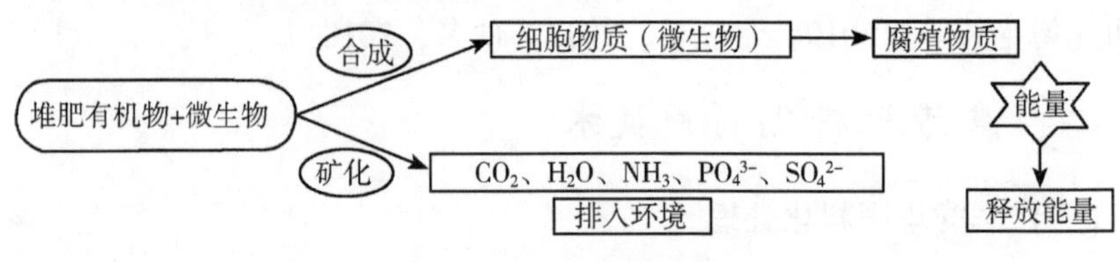

图 9-3　好氧发酵过程

2. 羊粪快速好氧堆肥方法

（1）简易坑储羊粪处理法。简易坑储羊粪处理法，具有三少两低一高特点，即：投资少、占地少、能耗少，劳动强度低和技术含量低，效益高。不用考虑温度、湿度，C/N 比，pH 值的高低和通风条件，适合存栏 200~500 只羊的小规模和高架床养羊户。该技术的原理是利用农作物和秸秆吸收羊粪的水分并产生热量，加快羊粪的发酵周期，同时杀死粪污原料中的细菌、病毒、寄生虫。如结合塑料大棚利用太阳能效率更高，污染更低（王健，2018）。

（2）密闭式大棚羊粪处理法。密闭式大棚羊粪发酵处理技术，采用静态强制通风好氧发酵，在欧美已广泛的应用，本技术融欧美、东亚并结合国内廉价的阳光大棚工艺于一体，相对于罐式、桶式发酵投资较少，处理量大且能耗更低、更环保，更适应存栏千只以上的养殖场。一般设置双棚或多棚（棚的数量取决于羊场规模），进行配合运营交替循环发酵处理（王健，2018）。

（二）羊粪生物发酵有机肥技术

1. 生物有机肥特点

①生物发酵有机肥生物活性高。微生物菌剂的接种发酵改变了羊粪的微生物种类组成，使有益微生物种群占绝对优势。施用生物有机肥后，大量的有益微生物在土壤中迅速繁殖，不断分解土壤中的有机物，使土壤中的潜在养分得到进一步的分解和利用，提高了土壤的生物活性；微生物菌体死亡后，产生的多种生理活性物质能有效控制土壤连作障碍的发生和有害病菌的繁殖，可明显地提高作物抗逆性，增强作物抗病、抗虫能力，促进作物生长，提高农产品的品质。②生物发酵有机肥技术突破了有机肥加工生产与农田施用有机肥的时间和空间限制，克服了有机肥使用、运输、贮存不便的缺点，并能改善不良的环境卫生状况。③生物发酵有机肥性质稳定、生物活性较高、无害化，可根据不同作物的吸肥特性，按不同比例添加无机营养成分制成不同种类的复（混）合肥（陈光明，2017）。

2. 工艺流程

羊粪生物发酵有机肥生产工艺流程：羊粪脱水粉碎—加微生物菌剂、米糠（玉米粉）—机械混合—发酵—翻拌—干燥—包装。羊粪生物发酵有机肥生产适合肥料的商品化生产经营。

3. 生物发酵技术要点

选择地势平坦、通风向阳处作原料堆场，要求一年四季均可露天作业。生产 1 000kg 有机肥需湿羊粪 1 600~1 800kg、米糠或玉米面 2.5~3.0kg、专用微生物复合发酵菌剂 1kg。控制湿羊粪相对含水率为 60%~65%，然后用米糠或玉米面将菌剂拌匀，分撒在原料表层，装入搅拌机进行搅拌粉碎，搅拌要均匀、透彻、蓬松、不留生块。将搅拌好的原料堆成宽 1.5~2m、高 0.3~0.4m 的长条，上面覆盖草帘或麻袋片（切勿覆盖塑料布）进行好氧发酵堆置。一般堆置 24h 温度可上升至 50℃，48h 温度可升至 60~70℃，第 3d 温度达 70℃ 以上时翻倒 1 次。发酵过程中会出现 2~3 次 65℃ 以上的高温，翻倒 2~3 次、经 10d 左右即可完成发酵。腐熟标志：堆温降低稳定在 50℃

以下、物料疏松、无原臭味、稍有氨味、堆内产生白色菌丝。腐熟后的物料稍加晾干即可装袋出厂。

三、羊粪饲料化技术

（一）干燥法

将羊粪便进行干燥处理是饲料化利用的最直接、营养价值损失最小的方法。小型养殖场可以将圈舍中的羊粪便单独或掺入一定比例的糠，拌匀后摊放在干净的地方，在阳光下自然晒干，去除粪便中的羽毛、沙石等杂物，粉碎后配合其他饲料饲喂羊，此法成本低，但干燥时间过长，容易受自然天气的影响。对于大型养殖场，可以通过微波干燥、热喷炉法、转炉式干燥法等方法对羊粪便进行人工干燥，这些方法干燥速度快，但能源消耗较大，适用于饲养规模较大、羊粪便产生量较多的养殖场（徐启明，2014）。

（二）青贮法

青贮法是将羊粪便与碳水化合物含量高的蔬菜、谷物、玉米秸秆等一起放到青贮窖中压实、密封，等厌氧发酵一段时间后直接饲喂羊。青贮法处理的羊粪便主要用来作为反刍动物饲料。该法能够充分提高蛋白消化率和代谢能，改善饲料的适口性，是羊粪便饲料化利用的最佳方法之一（徐启明，2014）。

（三）生物法

生物法将羊粪便饲养蚯蚓、蛆，从而将羊粪便转化为动物蛋白用来饲喂猪、禽等。也是粪便饲料化利用的一种途径。作为蛋白质饲料来源，蝇蛆粉、蚯蚓粉均优于鱼粉，而价格远低于鱼粉。另外，也可以向羊粪便中添加EM 微生物发酵剂处理。EM 是一种维持动物肠道生态平衡的活性微生物添加剂，能够增强动物肠道的有益菌群优势、抑制致病菌生长、减少内毒素来源、清除粪便臭味等多种功能。EM 发酵方法是将羊粪便干燥至含水率 20% 以下，然后将 EM 原液倒入 30t 的红糖水中，使 EM 微生物激活 2h 后，然后与粪便混合均匀，装入密封的容器内进行厌氧发酵处理，夏季 5d 左右，冬季 7d 左右，EM 发酵的羊粪便具有浓厚的酵香味（王晓娟，2011）。

四、羊粪能源化利用

（一）羊粪直接燃烧

羊粪便的直接燃烧是指将羊粪便晒干之后直接作为燃料，比如南方部分地区以干燥羊粪作为生活燃料，这种利用方法虽然简单，但羊粪产量远大于燃料用途需要量，对粪便利用十分有限，且燃烧产生气体会对环境造成二次污染（孙元烽，2019）。

（二）羊粪乙醇化

羊粪便的乙醇化就是将羊粪便中的纤维素、半纤维素、木质素等乙醇化，这样羊粪又是一种宝贵的资源。纤维素的乙醇化就是利用微生物的酶解作用，将纤维素转换成还原糖，然后再利用微生物的酶解作用将糖转换成乙醇（刘德江，2004；刘茂昌，2016）。

（三）羊粪沼气工程

羊粪便的沼气化是微生物在缺乏氧气的环境中，对有机废弃物进行生物降解，同时伴有甲烷和二氧化碳产生的一系列复杂的生物化学过程。这种处理模式耗能少，产物沼气是一种清洁无污染生物质能源，发酵结束后的沼渣、沼液经过后续简单处理可以制成有机肥作为可再生资源利用。此外，厌氧环境所要求的密封条件最大限度地降低了处理过程中有毒有害物质的溢出，从而减少对周边居民生活的影响，是一种比较高效的处理方法。羊粪便含有大量未消化的蛋白质、粗脂肪和一定的碳水化合物，是一种 C/N 较低的发酵原料，单一发酵过程中容易引发氨氮抑制，使产甲烷菌群的代谢受到抑制，而有些碳氮比过高的原料单一发酵易引起酸败现象。混合发酵可以起到均衡营养、提高产气率和防止体系出现氨氮抑制或酸败等风险。35℃恒温条件下，羊粪与麦秆质量比为 7∶3 的处理产气效果最佳，累积产气量达 9 580mL。厌氧干发酵作为一种运行及维持费用较低的处理方式，能够保证较高含固率农业废弃物正常发酵，在解决环境污染的同时还可以生产沼气和有机肥，是当下我国生物质能源生产的研究热点。

第五节　肉羊生产污水处理方法

一、肉羊养殖过程中污水特征

肉羊在养殖过程中，会产生排泄物及污水的综合，污水量及其污水的水质会因为饲养种类多，且养殖场本身的性质及其饲养场的管理工艺、地段、当地的气候和季节等因素的不同，会有很大的差别。肉羊养殖的污水主要特征主要表现在 3 个方面：①排水量大且集中；②排放的水力集中，冲击负荷强；③污水里面含有较高浓度的有机物质。（污水中常伴有消毒水、重金属、残留的兽药以及各种人畜共患病原体等污染物。）肉羊养殖污水的成分复杂，包含很多的微生物（例如，大肠杆菌、炭疽、布氏杆菌、五号病等传染病菌），还含有一些水体氧化物质（例如，氨气、硫化氢、甲胺等）。除此以外，还含有一些重金属物质（例如，铁、锰、铜、汞等）。所以肉羊养殖污水的污染负荷大，属于高浓度的污水（宋颖等，2017）。

二、肉羊养殖过程中污水危害

（一）肉羊养殖污水引起的水源污染

肉羊养殖污水是一种含有大量病原体的污水，如果直接排放进入水流里，或者是存放在某个地点（当受到气候的改变时，存放的污水会经雨水顺流进入水流），都将给我们的地下水质或者水流水质造成严重的影响。羊排泄物具有很强的淋溶性，如果不合理处理，就会通过地表径流渗透后进入地下深层，污染地下水质。无法通过地表径流渗透到地下的残留物，会随雨水流入地表水中。污水里的有机物分解需消耗水中大量的溶解氧，最终导致地表水质发臭。如果地表水质的溶解氧不够分解时，残留的未分解的物质会被继续自解，产生出一些有毒气体，甚至会导致一些水生物死亡，造成恶性循环（赵改珍，2016；宋颖等，2017）。

（二）肉羊养殖污水引起的重金属污染

羊的饲料中含有大量的无机磷，部分无机磷不能被羊所吸收而直接被排出体外，造成环境污染。此外，因为大部分的肉羊饲料都采用了高铜、铁等一些微量元素作为其添加剂，而这些金属元素因不被羊完全吸收，同样会被排泄，从而进入生态环境中，给环境造成一定的污染与危害（宋颖等，2017）。

（三）肉羊养殖污水引起的微生物污染

羊的体内本生就会寄生一些微量生物，这些微生物会通过消化系统排泄体外变为真菌或者其他细菌。有些细菌会与其生态环境相互反应，从而转化为病菌。患病羊体内的病原微生物进入环境中后，首先受到威胁的就是正常羊群，当畜禽感染后，可能会暴发流行病，甚至还会危害到人类的健康，最终影响整个生态的平衡发展（宋颖等，2017）。

三、肉羊养殖过程中污水处理技术

（一）源头减量技术

源头减量是指从源头上来减少养殖场污水的产生。人们往往为了追求养殖业的快速发展，提高产量，会选择在饲料中添加高蛋白，然而当动物不能全部消化吸收时就会随着粪便排出，对环境造成一定的影响。这就需要采取合理的饲料配方，既满足羊的生产效率和产量的，又可以最大程度地减少粪便中氮、磷等的排放，降低环境污染。有些发达国家开展“生态营养饲料”，也就是在饲料的加工生产喂养过程中通过生态营养配方技术来严格控制，使动物的营养系统达到平衡，最大限度地提高营养物质的利用效率（李彩丹等，2017）。

1. 源头减量技术注意事项

①原料选择。原料的选择直接决定饲料产品的质量，营养变异小、消化率高的原料可以在保证羊群快速生长的前提下，达到排泄少、污染少的目的。首先，要选择绿色畜产品的饲料原料，原料中绿色产品至少要达到90%；其次，消化率高、营养变异少，消化率高的饲料可以使粪尿排出量减少5%；最后，无毒、无害、安全性高的原料选择也至关重要。优质草地资源的选择直接决定了牛羊的健康养殖。②加工技术。饲料的加工质量影响着畜禽的消化吸收效果，不同的畜禽对饲料有着不同的需求。③酶添加。日粮中添加植酸酶能有效提高氮的利用率，氮排出量将会减少2%~5%；添加蛋白酶、聚糖酶等，可以促进营养的消化吸收；添加益生素，可以使氮的排泄量降低2.9%~25%；尽量选择一些高效、低吸收、无残留的益生素（李彩丹等，2017）。

2. 养殖场污水的自然处理

自然处理，就是通过氧化塘、废水灌溉系统以及土地处理系统、人工湿地等对养殖场污水处理的一种技术。①氧化塘处理技术（图 9-4）。这一处理技术就是我们俗称的生物稳定塘，通过人工制造的池塘或者是天然形成的池塘等，经过加工改造成污水处理池塘。通过氧化塘进行污水处理的方式和自然体净化的方式比较相似。污水在氧化塘内停留时间越长，那么污水中的污染物在水中的降解活动也就越彻底。通过氧化塘进行污水处理，就是降低水体中的污染物质提升水体中溶解氧含量，达到有效降低水体富营养化的目的。一般来说，沉水植物氧化塘磷去除率大概在 28%~98%，氮去除率大概在 19%~65%。氧化塘处理由于自身操作方式简单且效果较为明显的特征，在污水处理中被大量的普及应用。但是其对于自然条件有着极高的要求，在这一技术的实际应用中，一般主要在有沟塘以及滩涂等区域内使用。②人工湿地处理技术。这一技术主要是通过沉淀吸附的技术，阻隔以及降解微生物，还可以通过硝化以及植物吸收等形式去除悬浮物以及重金属和有机物等。通过人工湿地等方式进行处理，其发挥作用的物质是植物、微生物以及基质。通过深入调查可以发现，人工湿地投资较低且能耗低，运行管理简单便捷，在进行污水处理过程时对于环境造成的污染比较小。但是，人工湿地处理系统需要的土地面积较大，并且对于气候环境温度的要求也较高，如果温度发生变化较大，对于其处理的效果也就不同，如果在地下进行建设，厌氧系统出泥难度较大，且维修难度提升，同时也增加了地下水的污染发生概率（崔惠强，2018）。

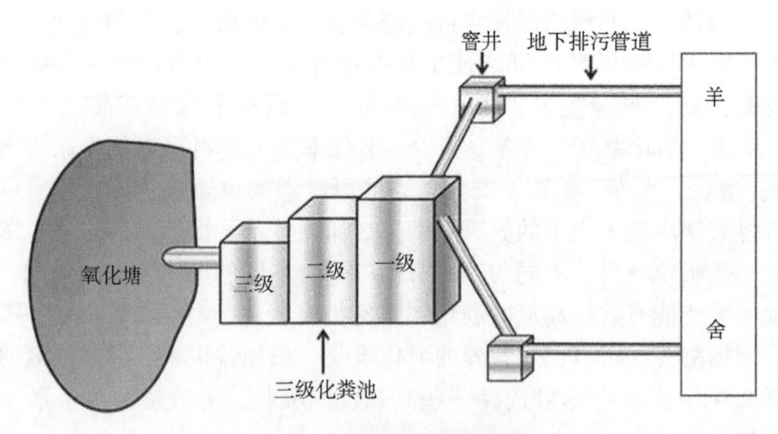

图 9-4　氧化塘处理流程图

(二) 污水厌氧生物处理技术

厌氧生物处理技术在养殖场粪污处理领域中是较为常用的，厌氧生物处理是利用厌氧微生物在无氧条件下的降解作用使污水中有机物质达到净化的处理方法。在无氧的条件下，污水中的厌氧细菌把碳水化合物、蛋白质、脂肪等有机物分解生成有机酸，然后在甲烷菌的作用下，进一步发酵形成甲烷、二氧化碳和氢等，从而使污水得到净化，又可得到以甲烷为主要成分的沼气。对于养殖场高浓度的有机废水，必须采用厌氧消化工艺，才能将可溶性有机物大量去除，而且可杀死传染病菌，有利于防疫。有试验表明，采用内循环厌氧反应器处理养殖场废水，COD 去除率达 80%，BOD5 去除率达 96%，SS 去除率达 78%。厌氧生物处理通过厌氧发酵产沼气，在降低污水中 COD、BOD 含量的同时实现资源化利用，其处理费用低于好氧处理，是畜禽养殖场污水处理的主要方法之一。工艺流程主要包括：废水（管网收集、自动控制、定时定量提升）→预处理（收集、沉淀、过滤、调质）→厌氧发酵（多效增温、污泥回流、固菌成膜、沼气收集、污泥沉降）→仿生态净化（布水沙滤、跌水曝气、短程硝化、人工净水草净化、水生植物吸收转化）→藻网滤床（藻类吸收转化、脱氮除磷）。

(三) 污水厌氧—好氧生物处理技术

厌氧生物法可处理高浓度有机质的污水，自身耗能少，运行费用低，且产生能源，养殖污水经过厌氧处理后污染物浓度虽得到很大程度降低，但是氮、磷等含量仍然很大，难以达到现行的排放标准。此外，在厌氧处理过程中，有机氮转化为氨氮，硫化物转化为硫化氢，使处理后的污水仍具有一定的臭味，需要做进一步的好氧生物处理。养殖废水经两相厌氧后再利用好氧曝气处理，COD 去除率达到 98%，BOD 去除率达到>98%，氨氮去除率达到>97%；试验证明采用改进的厌氧+好氧（+氧化塘工艺处理高浓度养殖废水，处理后总出水 COD 的平均去除率为 98.8%，NH_3-N 的平均去除率为 90.6%，SS 的平均去率达到 92.7%。经该系统处理后，出水水质可以达到《畜禽养殖业污染物排标准》（GB 18596—2001）的要求。厌氧好氧联合处理，既克服了好氧处理能耗大与土地面积紧缺的不足，又克服了厌氧处理达不到要求的缺陷，具有投资少、运行费用低、净化效果好、能源环境综合效益高等优点，特别适合产生高浓度有机废水的畜禽场的污水处理，厌氧—好氧处理技术流程如图 9-5 所示。

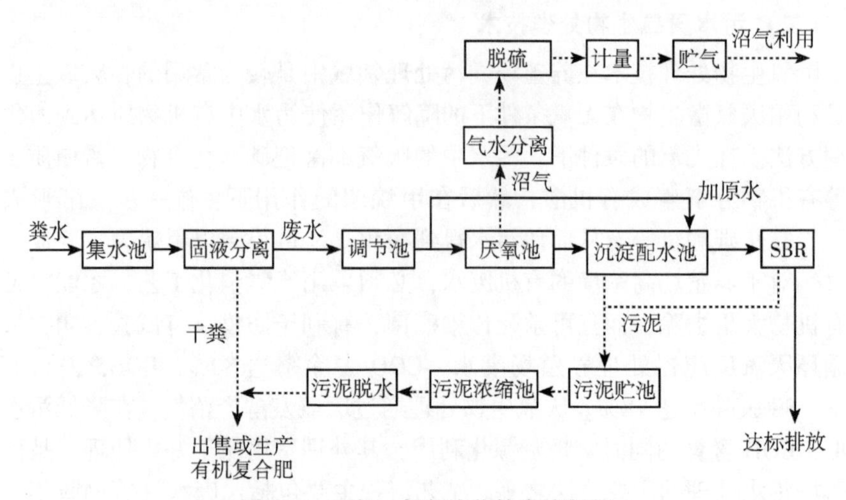

图 9-5　厌氧—好氧生物技术流程图

（四）污水处理新技术

①超声波协同 H_2O_2 法。超声波协同 H_2O_2 在电流 0.7A、处理时间 2min、H_2O_2 用量 3%时处理污水的效果最佳，COD 量可降低 95%以上，NH_3-N 含量可降至 14~15mg/L，臭味也得到了改善，污水也由黑色变为浅黄色（杨铁金等，2014）。②自然生物处理和石灰混凝沉降。采用自然生物处理和石灰混凝沉降相结合的工艺来处理养殖场污水，通过检测 CODcr、TP、pH 值、细菌总数等一些指标的变化，确定适当的自热处理天数，进一步添加不同量的石灰来观察不同阶段废水的处理效果，从而确定石灰添加量，结果表明"自然生物处理+石灰混凝沉降"工艺可以实现养殖场污水的快速处理（李雪梅，2009）。③ 改性黏土矿物的吸附。改性黏土矿物具有储量丰富、吸附处理效果好、成本低、应用广泛、再生简单等优点，具有很高的潜在使用价值。在 25℃、吸附时间为 60min、pH 值为 5、吸附用量为 0.4g 时，吸附效果最佳。对 COD、TN、TP、NH_4^+-N、NO_3^--N、SS 去除率可以达 91.75%、80.06%、80.80%、83.78%、73.51%、90.20%（李彩丹等，2017）。

现阶段，我国处理肉羊养殖污水的处理方法有很多种。如何采用最合适、最全面的污水处理方法，不仅要考虑到净水的作用，还需要结合当地的生态环境以及技术上的操作问题等多个方面。另外，处理方法的成本、日常运行费用也是需要考虑的重要元素。为了保持水资源的平衡以及生态用水的安全性，就必须切实有效地做好肉羊养殖污水的防治工作。也可以从污水回收再利用的角度出发，减少污水对干净水源的影响，将污染程度降到最低。最终达到养殖业环境与经济的可持续性发展，有效地保护和改善农村的生态环境。

第六节　对南方肉羊生产粪污处理的建议

一、加大政策扶持

推动地方政府围绕标准化规模养殖、沼气资源化利用、有机肥推广等关键环节出台扶持政策，提升规模养殖场、第三方处理机构和社会化服务组织粪污处理能力。各乡镇要以种植业为依托，积极引导畜禽养殖场与种植业相结合，最终达到农牧结合。

二、强化科技支撑

各地要综合考虑水、土壤、大气污染治理要求，制订本地区畜禽粪污资源化利用行动方案。畜禽养殖污染治理工作面广量大，集中治理后，各乡镇要逐步建立畜禽养殖污染防治长效管理机制，建立专职管理队伍，明确畜禽污染防治责任人和监督员，发现粪污直排要及时制止，落实管理资金。同时要加强同各院校的合作，加大科技资金投入，注重羊场粪污的无害化资源化利用。

三、建立有效的信息平台

以大型养殖企业和畜牧大县为重点，围绕养殖生产、粪污资源化处理等数据链条，建设统一管理、分级使用、数据共享的畜禽规模养殖场信息直联直报平台。严格落实养殖档案管理制度，对所有规模养殖场实行摸底调查、全数登记，赋予统一身份代码，逐步将养殖场信息与其他监管信息互联，提高数据真实性和准确性。

四、注重宣传引导

大力宣传有关法律法规，及时解读畜禽粪污资源化利用相关支持政策，提高畜禽养殖从业者的思想认识。利用电视、报刊、网络等多种媒体，广泛宣传畜禽粪污资源化利用行动的主要内容、工作思路和总体目标，宣传推广各地的好经验好做法，为推进畜禽粪污资源化利用行动营造良好氛围。

参考文献

陈光明，浦学文，邵波. 2017. 羊粪无害化处理与应用技术［J］. 上海蔬菜（2）：59-61.

陈直，张晓伟，王志勇. 2015. 养羊场类便无害化处理中存在的问题及循环利用对策［J］. 乡村科技（15）：10-11.

崔惠强. 2018. 浅谈养殖场污水处理技术研究进展及展望［J］. 农家参谋（4）：165.

邓良伟，郑平，陈子爱. 2004. Anarwia 工艺处理猪场废水的技术经济性研究［J］. 浙江大学学报（农业与生命科学版）（6）：42-48.

狄继芳. 2009. 呼和浩特地区畜禽粪便污染分析研究［D］. 呼和浩特：内蒙古农业大学.

付艳芳，杨丹. 2019. 发酵床养羊的制作方式及注意事项［J］. 北方牧业（15）：20.

黄文琴，刁其玉，张乃锋. 2018. 我国肉羊养殖模式的发展、工艺特点及应用现状分析［J］. 畜牧与兽医，50（9）：116-120.

李彩丹，闫晓明. 2017. 养殖场污水处理技术研究进展及展望［J］. 安徽农学报，23（6）：125-128.

李天枢. 2013. 畜粪堆肥高效复合微生物菌剂的研制与应用［D］. 杨凌：西北农林科技大学.

李雪梅. 2009. “自然生物处理+石灰混凝沉降”工艺处理养殖场污水的试验研究［D］. 雅安：四川农业大学.

刘德江. 2004. 家畜粪便厌氧消化特性与应用研究［D］. 杨凌：西北农林科技大学.

刘茂昌. 2016. 几种酸预处理对畜禽粪便乙醇化的比较研究［J］. 环境保护与循环经济，36（4）：43-44，59.

卢秉林，王文丽，李娟，等. 2010. 添加小麦秸秆对猪粪高温堆肥腐熟进程的影响［J］. 环境工程学报，4（4）：926-930.

路娟娟，张无敌，刘士清，等. 2006. 羊粪沼气发酵产气潜力的试验研究［J］. 可再生能源（5）：29-31.

宋颖，邓友华. 2017. 畜禽养殖污水生态处理方式［J］. 环境与发展，29（10）：59-60.

孙元烽. 2019. 羊粪有机肥的研制［D］. 贵阳：贵州大学.
王春铭. 2006. 城市污泥堆肥高温菌群的筛选、特性与应用研究［D］. 广州：中山大学.
王健，麻小凤. 2018. 规模化羊场粪污资源化利用好氧生物发酵处理技术［J］. 畜牧兽医杂志，37（4）：84-85.
王霞，华琳，张海龙，等. 2017. 纤维素降解菌 CMC-4 的分离鉴定、诱变和酶学特性研究［J］. 土壤，49（5）：919-925.
王晓娟. 2011. 畜禽粪便高温堆肥促腐菌剂的应用及肥效研究［D］. 保定：河北农业大学.
韦朝海，汝旋，杨兴舟，等. 2018. 污水生物处理基于氧调控的节能策略［J］. 化工进展，37（11）：4121-4134.
文少白，李勤奋，侯宪文，等. 2010. 微生物降解纤维素的研究概况［J］. 微生物学通报，26（1）：231-236.
吴为中，王占生. 2000. 不同生物接触氧化法的净化效果及其生物膜特性的比较［J］. 环境科学学报（S1）：44-50.
熊小燕，徐恢仲，张继攀，等. 2016. 中国南方养羊业的发展现状、潜力和建议［J］. 中国草食动物科学，36（4）：58-62.
徐启明. 2014. 畜禽粪便的饲料化利用概述［J］. 安徽农学通报，20（15）：136，143.
薛梅. 2016. 羊粪和风化煤有机肥的研制及工艺优化［D］. 呼和浩特：内蒙古农业大学.
杨鹏，张克强，杜连柱，等. 2011. 厌氧消化-仿生态塘-藻网滤床组合工艺处理猪场废水［J］. 环境工程，29（4）：11-14，17.
杨铁金，相玉秀，相玉琳. 2014. 超声波协同 H_2O_2 处理养殖场污水［J］. 环境工程学报，8（6）：2381-2385.
佚名. 2018. 发酵床养羊养殖技术［J］. 农家之友（1）：54.
于新东，杜长岭，孙柏秋，等. 2010. 肉羊养殖场废弃物的处理［J］. 养殖技术顾问（1）：37.
张鲁杰. 2018. 羊粪发酵生产有机肥料技术［J］. 山东畜牧兽医，39（1）：87.
张庆国. 2018. 羊粪尿的处理与综合利用［J］. 畜牧兽医科技信息（11）：13-14.
张媛媛，司倩倩，王述柏. 2015. 我国规模化养殖场污水处理现状［J］.

山东畜牧兽医，36（1）：61-65.
赵改珍. 2016. 养殖场污水的无害化处理与利用［J］. 农业开发与装备（12）：142.
赵立君. 2015. 发酵床养羊的优点及其工作原理［J］. 现代畜牧科技（2）：16.
朱文转，李传红. 1999. 南方农村集约化养猪场污染及其防治［J］. 重庆环境科学（5）：33-35.
左旭. 2015. 我国农业废弃物新型能源化开发利用研究［D］. 北京：中国农业科学院.
《畜禽粪污资源化利用行动方案（2017—2020年）》通知［EB/OL］. http://www.moa.gov.cn/nybgb/2017/dbq/201801/t20180103_6134011.
Mohammed M. 2004. Aerobic thermophilic treatment of farm slurry and food wastes［J］. Biore sour Technol.，95：245-254.

第十章　南方农区肉羊养殖消毒防疫技术

随着舍饲肉羊规模养殖疫病防治技术的不断提升，良好、完善的疫病防治技术可以全面保障畜牧业的经济发展（王伟国，2018）。舍饲可以帮助饲养工作形成良好的规模，还可以提高产品的整体质量安全，减少畜牧业发展过程中，对环境造成的影响，所以舍饲肉羊的养殖方式受到了人们的广泛关注和认可。但是在舍饲肉羊的养殖过程中，为了能对养殖疫病进行良好的防治，还需要不断加强养殖措施，保证肉羊身体健康，提高羊肉质量（符洪，2018）。总之，肉羊疫病防治非常重要，不仅能有效地保障肉羊的质量，保护人们的生命财产安全，还能有效地保证肉羊养殖的经济效益，所以肉羊养殖场必须重视疫病的防治工作，积极地应用肉羊疫病防治综合技术，通过疫苗接种、消毒、日常的饲养管理，强化疫病防治的效果（王艳辉，2020）。

第一节　消毒防疫存在的问题

当前肉羊疫病防治存在的问题，第一是肉羊疫病防治疫苗不足，疫苗注射是肉羊疫病预防的重要手段，但是疫苗在实际应用中受多种因素的影响，效果会与期望值有一定差距。①强免外的其他疫苗的储备非常少，且疫苗平常的储备也存在很大的问题，经常因为储备不当导致疫苗失效或是损坏等现象，使用于肉羊疫病防治后，疫苗不能达到养殖户的期望效果。②官方销售肉羊疫病疫苗的渠道比较少，养殖户大都从其他途径购买疫苗，而其他途径购买的疫苗在质量上存在很大的问题，不能有效的控制肉羊疾病，还会对肉羊产生其他的危害，引起一些并发症。③兽医站从事肉羊疫病防治的人员较少，不能满足肉羊养殖的实际需求，同时，还有部分养殖户为了减少资金的投入，通常在养殖场中，并没有配备兽医技术人员，大都是养殖户自己先进行防疫，由于疫苗的储备以及免疫注射不规范，导致免疫效果不高。第二是肉羊场防疫消毒观念落后，防疫消毒设施不完善。虽然我国肉羊养殖的规模不断扩大，但大都采取传统的粗放式养殖，因此，在疾病防疫制度的建立及落实上都存在一定的问题。①一些肉羊养殖场对日常消毒不重视，并对一些消毒环节直接选择忽略和跳过，使肉羊疫病的发生率增大。另外，还有一些养殖户存在一定的侥幸心理，忽视了疫病的危害程度，没有提前做好相关的防治预案，在疫病发生时不能科学应急和控制，造成疾病的大面积发生。②肉羊场没有配备无公害化处理设施，对已生病严重及病死的肉羊不能进行及时妥善的处理，使肉羊疫病扩散。肉羊场的羊舍环境不卫生，粪污处理不合理也不及时，使肉羊疫病的传播更加迅速（买尔日·吐尔逊，2018）。

羊病的流行病学特点：①流行形式上，在近年常常呈暴发和地方性流行，危害极大，损失惨重，其他病多呈散发局面。流行程度上羊病依次排序：羊链球菌病、羊巴氏杆菌病、羊葡萄球菌炎、羊传染性胸膜肺炎、羊绿脓杆菌病、羊肺线虫和羊小反刍兽疫。②品种和地区分布上，近年来绵羊的疾病比山羊的更多更严重。从区域上看，草原山区养羊集中的地区绵羊的细菌性疫病就更为突出。③从发病症状上看，以呼吸道症状（如有羊小反刍兽疫、羊巴氏杆菌病、羊链球菌病、羊支原体、羊绿脓杆菌病、羊葡萄球菌病、山羊肺线虫）和拉稀（如羔羊痢疾）为主。④寄生虫感染率高、危害越来越大。⑤非传染性病因。归根结底是生物安全措施执行不力，没有兽医基础设施；防范意识淡薄，不能到大型正规养殖场引种；不能正常的开展消毒灭源工作；疫病监测工作不能正常开展；不因病设防、不程序化免疫等一系列因素，导致疫病常年发生。在养殖设备落后及思想认识不够的养羊场发病较严重，往往在中、小型养羊场及散养户更为严重（刘小勇，2018）。

第二节　消毒技术措施

消毒工作是肉羊疫病防治综合技术中必不可少的环节，积极进行消毒工作能够有效地抑制病菌的产生，阻断疫病传播的途径。消毒的目的是能对空气中的病原微生物数量进行控制，消灭外界环境中、羊体表面及用具上的病原微生物和虫卵、幼虫。切断传播途径，控制或减少传染病和寄生虫病的发生与流行，全面限制病原体大量传播。而现实中大部分养殖户并不重视消毒工作，日常的卫生清洁也不全面，为病菌的产生提供了温床，因此，肉羊养殖户平时应重视消毒清洁工作，并配备相应的消毒设施。

在养殖过程中不仅要对肉羊的生活区以及生产区进行消毒，同时，还要对部分死角地带进行消毒（吕俊，2019）。另外，消毒方式的选择也是非常重要的，肉羊养殖场可选择如药物喷洒、火焰喷烧、药物熏蒸等。消毒药物的选择要多样化，不能长时间只用一种药物，这样能够有效地防止病菌产生耐药性以及抗体。养殖场在进行消毒工作的同时，要做好养殖场的消毒工作，针对肉羊圈舍、粪污进行清洁处理，进而提升肉羊疫病综合防治的有效性。做好消毒工作实际生产中要考虑自场的实际生产情况，从而制定科学符合实际的消毒制度。

一、羊舍消毒

羊出栏后，先彻底进行清扫，然后使用消毒药将畜舍的天棚、墙壁、饲槽、地面均喷洒。产房在产前、产后以及产羔高峰时应进行多次消毒。正在使用的羊舍要坚持每周带羊消毒 1 次。常用的消毒药有：季铵盐类消毒剂、复合醛类消毒剂、10%~20%石灰乳、5%~20%漂白粉溶液、2%~4%氢氧化钠溶液、5%来苏尔、20%草木灰和 4%福尔马林等（尹彦昆，2019）。

二、地面土壤的消毒

对羊舍和病羊停留过的土壤，应铲除表土，清除粪便和垃圾，堆集发酵，或予以焚烧（停放过病羊尸的场所）。小面积的土壤消毒，可用 2%~4%氢氧化钠溶液、10%~20%漂白粉溶液或 10%~20%石灰乳等。

三、粪便污水的消毒

羊的粪便消毒最实用的方法是生物热消毒，即在远离羊舍的地方，将羊粪堆积起来，上面覆盖 10cm 厚泥土，进行堆积发酵，一般经 3 个月后即可用作肥料。对污水的消毒常用方法是将水引入污水处理池，加入消毒药，如漂白粉或生石灰等，一般 1L 污水加漂白粉 2~5g（尹彦昆，2019）。

四、皮革和羊毛的消毒

死于炭疽的羊尸禁止剥皮，应将尸体焚烧或深埋。对患口蹄疫、布氏杆菌病、羊症、坏死杆菌病等的羊皮均加以消毒。目前广泛使用环氧乙烷气体消毒。消毒时必须在密闭消毒室或良好的容器内进行。此方法对细菌（包括炭疽芽孢）、病毒、霉菌均有很好的消毒作用。

五、加强环境消毒

要注意定期对羊舍消毒，杀灭环境中的细菌与病毒，减少寄生虫，预防疾病发生。要建立羊舍消毒制度，在大门口建立消毒池、更衣消毒间，消毒时在消毒池里放进不易挥发、耐有机物与日晒、杀菌谱广、消毒力强的消毒剂，并及时更换，保证具有较强消毒作用。通常是1周消毒1次，发生疾病时1周需消毒3次，先用清水彻底冲洗羊舍各种污物，再用消毒液消毒，做到舍饲肉羊清洁安全养殖。

定期对羊舍、用具和运动场等进行消毒，是消灭外界环境中的病原体、切断传染途径、防治疫病的必要措施。要根据养殖场的生产情况，制定科学的消毒方法。常用的消毒方法有：①物理消毒法。主要包括清扫冲洗、通风换气、高温高热、日照和紫外线照射。②化学消毒法。最常用的一种消毒方法，用化学消毒剂彻底消灭养羊场和羊舍的病原体。③生物消毒法。利用发酵过程所产生的热量杀灭病原微生物，主要是对生产中产生的粪便、污水、垃圾和垫草等的消毒，有堆积发酵、沼气池发酵等。

一般每年春秋两季对羊舍、用具及运动场各彻底消毒1次。产羔前对产房也要加强消毒，产羔高峰时进行多次，产羔结束后再进行1次。在病羊舍、隔离舍的出入口处应放置浸有消毒液的麻袋片或草垫；消毒液可用2%~4%氢氧化钠（对病毒性疾病）或10%克辽林溶液，以确保圈舍环境卫生、安全。如果饲养场中存在某种流行疫病，可以采用火碱进行扑灭性的消毒处理。

第三节　防疫技术措施

实际生产中应该时刻关注饲养场的环境卫生，应确保羊只生长环境的卫生状况，对于饲养舍和运动场，羊只采食的饲料和饮水等都要有严格的卫生管理制度，至于场内饲养管理生产中的所有用具都应该做好卫生管理工作。羊场环境控制包括许多方面，其中羊舍及周围的绿化对羊群健康和环境改善效果明显。做好羊场绿化可以使羊舍空气中的细菌大量减少；可以减轻噪声污染、调节场内温度和湿度、改善羊场小气候、减少太阳直射和维持羊舍气温恒定等。因此，在建设羊场时，要因地制宜，合理设计并规划好有利于控制环境的羊舍及羊舍周围的绿化，为羊创造一个冬暖夏凉、温馨舒适的环境。

一、羊场场址选择

羊场的合理选址与建设养羊场在选址过程中要选在交通条件较好、背风向阳、土壤排水性能较好的区域，便于养殖运输以及各项资源有效供应。与各类饲养场地以及加工区域保持相应距离，全面创设养羊场良好的养殖环境。在羊舍建设过程中，要强化羊舍内部环境透风与采光条件，依照养殖基本规定对羊舍面积进行控制。对每个圈舍实际饲养的羊只数量进行控制，这样能有效防止各类疫病传播。为了更好地提升饲养管理效率，可以在养殖场中预设饲养员专用通道（王艳辉，2020）。

二、肉羊品种的选择

目前我国大多数养羊场饲养的肉羊品种主要是以下类型，常年配种且多产的羊羔、生长发育速度较快、早熟型肉羊品种。相关管理部门要结合当地羊养殖基本现状，强化品种繁育与品种改良操作，避免受到长时间饲养影响，对后代羊群养殖品种质量产生较大影响。养羊场在肉羊选育过程中要拟定具体计划，有针对性地以品种较好的公羊做种，和母羊进行繁殖，或是将不同品种的公羊和母羊进行杂交，这样能全面优化羊群品质。养殖场管理人员要建立完善羊群系谱档案，对品种乱配问题进行控制，全面提升选育改良成效。

三、养殖人员管理

养殖场可以定期对养殖人员进行培训，保证养殖人员具有一定的防疫知识，增强养殖人员自身的专业素养，完善舍饲肉羊养殖防疫工作制度，健全肉羊免疫程序，要实现科学规范化管理，养殖人员也要虚心学习防疫知识，以提高舍饲肉羊养殖场整体养殖水平（张奎举，2019）。

四、建立健全日常卫生防疫制度

日常的检查工作也是保证肉羊健康成长的关键性因素，对于肉质的提升也有重要意义。饲养人员还可以通过对羊群的观察，对肉羊的精神、食欲以及粪便等状况进行观察，从而能够在第一时间了解肉羊出现的各种异常现象，便于饲养人员及时对羊群进行治疗。一旦在日常检查过程中发现有类似的传染病，还要对得病的肉羊进行隔离处理，并且对病羊的尸体进行采深埋或者是焚烧处理，确保可以切断病原，保证羊群的整体健康状况（王伟国，2018）。日常生产中也不能忽视消毒灭蝇、灭鼠的工作落实情况，饲养场内羊只排泄的粪便都应该按照相关的要求进行无害化处理。如果场内有死因不清楚的羊只出现，切忌随意剥皮吃肉或者是随便丢弃，否则会导致疫情的扩散，造成更大的损失。生产中应该遵循相关兽医工作人员的监督和指导，通过焚烧、深埋或者高温消毒等方式进行适当的处理。对死因不能确定的羊只须采取深埋、焚烧或高温处理，绝对禁止剥皮吃肉或随便丢弃处理，这些操作应该在专业兽医人员的监督下正确进行。加强羊场日常的饲养管理工作，羊场平时应关注饲养羊只的营养情况，保证羊只不缺少营养物质的摄入，尤其要重视妊娠母羊和育成羊的营养。严格禁止羊只采食霉变的饲料或有毒的牧草，及刚刚喷洒过农药的牧草。羊只也不能饮用死水和被污染的饮用水，主要是避免水质被寄生虫和病原微生物侵袭。平时应该保证羊舍的卫生状况，并且确保通风换气条件良好（赵师广，2019）。

五、强化日常的饲养管理工作

如果羊群采取放牧饲养的方式，应该进行合理的组群。如果饲养场的条件允许，还要针对草场展开合理的划区、轮牧计划，尽量避免牧场出现超载的情况，确保草场的再生和更新不受影响，同时对疾病的传播和再次感染都有比较好的效果。日常放牧应该考虑天气情况，以减少不必要的损失。放牧的地点应该避开低洼或潮湿的地区，放牧时应避免羊群采食露水草等，减少消化道疾病发生。加强饲养管理，保证清洁安全养殖。为防控疾病，应按照肉羊不同生理阶段，严格开展饲养管理工作，满足舍饲肉羊的营养物质需求，使其正常生长、发育、生产。做好饲料贮备，满足肉羊营养需要，提高它们的抗病能力。对于正在生长发育的幼龄肉羊和妊娠期、泌乳期成年母羊、种公羊而言，营养物质至关重要，尤其是在配种期间更需要较高营养水平，饲喂多样化饲料，保证营养全面，促进舍饲肉羊的发育、生长和繁殖。此外，要适当增加舍饲肉羊运动量，保证每一天让肉羊运动量适度，避免因长期缺乏运动而患上前胃迟缓等疾病（韩雪，2018）。

六、强化日常养殖管理

为了保障肉羊在养殖过程中能有效成长，要结合羊群实际生长发育现状做好各个时期营养供应工作。对养殖饲料和饮水安全进行控制，对投喂的饲料质量进行检测，避免投入变质发霉的草料，这样能有效预防各类疫病与寄生虫侵入羊只体内，防止疫病发生。针对养殖中的死羊，要及时采取处理措施，对养殖环境进行高温消毒，将死亡羊只在指定区域焚烧或是深埋，不能随意处理，防止疫病大范围扩散。确保饲养环境的清洁，保持羊只圈舍的清洁与干燥状态，正确处理好通风换气的矛盾，控制羊群的饲养密度，避免夏季炎热而频发疾病。每天对羊只的圈舍加以清理，并将粪便定点堆积发酵处理。平时应该保证饲喂器具清洁卫生，并且还要定期加以清洁处理。保证羊群采食质优的饲草和饮用水，避免接触蚊、蝇、鼠等，控制传染病和寄生虫病的流行和传播，适时采取相应的杀虫灭鼠措施。为了保障肉羊在养殖过程中能有效成长，要结合羊群实际生长发育现状，做好各个时期营养供应工作。对养殖饲料和饮水安全进行控制，对投喂的饲料质量进行检测，避免投入变质发霉的草料，这样能有效预防各类疫病与寄生虫侵入羊只体内，防止疫病发生（区兴文，2019）。

七、定期驱虫

羊的寄生虫是养羊生产中较为常见和危害特别严重的疾病之一。患羊轻者体弱消瘦，生长发育受阻，繁殖力和生产性能下降，重者可造成大批死亡。因此，应加强羊群检查，定期进行驱虫处理（王伟国，2018）。定期驱虫是预防疾病的一项重要措施，同时能避免羊在轻度感染后进一步发展造成严重危害。饲养场应根据当地寄生虫病的流行情况对羊群定期驱虫，大多为春、秋季分别全群驱虫一次，药物应选择广谱、高效、低毒驱虫药物，如丙硫咪唑类药物对胃肠道线虫、肺线虫和绦虫有效，可同时驱除混合感染的多种寄生虫；阿维菌素类药物对线虫及体外寄生虫有效，但对绦虫和吸虫无效，对低洼阴湿的吸虫高发地区可采用硝氯酚、肝蛭净等药物效果最佳，对绦虫高发区采用吡喹酮、氯硝硫胺、硫酸铜、硫酸二氯酚等驱虫效果较好。不同地区可以根据本场的具体情况确定驱虫的实际次数，驱虫10d内羊只排泄出的粪便都应进行统一的收集，并作无害化处理，确保将虫卵和幼虫彻底杀灭。蠕虫大多在秋冬季节进行驱虫，因为秋冬季不适于虫卵和幼虫的发育，此时驱虫可以很大程度上降低虫卵给羊场造成的污染。

对于舍饲养羊，由于羊活动范围变小，容易造成圈舍潮湿和环境不良，往往会引起寄生虫病的发生。羊群药浴时，可选择0.1%～0.2%杀虫脒水溶液、1%敌百虫水溶液或速灭菊酯、溴氰菊酯等药液，在剪毛后10d左右进行，以防治羊螨病等寄生虫病。在肉羊养殖过程中，各类寄生虫病害较为常见，常见的寄生虫主要有肝片吸虫、胃肠道线虫、肺线虫等。针对常见的寄生虫病害可以选取驱虫净、四咪唑、丙硫咪唑等进行驱虫。对投入剂量进行控制，或是选取相应浓度伊维菌素进行肌注。在疥螨病等预防中，可以应用药浴法与涂抹法进行预防。在每年养殖过程中，针对常见的寄生虫病进行预防，对羊粪便中的虫卵进行检查，间隔半月进行驱虫。在羊只饲养过程中，养殖管理人员要定期对羊群进行观察，如果发现异常问题要及时进行处理。对羊群抗体合理检测，诊断疫病发生主要原因。对血液样本及时获取，展开血清抗体检测。定期对羊只进行抽样检查，记录其抗体变化情况。

八、建立严格的防疫制度

①执行严格的检疫制度。有条件的饲养场应遵循“自繁自养”的原则，可以较好地控制疫病流行。当饲养场必须引入羊只时，应保证从非疫区购买，并提前了解当地的疫情，将相关检疫工作落实到位。②落实免疫计划。参考当地经常出现的传染病种类以及近期疫病的流行情况，结合本场的饲养实际制定科学合理的免疫程序，保证羊只终生都具有特异性的抵抗能力，同时应该将疫苗合理保存，正确运送和科学使用。③坚持自繁自育与引种结合。在舍饲肉羊养殖过程中，要减少外引羊只，避免携带病菌羊混入羊群，影响羊群健康。坚持自繁自育，如果条件不允许，必须引进肉羊时，要对引入羊只进行严格检查，查看其归属地是否有疫病发生，羊群是否携带疫病，按照相应要求严格把控。通常在对羊群归属地观察半个月左右，才可以引进肉羊，引进后，还需按照隔离饲养的原则持续观察 1 个月后，经过相关的专业人员检查确认无疫病感染方可混群饲养（张国军，2019）。

九、做好疫苗防疫工作

实行计划免疫，有效控制肉羊疫病。对于舍饲肉羊养殖疾病而言，最有效最直接的防控策略就是对羊群实行计划免疫接种，通过接种疫苗的方式激发肉羊本身的抗病能力，降低肉羊患各种疾病的风险。以预防为主，定期接受疫苗防治。为了保证肉羊疫病的发生率有效降低和不发生，最重要的是要做好预防工作，将疫病扼杀在发生之前。

免疫接种是激发羊体产生特异性抵抗力，使其对某种传染病从易感转化为不易感的一种手段，进行免疫接种，是预防和控制羊传染病的重要措施。免疫接种工作是一项技术含量较高的工作，因而养殖场在实施此项工作时，要仔细认真、规范操作（王小平，2019）。使用前要注意疫苗是否在有效期内，疫苗稀释后一定要摇匀，并注意剂量的准确性，在运输和保存疫苗过程中要低温，按照说明书采用正确方法免疫，如喷雾、口服、肌肉注射等。在使用弱毒活菌苗时，不能同时使用抗菌素，只有完全按照要求操作，才能使疫苗接种安全有效。科学免疫接种要结合本地区的疫病流行特点，制定科学的疫苗免疫程序，选择针对性的疫苗，妥善保管疫苗与稀释疫苗，按照疫苗使用说明书，科学接种，保证接种剂量，提高免疫效果。

预防山羊疫病要重点抓好以下防疫：第一，每年 3—4 月选择使用山羊痘疫苗免疫接种，不论羊大小，一律皮下刺种 0.5mL，免疫期 1 年；第二，选择使用羊快疫、羊猝疽、羊肠毒血症、羔羊痢疾四联疫苗每年 3 月底至 4 月初和 9 月下旬进行 2 次疫苗免疫接种，不论大小一律肌肉注射 5mL；第三，每年 3 月和 9 月分别肌肉注射山羊传染性胸膜肺炎疫苗，6 月龄以下的断奶山羊每只肌肉注射 3mL，6 月龄以上的山羊每只肌肉注射 5mL；第四，3 月和 9 月肌肉注射羊口蹄疫疫苗，断奶后每只肌肉注射 1mL，24 月龄以上羊每只肌肉注射 2mL。做好定期消毒和免疫是养殖环节的重要措施，是提高成活率的关键。在缺硒地区，应在羔羊出生后 6 日左右注射亚硒酸钠预防白肌病。对发生过的其他传染病受威胁的羊只，应进行相应的预防接种（区兴文，2019）。

夏季到来前要根据本地与周围地区流行的情况，做好全群的三联四防灭活苗、羊痘鸡胚化弱毒苗、山羊传染性胸膜肺炎氢氧化铝灭活苗的预防接种工作。初生至断奶期的羔羊更要重视预防接种工作，生产中应该给予重视。免疫接种工作的技术含量较高，在开展该工作时要先订立科学的、翔实的免疫接种计划、程序等，规范免疫接种行为；根据肉羊疾病流行情况与常规免疫项目，从而结合特殊免疫和常规免疫。因引发肉羊传染病的原因很多，所以需采取综合策略进行防控，充分了解引进羊疾病流程，在检疫之后购买，并隔离观察 1 个月，保证肉羊健康，同时注射疫苗且驱虫之后再饲养。

做好疫苗接种工作。当前在羊群养殖过程中合理应用疫苗能有针对性进行预防接种，全面提升羊群疫病抵抗力，预防各类疫病。当前养殖人员要拟定具体的免疫接种计划，结合不同传染病发生与发展情况，依照对应程序进行接种。养殖过程中要重点对各类常见的疫病进行免疫接种，比如羊痘、羔羊痢、羊口蹄病等，提升肉羊基本免疫能力。针对商业痘疫苗，在注射过程中可以选用生理盐水进行稀释，然后在皮下进行注射。每年春秋季节间隔注射一次，提升羊只免疫力，保障肉羊能健康生长。因此，在肉羊疫病防治过程中，要加强疫病的预防工作。在日常的饲养管理过程中，要对肉羊定期接种疫苗，重视肉羊养殖的消毒工作，对羊舍以及肉羊活动的区域定期消毒，以保证肉羊养殖环境的安全、卫生，减少病菌的产生（陈坤海，2019）。

严格执行休药期制度。养殖场要严格按照国家药物规定展开工作，杜绝使用国家禁用药物，防疫管理部门要定期检查养殖场休药期的执行情况，减少肉羊大量使用药物情况现象发生，确保肉羊质量安全。

第四节　其他防疫技术措施

人们对于食品的要求不断提高，羊肉作为营养丰富的食物，一直以来都受到人们的广泛喜爱，在现代化的畜牧养殖业中，舍饲肉羊养殖作为养殖业中的关键组成部分，其重要性正在不断提升。同时，一些舍饲肉羊养殖企业通过科学的养殖方式，已经达到一定的富裕水平。为使舍饲肉羊养殖企业产生更高的效益，其中养殖技术便是关键。但是在舍饲肉羊养殖企业中还存在许多因素对肉羊养殖的效益造成影响，舍饲肉羊疾病的出现便是一个重要的因素（格铭措，2019）。

一、中医疗法在肉羊疾病中的防治

实施中兽医疗法，做好防疫工作舍饲肉羊饲养中，要坚持中兽医疗法的规范化实施，通过药物作用的发挥，对疫病进行科学且有效的预防。在四季变化中，要结合舍饲肉羊的生长情况以及具体抗病能力选择有针对性的中药，通过内服方式进行治疗，以确保舍饲肉羊的抗病能力得到明显提升。对于新引进的肉羊，自引进开始，可结合肉羊体质对其日粮进行调整，将黄芪多糖粉加入日粮中，使肉羊的抗病能力得到明显改善。对于预产的母羊，可通过益母生化散改善母羊子宫状态，促进母羊子宫恢复，以促进母羊胎衣在产后得以顺利排出。蒲公英散在舍饲肉羊疫病预防中也具有良好的应用价值，能改善肉羊乳房状态，科学预防乳房炎，通过消黄散对肉羊中暑情况进行预防，使舍饲肉羊在夏季保持健康的存活状态。

羔羊腹泻。羔羊腹泻的出现与环境的变化有一定的联系。由于气候的问题，导致一些羊舍潮湿、不通风；同时，羔羊进食过量初乳以及人工的不标准饲喂等都会引起羔羊的腹泻。针对这一疾病，在中兽医治疗时可将白针与中药应用其中。将艾绒添加在白针的针柄处，利用温针灸施展，以脾俞为主穴，在羊的后海、后三里、百会以及胃俞等穴位进行施针。同时还要通过中药进行乌梅散的配制，引导羔羊进行口服。在口服乌梅散配制时，具体选材与计量如下：乌梅肉微炒，选取 22. 4g；黄连微炒后去须，选取 23g；当归以锉或炒，选取 22g；附子去皮，选取 22g；阿胶压碎炒黄，选取 29g；甘草以锉，选取 80g；肉豆蔻去壳，选取 30. 5g。

感冒。感冒在肉羊中出现的几率较大，从中兽医的角度分析，肉羊感冒主要由于风热以及风寒引起。肉羊感冒的症状较为明显，流鼻涕、发热、咳嗽、行动缓慢且食欲不振等。基于中兽医角度，在对该疾病进行防治时，可以采用血针以及中药2种方式。对于血针，其主要针对的穴位为鼻俞，配穴以通关、涌泉、耳尖、山根为主。在此基础上，再对肉羊进行口服麻黄汤，对于口服麻黄汤的选材与计量：麻黄10g、杏仁11g、桂枝5.5g以及炙甘草3g。通过二者的有效结合，进而对肉羊进行更好地解热、驱寒，对肉羊的感冒进行治疗（格铭措，2019）。

羔羊痢疾。对于舍饲肉羊中的羔羊，比较容易感染的疫病是痢疾，一旦在这一阶段出现痢疾疫病，会导致羔羊在生长中出现腹痛腹泻、粪便稀等问题，严重时可能会导致羔羊拉出的粪便如水状、带有血丝，极易导致羔羊无法站立，长时间卧地不起，虚弱无力，影响羔羊的健康生长。基于中兽医角度，对舍饲肉羊疫病进行预防和治疗时，要结合羔羊痢疾的具体表现采取有针对性的治疗措施，并采用中药进行调理，以达到良好的治疗效果。通过白针方式对羔羊痢疾进行治疗时，要找准治疗的主穴，本次治疗主穴为后海，并找准入针的配穴，最佳的配穴为关元俞、后三里和脾俞，找准主穴和配穴以便顺利入针。通过水针对羔羊痢疾进行治疗时，同样要选定主穴和配穴，主穴为百会，配穴为后海，通过二者协调配合顺利入针。在实际治疗中，要重视药物的合理化应用，以更好地为白针和水针治疗提供辅助。实际药物注射中主要以青霉素为主，结合羔羊痢疾的具体情况调整青霉素用药量，以40万IU为最佳，可围绕这一标准适量浮动，但不可过多用药，以免给羔羊生长造成不良影响。在中药调理方面，可通过白头翁汤进行配制，以患痢疾的羔羊为对象，使其采取口服的方式。在白头翁汤选材与计量时，要结合羔羊症状，科学选择中药材，黄连、白头翁、秦皮、黄柏都是不可缺少的中药材，在对其进行精准计量后，置于适量水中，进行熬制，待熬制成药汤后，对患有痢疾的羔羊进行灌服，结合羔羊患疫病情况确定灌服次数，进而达到良好的治疗效果。

二、内外科疾病防治

当前在羔羊痢疾预防过程中可以选取氢氧化铝菌苗，在实际操作过程中就是在母羊生长之前的10~20d内在羊腿内侧进行免疫接种。然后间隔10~20d，再进行注射，能全面提升羔羊基本免疫力。在羊养殖过程中，羊痘高发时间是在夏、冬季节，主要病因是受到痘病毒影响。当羊养殖中感染羊痘之后，羊眼部周围、四肢内部等位置皮肤开始出现红斑问题，长期发展红斑将会变为水泡，经过感染之后便会变成恶性羊痘，伴有相应的高烧问题。针对羊痘防治，要将防治季节选在每年春季。针对破伤风预防，可以定期接种破伤风类毒素疫苗，在具体接种之前，要保障羊体具有良好的免疫力，在母羊生产之前以及羔羊育肥最佳时间进行疫苗注射。母羊在养殖中要避免感染衣原体导致流产，所以养殖管理人员在母羊怀孕前后 30d 内，要在母羊皮下肌注对应的疫苗（陈阳，2019）。

羊口蹄疫是羊养殖过程中常见的疫病，可以在每年春秋时节进行接种，依照肌注方式进行接种。传染性胸膜肺炎危害较大，结合不同月龄的肉羊需要采取适量的肌注方式，能全面提升羊只生长免疫力。在每年春秋季节能对肉羊接种的羊链球菌疫苗，在养殖场肉羊养殖中要及时做好各项隔离措施，对疫区合理划分，间隔 6 个月注射一次，然后对羊养殖用具等进行清洗，及时进行消毒。对于感染羊链球菌病的羊只，要折射适量氟苯尼考等，结合病情对注射间隔时间与次数进行控制，能获取良好的养殖成效（王小林，2019）。

三、肉羊疾病治疗的常用注射方法

（一）皮下注射

皮下注射通常在肉羊疫苗注射中使用，另外无刺激性、易吸收药物也可以采用该种注射方法。针对肠毒血症、羊快疫等肉羊疾病，通常采用皮下注射方式方便操作，并达到快速见效的目的。注射部位主要为颈部或柔软、松弛股内皮肤，操作时将皮肤拉起，形成三角褶皱，然后将注射器针头刺入皮下，确认能左右自由活动后推入药液，药液量一般在 20~50mL。刺入时通常采用 18、20 号针头，长约 3cm，使针头与皮肤保持 45°角，药液应平缓推入（姚开梅，2019）。

（二）肌肉注射针

对感冒、中暑等常见肉羊疾病，通常采用肌肉注射方法，另外羊猝死症、羊快疫等疾病也可以进行肌肉注射，此方法应用范围较广。春秋季节发现肉羊出现感冒症状即可进行 30%安乃近或 5~10mL 复方氨基比林注射。注射用 10mL 蒸馏水稀释的 50 万~100 万单位青链霉素能避免继发感染的发生，注射时药物剂量尽量控制在 5mL 以内。注射部位多选颈侧肌肉丰满位置，由于肌肉内拥有丰富血管，所以能使药物随血液循环进入肉羊体内，在短时间内发挥药效。肌肉内只分布少量感觉神经，可以使肉羊痛感减轻，因此，注射刺激性强或存在副作用药物，可以采取肌肉注射方法。为避免肌肉注射导致肉羊坐骨神经受损，还要避免靠近尾部大腿。操作时需要在肉羊肩胛前缘部分，即颈部 1/3 位置进行注射，用左手将肌肉以“八”字形压住，以执笔方式把握注射器，使针头与皮肤保持垂直，快速刺入，深度在 2~4cm。刺入针头后用手指握住裸露结合部分，用食指指节顶住皮肤，回抽注射器内塞，无回血现象可以完成药液注射。结束后用酒精棉压迫针孔位置，拔出针头同样要迅速。

（三）静脉注射

肉羊日常疾病的治疗，常采用静脉注射方法。如肉羊因饮水不足、消化不良等问题出现中暑、瘤胃积食等病症时，可以进行药物静脉注射。操作时还应选择羊耳部或颈部，剪毛后用手拍打静脉，使针头刺入，然后顺着血管平推，针尖斜面朝上，沿静脉压迫点前约 2cm，使针头与皮肤保持 30°~45°角，在血液进入管后推入药液。完成注射后需要用左手对注射管进行按压，然后用右手拔管。在肉羊的血液原虫驱除治疗中也常采用静脉注射方法。但由于需要对有毒性或刺激性的药物进行注射，处理不当将引起肉羊中毒或局部肌肉坏死，因此还应严格按照要求完成注射液稀释，利用 20mL 的 5%葡萄糖完成每只注射液的稀释。在针头选择上还应结合肉羊体制确认针头大小，并加强药量控制（姚开梅，2019）。

（四）气管注射

相较于其他注射方法，气管注射方法的使用相对较少。但在肉羊发生肺部受寄生虫感染、支气管呼吸不顺等疾病时，需要通过气管注射取得较好治疗效果。在实际操作时，应在肉羊喉头下方位置，具体在气管 1/3 进行注射。需要使肉羊侧卧，头部比臀部高，摸清气管软骨环，然后用手指对该位置皮肤进行固定，将注射器垂直刺入气管。刺入后摇动针头，然后连接注射器抽动活塞，如果发现有气泡可以将药液缓慢推入。为保证药液能进入两侧肺，还要在隔天使肉羊转卧另一侧，然后进行 2 次注射（姚开梅，2019）。

参考文献

陈坤海. 2019. 肉羊卫生防疫与疾病防治措施［J］. 草食动物（8）：84.

格铭措. 2019. 中兽医在舍饲肉羊疫病防治中的应用［J］. 畜牧兽医科学（1）：38-40.

陈阳. 2019. 养羊场肉羊疫病防治综合措施［J］. 农民致富之友

(9)：47.

韩雪. 2018. 肉羊疾病的综合预防［J］. 草食动物（12）：83.

刘小勇，邱国星，彭桂萍，等. 2018. 羊病流行特点及综合防控措施［J］. 中兽医学杂志（6）：1.

买尔旦·吐尔逊，康强. 2018. 肉羊疫病防治的综合技术及应用［J］. 草食动物（8）：71.

区兴文. 2019. 山羊舍饲育肥规程及疫病综合防控［J］. 畜牧兽医科学（5）：25-26.

王伟国. 2018. 舍饲肉羊规模养殖疫病防治技术要点［J］. 农民致富之友（5）：127.

王小林. 2019. 如何做好种羊的防疫工作［J］. 草食动物（4）：71-72.

王小平. 2018. 保障肉羊养殖安全的防控措施［J］. 草食动物（5）：77-78.

吕俊. 2019. 规模羊场疫病综合防治措施分析［J］. 饲料博览（7）：74.

符洪，徐铁山，李亚男，等. 2018. 加强舍饲肉羊疾病防控探究［J］. 畜禽业（4）：110.

王艳辉. 2020. 浅谈肉羊养殖的疫病防治措施［J］. 畜禽业（4）：79.

姚开梅. 2019. 探究肉羊疾病治疗的常用注射方法［J］. 中国畜禽种业，15（7）：163.

尹彦昆. 2019. 肉羊疾病预防措施［J］. 山东畜牧兽医，40（5）：72-73.

张国军. 2019. 肉羊疾病的综合预防与防疫措施综述［J］. 山东畜牧兽医，40（5）：83-84.

张奎举. 2019. 舍饲肉羊养殖防疫体系的建设初探［J］. 草食动物（8）：74.

赵师广. 2019. 肉羊卫生防疫与疾病防治要点阐释［J］. 农村参谋（12）：152.

第十一章　南方农区羊肉生产质量安全与检测技术

第一节　羊肉的品质评价

肉类食品是人类饮食结构中的一类重要食物，肉及肉制品是人们汲取营养的重要途径之一。肉品品质的优劣不仅关系到屠宰企业的经济效益，更会影响到消费者的健康状态以及生活质量。随着我国科技水平的提高，肉品品质的评价方法和手段也在不断改进。肉品品质涉及多个方面，如营养品质、食用品质、加工品质以及安全品质等。

一、羊肉的营养品质

营养品质指标主要指蛋白质、脂肪酸、维生素和矿物质的种类和含量。肉的营养物质包括蛋白质、脂肪酸、无机盐和维生素。肌肉中水分含量约为75%，蛋白质含量为20%左右，矿物质约占1.5%（林海和谭畅，2018）。羊肉的营养价值丰富，近年来备受消费者青睐。羊肉具有“高蛋白、低脂肪、低胆固醇”的特点（SchaFer等，2002），同时，羊肉中富含维生素、矿物质（Ca、P、Fe、Zn和Se）、氨基酸和脂肪酸（饱和脂肪酸、油酸和亚麻酸）等（肖芳和朱建军，2018）。

（一）蛋白质

鲜肉中蛋白质的含量较高，仅次于水分，约占肌肉总重的20%，肌肉中蛋白质的种类按照其分布位置可分为肌原纤维蛋白、肌浆蛋白和基质蛋白。蛋白质由氨基酸组成，其营养价值由氨基酸的种类和含量共同决定。动物肌肉中含有人体所需的8种必需氨基酸：苯丙氨酸、蛋氨酸、赖氨酸、苏氨酸、色氨酸、亮氨酸、异亮氨酸和缬氨酸（尹靖东，2018）。

（二）脂肪酸

脂肪酸包括不饱和脂肪酸（Unsaturated Fatty Acid，UFA）和饱和脂肪酸

(Saturated Fatty Acid，SFA)。UFA 中，ω-3 系列的亚麻酸和 ω-6 系列的亚油酸是人体生命活动必不可少的必需脂肪酸，必须从外界食物中获取。畜产品中的脂肪酸的种类为 20 多种，其中不饱和脂肪酸中油酸含量较高，饱和脂肪酸中硬脂酸和棕榈酸居多（尹靖东，2018）。

（三）矿物质

矿物质是一些无机盐类和元素的总称，在肉中的含量相对较低（占 1.5%左右）。根据矿物质在动物体内的含量高低，可将矿物质分为常量元素和微量元素。常量元素包括钙（Ca）、磷（P）、钾（K）、钠（Na）、氯（Cl）、硫（S）和镁（Mg）等；微量元素则是指铁（Fe）、铜（Cu）、锰（Mn）、锌（Zn）、碘（I）、硒（Se）和钴（Go）等。矿物质对人体具有不可或缺的作用。例如微量元素中的 Se 具有抗氧化、消除自由基、防衰老以及解毒的功效；Zn 是与消化有关的几种重要酶的组成成分，缺乏时会造成人体食欲减退、生长发育停滞等，婴儿可能会因 Zn 的缺乏造成智力发育迟缓（尹靖东，2018）。

二、羊肉的食用品质

肉品品质评价方法中，食用品质是决定肉类商品价值最重要的因素。食用品质是从传统肉品质中提炼出来的强调肉品质的感官特性，包括色泽、风味、嫩度、多汁性等。

（一）色泽

色泽是人们对肉的第一印象，它主要取决于肌肉中肌红蛋白的含量和化学状态。脱氧肌红蛋白本身呈现出紫色，与氧结合后生成氧合肌红蛋白呈鲜红色，而脱氧肌红蛋白和氧合肌红蛋白均会被氧化成褐色的高铁肌红蛋白。其中，脱氧肌红蛋白和高铁肌红蛋白对肉品的色泽影响最为突出（Hornsey 等，2010），这是由于脱氧肌红蛋白的鲜红色备受消费者青睐，而高铁肌红蛋白的褐色则不被消费者喜爱。色泽的测定方法主要有目测法、色差计法和化学测定法，其中色差计法最为常用，通常根据样品的 L^*（亮度值）、a^*（红度值）和 b^*（黄度值）判断肉色的好坏（Boukha 等，2011）。

（二）嫩度

肉的嫩度指的是肉在食用时的老嫩程度，嫩度是肉的主要食用品质之一，它可以反映肉的质构。剪切力值是衡量肉嫩度最常用的指标，剪切力越小，肉的嫩度越好。羊肉的嫩度与羊的品种、年龄、性别、肌肉部位等因素有关。一般而言，公羊较母羊嫩度较差；年龄越小，肌肉越嫩；腰部肌肉比腿部嫩。肌节长度是反映肌肉嫩度的内在指标，肌节长度越小，说明肉僵直程度越大，肉质越硬，因此，尸僵期的肌肉处于收缩状态，嫩度最差（李桂霞等，2017）。

（三）保水性

水分是动物肌肉中含量最高的物质，约占肌肉重量的75%。肉的保水性也称持水力（Water Holding Capacity，WHC），是指在贮藏、加工过程或在其他外力作用下，肌肉中蛋白质吸收水并将水保留在蛋白质组织中的能力，被保留的水不仅包括结合水、流体动力学水，也包括物理截流水（李雨露和刘丽萍，2012）。肉的保水性是衡量肉品食用品质和经济价值的重要指标之一。保水性的评价方法主要有滴水损失、蒸煮损失、加压损失和离心损失等，水分损失越多，说明肉样的保水性越差。

（四）风味

风味包括滋味和气味两方面，其中，滋味包括酸、甜、苦、咸、鲜5种。滋味的呈味物质通常是非挥发性或水溶性的，例如氨基酸、糖类、核苷酸、氯离子等，其中游离氨基酸（蛋白质水解产生）和核苷酸（ATP降解产生）是最主要的滋味呈味物质（王玉涛等，2008）；未经过加工的鲜肉一般只具有咸味、血腥味和金属味，在经过烹饪后，肉才会产生呈味物质（刘宗敏等，2009）。气味是肉中具有挥发性的物质，与肉香味有关的挥发性风味物质主要包括醇、醛、酮、酸和酯类等，这些风味物质的产生途径主要有3个：氨基酸和还原糖之间的美拉德反应、脂肪的氧化作用、蛋白质和游离氨基酸等的热降解。

三、羊肉的加工品质

肉品的加工品质包括肌肉蛋白质的溶解性、凝胶性、乳化性和保水性等。蛋白质的溶解特性是指溶液中溶解的蛋白质占总蛋白的百分比，是肉的重要加工品质之一。影响蛋白溶解特性的因素有肌纤维类型、蛋白质结构、离子浓度等（Choi等，2010）。加工过程中，蛋白质发生水解使溶解度提高，对肉制品质地、风味的形成至关重要。蛋白质乳化特性是衡量肉品保油性的重要指标，包括乳化活性指数（Emulsifying Activity Index，EAI）与乳化稳定性指数（Emulsifying Stability Index，ESI）。肌肉蛋白质表面疏水性、溶解度、分散性以及加工工艺等都会对乳化特性产生影响。凝胶特性可以反映肌肉蛋白质的加工性能，肌原纤维蛋白（Myofibrillar Protein，MP）的凝胶特性与肌肉类型、加热温度和速率、离子强度等因素有关。有研究表明肌肉中蛋白的凝胶特性与肉制品质构、外观和出品率等密切相关（Ordónez 等，1999）。衡量肌纤维蛋白凝胶特性的指标包括凝胶弹性、黏聚性、咀嚼性、硬度、保水性等。pH 值和离子强度对 MP 凝胶保水性的影响很大，肌肉的 pH 值接近蛋白质等电点时，蛋白质表面的正负电荷数基本接近，反应基减小到最小值，此时肌肉的保水性最低（周光宏，2012）。

四、羊肉的感官品质

感官评价是通过视觉、嗅觉、味觉和听觉对食品进行评价的一门学科，是凭借人的感觉器官（眼、鼻、口、耳、皮肤等）对食品进行较为全面的评定，并利用统计学的方法对食品的感官质量进行综合性的评定（吴澎等，2017）。肉的感官评价中，一般将畜肉样品用一定的方式加工熟化（加工过程中不添加任何调味料），由感官人员对肉的外观、色泽、嫩度、多汁性及风味进行打分，并计算总得分，从而对肉的品质进行评价分级。我国肉制品年消费量不断增加，合理有效的质量分级标准对引导和规范我国肉制品产业的发展具有重要作用，但是目前我国肉制品产业化整体水平发展较低，再加上肉制品种类较多等各种原因导致我国肉制品感官评价分级的标准体系不够完善（张亚伟等，2017）。澳大利亚国家建立的基于消费者评价肉制品食用品质的体系方法（Meat Standards Australia，MSA）较为完备。该体系是根据消费者对不同品种、不同烹饪方式或不同部位的牛羊肉的嫩度（Tenderness）、多汁性（Juiciness）、风味（Flavor）以及总体可接受度（Overall acceptability）进行感官评分（0~100 分），并按照不同权重将 4 种感官评分通过线性判别分析（Linear Discriminant Analyses，LDA）得出感官品质评分（Meat Quality 4，MQ4），最终确定不同种类肉样的食用品质差异（Watson 等，2008）。

第二节　影响羊肉品质的因素

肉品质是鲜肉或加工肉的外观、适口性、营养价值等各方面理化性质的综合，它的优劣决定消费者的选择。肉品质性状不仅包括客观性状如 pH 值、系水力、肉色等，还包括主观性状如嫩度、风味等，同时，消费者在肉品质方面大多讲究肉的适口性、肉色、质地等感官特征。随着生活水平的不断提高，高品质的羊肉越来越受到市场的欢迎。羊肉品质主要受品种、性别、年龄、环境、饲料营养、添加剂等多种因素制约，不同影响因素表现出不同肉品性状，环境与营养之间的互补颉颃同样影响肉品性状，因此，研究肉品质需综合考虑分析各种影响因素。

一、品种

山羊和绵羊分属于不同的属，其肉品质有明显的差异。从纹理和颜色上看，绵羊肉致密而柔软，横切面细密，肉质纤维柔软，一般肌肉间不夹杂脂肪。老龄羊肉为暗红色，成年羊肉为鲜红色。而山羊一般肌纤维较长，羔羊肉呈淡红色，老龄羊肉色较深。从营养成分上看，山羊肉的蛋白质含量高于绵羊肉，粗脂肪和胆固醇含量低于绵羊肉。绵羊肉质较山羊好，且膻味较小。在挪威的绵羊、山羊和绒山羊间，绵羊肉比山羊肉的蛋白质含量低 4%，脂肪含量高 13%（吉帅等，2012）。与山羊相比，绵羊背最长肌颜色较浅，色度较低，色调更广。绵羊肉的脂肪含量，多汁性，嫩度超过山羊肉。

不同的品种间肉品质有差异，因为遗传因素的不同而肉品质不同。甘南藏系绵羊肉大理石纹评分约在 1.6，略高于当地蒙古羊，低于小尾寒羊、滩羊、波蒙羊和陶蒙羊。甘南藏系绵羊系水力为 59.82%，低于当地蒙古羊、滩羊、波德羊、陶赛特羊和小尾寒羊。甘南藏系绵羊肉质的嫩度剪切值为 6.4kg · f，比当地蒙占羊低 0.25kg · f，与滩羊、波蒙羊、陶蒙羊和小尾寒羊相比较高。甘南藏系绵羊熟肉率分别比滩羊、波蒙 F_1 羊、陶蒙 F_1 羊和小尾寒羊高出 10.52、2.03、1.66 和 7.38 个百分点，比当地蒙古羊低 15.03 个百分点（杨树猛等，2008）。

二、年龄与性别

羔羊的嫩度最好，肉品质较好。熟肉率随着年龄的增长呈减少趋势，粗脂肪含量随年龄的增长呈增加趋势，棕榈酸与硬脂酸含量随着年龄的增长呈减少趋势。7 月龄羔羊在宰后肌肉 pH 值明显高于 13 月龄羔羊，13 月龄羔羊肌肉中肌红蛋白含量、干物质和粗脂肪较 7 月龄羔羊高，13 月龄羔羊肌肉滴水损失和剪切力都高于 7 月龄羔羊（王梦霖等，2009）。在藏羊的嫩度、失水率和熟肉率方面，使用不同年龄的羯羊进行研究。3～5 岁羯羊肉嫩度好，剪切力值低，而 1～2 岁和 6 岁的羯羊剪切力较高。1～3 岁的羯羊失水率偏高，但熟肉率好；4～6 岁的羯羊的失水率和熟肉率均较低（王欣荣等，2011）。性别对嫩度和系水率有影响，同时对肉的化学组成有一定影响。对于巴美育成羊，育成母羊的剪切力、系水力和熟肉率均显著低于育成公羊，但 pH 值高于公羊。性别显著影响肉的颜色、剪切力、蒸煮损失、系水力和肌内脂肪含量（高爱琴等，2007）。去势对羊肉品质有影响，公羊去势后，性激素分泌少，生长较慢，但肉质较好，也减少了公羊的性臭味。羯羊肉肉色亮度、系水力和蒸煮损失比未去势公羊高。

三、营养与饲养方式

羊的饲养有放牧、半舍饲和舍饲 3 种饲养方式。舍饲饲养营养配给受人为调控，羊不具有选择性。对于放牧，羊可以选择性进食，营养水平与草场条件有关。草场条件差者，育肥效果为舍饲>半舍饲>放牧。比较直接放牧和宰前 26d、39d 和 42d 饲喂优质牧草育肥的效果，饲喂优质牧草的羊肉与直接放牧相比，硬度、嫩度、脂肪含量、膻味及多不饱和脂肪酸均有显著差异。舍饲和半舍饲可改善肉的感官质量、降低膻味和产生较高的羊肉香味及嫩度。完全放牧羔羊的感官评价最差，完全舍饲的羔羊有最高的脂肪香味（吉帅等，2012）。

四、部位

不同部位羊肉物理性状也存在差异。对于成都麻羊，3 个部位羊肉间肌肉嫩度均为腰大肌极显著大于背最长肌和股二头肌，背最长肌又极显著大于股二头肌，肌肉韧性则是股二头肌极显著大于背最长肌和腰大肌，背最长肌又极显著大于腰大肌；背最长肌和股二头肌系水力显著大于腰大肌；在加压条件下，股二头肌的失水率极显著小于背最长肌和腰大肌，但在加温蒸煮条件下，背最长肌保水性能略高（邱翔，2008）。

内收肌和半膜肌的亮度较低，而背阔肌和阔筋膜张肌亮度最高，肱三头肌、胸大肌和背阔肌系水力最低，而内收肌和背最长肌系水力最高。腰大肌胶原蛋白长度最长，腹侧锯肌剪切力最低，半膜肌的剪切力最高。

五、宰前应激

宰前运输、断食断水、宰前休息及饲养管理条件均会影响肉的品质。在屠宰分类中心停留时间对肉质有显著影响。运输时间长短影响 pH 值，旅程越长，腰大肌和背最长肌的肌肉最终 pH 值都会最低。高密度运输（0.12m^2/只羊）的羊降低羊肉的 pH 值，使其酸度增大。只经过 30min 运输与长途运输 5h 的羔羊相比，前者具有较高的系水力，但熟化 5d 后，经过 5h

运输的羊比经过 30min 运输的羊具有较低的脂肪分解（吉帅等，2012）。

六、宰后处理

电击和注射化学物质会影响肉的品质。电刺激一侧的背最长肌肌肉的 pH 值和剪切力值极显著低于对照组。向肌肉中注射猕猴桃汁、蛋白酶对肌肉都有嫩化作用。

熟化的时间和温度会影响肉的品质。在不同温度进行冷藏，冷藏 90h 后，胴体质量损失、pH 值、肉的色调和色度随储藏温度降低而升高，亮度随储藏温度降低而下降。在 2~4℃冷藏时，韧性比在 0~2℃和 4~6℃要好。在冷藏 90h 后，较轻的胴体比较重的胴体冷藏时有较高的胴体损失和较高的 pH 值。另外，通过骨盆悬挂法拉伸肌肉可以使肌肉嫩化（吉帅等，2012）。

七、季节

不同气候进行屠宰，会影响肉的品质。在冬季屠宰的绵羊背最长肌肌肉具有较深的颜色和较高的 pH 值，肉质较硬，多汁性较小。比较不同季节屠宰的山羊和绵羊腰大肌肌肉的品质，在炎热的季节（35℃）肌肉的肉色、pH 值和肌原纤维断裂指数显著高于凉爽的季节（21℃）。山羊肉在凉爽季节的多汁性较小（吉帅等，2012）。

第三节　肉羊的检疫屠宰规程

一、适用范围

此规程规定了羊进入屠宰场（厂、点）监督查验、检疫申报、宰前检查、同步检疫、检疫结果处理以及检疫记录等操作程序。适用于中华人民共和国境内羊的屠宰检疫。

二、检疫对象

口蹄疫、痒病、小反刍兽疫、绵羊痘和山羊痘、炭疽、布氏杆菌病、肝片吸虫病、棘球蚴病。

三、检疫合格标准

（1）入场（厂、点）时，具备有效的《动物检疫合格证明》，畜禽标识符合国家规定。

(2) 无规定的传染病和寄生虫病。

(3) 需要进行实验室疫病检测的，检测结果合格。

(4) 履行此规程规定的检疫程序，检疫结果符合规定。

四、入场（厂、点）监督查验

(1) 查证验物。查验入场（厂、点）羊的《动物检疫合格证明》和佩戴的畜禽标识。

(2) 询问了解羊只运输途中有关情况。

(3) 临床检查。检查羊群的精神状况、外貌、呼吸状态及排泄物状态等情况。

(4) 结果处理。①合格《动物检疫合格证明》有效、证物相符、畜禽标识符合要求、临床检查健康，方可入场，并回收《动物检疫合格证明》。场（厂、点）方须按产地分类将羊只送入待宰圈，不同货主、不同批次的羊只不得混群。②不合格、不符合条件的，按国家有关规定处理。

(5) 消毒，监督货主在卸载后对运输工具及相关物品等进行清洗消毒。

五、检疫申报

(1) 申报受理。场（厂、点）方应在屠宰前 6h 申报检疫，填写检疫申报单。官方兽医接到检疫申报后，根据相关情况决定是否予以受理。予以受理的，应当及时实施宰前检查；不予受理的，应说明理由。

(2) 申报方式为现场申报。

六、宰前检查

1. 屠宰前 2h 内，官方兽医应按照《反刍动物产地检疫规程》中“临床检查”部分实施检查。

2. 结果处理

(1) 合格的，准予屠宰。

(2) 不合格的，按以下规定处理。①发现有口蹄疫、痒病、小反刍兽疫、绵羊痘和山羊痘、炭疽等疫病症状的，限制移动，并按照《动物防疫法》《重大动物疫情应急条例》《动物疫情报告管理办法》和《病害动物和病害动物产品生物安全处理规程》（GB 16548）等有关规定处理。②发现有布氏杆菌病症状的，病羊按布氏杆菌病防治技术规范处理，同群羊隔离观察，确认无异常的，准予屠宰。③怀疑患有此规程规定疫病及临床检查发现其他异常情况的，按相应疫病防治技术规范进行实验室检测，并出具检测报告。实验室检测须由省级动物卫生监督机构指定的具有资质的实验室承担。④发现患有此规程规定以外疫病的，隔离观察，确认无异常的，准予屠宰；隔离期间出现异常的，按《病害动物和病害动物产品生物安全处理规程》（GB 16548）等有关规定处理。⑤确认为无碍于肉食安全且濒临死亡的羊只，视情况进行急宰。

（3）监督场（厂、点）方对处理病羊的待宰圈、急宰间以及隔离圈等进行消毒。

七、同步检疫

与屠宰操作相对应，对同一只羊的头、蹄、内脏、胴体等统一编号进行检疫。

1. 头蹄部检查

（1）头部检查。检查鼻镜、齿龈、口腔黏膜、舌及舌面有无水疱、溃疡、烂斑等。必要时剖开下颌淋巴结，检查形状、色泽及有无肿胀、淤血、出血、坏死灶等。

（2）蹄部检查。检查蹄冠、蹄叉皮肤有无水疱、溃疡、烂斑、结痂等。

2. 内脏检查

取出内脏前，观察胸腔、腹腔有无积液、粘连、纤维素性渗出物。检查心脏、肺脏、肝脏、胃肠、脾脏、肾脏，剖检支气管淋巴结、肝门淋巴结、肠系膜淋巴结等，检查有无病变和其他异常。

（1）心脏检查。心脏的形状、大小、色泽及有无淤血、出血等。必要时剖开心包，检查心包膜、心包液和心肌有无异常。

（2）肺脏检查。两侧肺叶实质、色泽、形状、大小及有无淤血、出血、水肿、化脓、实变、粘连、包囊砂、寄生虫等。剖开一侧支气管淋巴结，检查切面有无淤血、出血、水肿等。

（3）肝脏检查。肝脏大小、色泽、弹性、硬度及有无大小不一的突起。剖开肝门淋巴结，切开胆管，检查有无寄生虫（肝片吸虫病）等。必要时剖开肝实质，检查有无肿大、出血、淤血、坏死灶、硬化、萎缩等。

（4）肾脏剥离。两侧肾被膜（两刀），检查弹性、硬度及有无贫血、出血、淤血等。必要时剖检肾脏。

（5）脾脏检查。弹性、颜色、大小等。必要时剖检脾脏。

（6）胃和肠检查。浆膜面及肠系膜有无淤血、出血、粘连等。剖开肠系膜淋巴结，检查有无肿胀、淤血、出血、坏死等。必要时剖开胃肠，检查有无淤血、出血、胶样浸润、糜烂、溃疡、化脓、结节、寄生虫等，检查瘤胃肉柱表面有无水疱、糜烂或溃疡等。

3. 胴体检查

（1）整体检查。检查皮下组织、脂肪、肌肉、淋巴结以及胸腔、腹腔浆膜有无淤血、出血以及疹块、脓肿和其他异常等。

（2）淋巴结检查。①颈浅淋巴结（肩前淋巴结）。在肩关节前稍上方剖开臂头肌、肩胛横突肌下的一侧颈浅淋巴结，检查切面形状、色泽及有无肿胀、淤血、出血、坏死灶等。②髂下淋巴结（股前淋巴结、膝上淋巴结）。剖开一侧淋巴结，检查切面形状、色泽、大小及有无肿胀、淤血、出血、坏死灶等。③必要时检查腹股沟深淋巴结。

4. 复检官方兽医对上述检疫情况进行复查，综合判定检疫结果。

5. 结果处理

（1）合格的，由官方兽医出具《动物检疫合格证明》，加盖检疫验讫印章，对分割包装肉品加施检疫标志。

（2）不合格的，由官方兽医出具《动物检疫处理通知单》，并按照上述相关规程进行处理。对患有规程规定以外疫病的，监督场（厂、点）方对病羊胴体及副产品按《病害动物和病害动物产品生物安全处理规程》（GB 16548）处理，对污染的场所、器具等按规定实施消毒，并做好《生物安全处理记录》。

（3）监督场（厂、点）方做好检疫病害动物及废弃物无害化处理。

6. 官方兽医在同步检疫过程中应做好卫生安全防护。

八、检疫记录

（1）官方兽医应监督指导屠宰场（厂、点）方做好待宰、急宰、生物安全处理等环节各项记录。

（2）官方兽医应做好入场监督查验、检疫申报、宰前检查、同步检疫等环节记录。

（3）检疫记录应保存 12 个月以上。

第四节　羊肉加工质量安全控制

民以食为天，食以安为先，我国肉类产品的安全状况与我国产肉大国的情况不相称，与人们的需求背道而驰。越来越多的食品安全问题引起了人们的广泛关注，也引发了人们对食品安全状况的担忧。自2006年肉制品中发现的瘦肉精事件造成多人中毒，直到现在仍然时有瘦肉精事件的报道，引起了人们对肉类的恐慌。食品安全已经成为全球共同关注的问题，肉与肉制品是人民日常生活膳食中十分重要的一部分，影响肉制品安全的因素众多。生物因素方面有动物本身带有的寄生虫、细菌和病毒，因生产和保存不当而导致肉类变质的细菌、霉菌等，是严重影响人体健康的潜在因素；化学因素方面有肉类中残留的农药兽药，动物通过食物链摄入和富集的有毒元素，生产过程中加入的食品添加剂，也有可能对人体产生严重的影响；还有物理因素及一些新生动物疫病。

一、影响肉与肉制品安全的因素

（一）肉与肉制品自身的特性

羊肉中富含营养物质和水分，它既是人类的美食，同时也是微生物良好的培养基。当动物体被宰杀后，有机体内各种酶类的拮抗作用消失，酵解酶和分解酶开始发挥作用，使有机体迅速分解；动物肉的组织结构较疏松，其间有多量的肌间结缔组织，极有利于细菌的繁殖和蔓延。由于这些因素的存在，极易造成肉类的腐败，决定了动物性食品与其他食品相比较，在食用安全方面表现得更为敏感和脆弱。

（二）环境因素

环境污染影响动物产品安全。环境中的污染物主要体现在：饲养场没有无害化处理设施、排放的废弃物处理不当造成污染、工业“三废”的不合理排放和农药的滥用。会引起大气、土壤、水域及动植物的污染，致使动物遭受到化学性污染；在动物生产过程中，还会受到放射性元素的污染。近年来，由于放射性元素的广泛应用，动物生存环境中的放射性元素的污染也急剧增加，环境中的放射性元素通过牧草、饲料和饮水进入畜禽体内，并蓄积在组织器官中，特别是鱼贝类等水产品对某些放射性元素有较强的富集作用。

（三）生物性因素

1. 生物性污染的种类

羊肉制品的加工操作处在一种或多种生物性危害中，这些危害或者来自动物原料本身，或者发生在加工过程中。生物性危害可以分为寄生虫危害和微生物危害。寄生虫的幼虫通过带病的新鲜羊肉的消费侵染人体。寄生虫侵染可以通过良好的动物饲养和兽医检验结合加热、冷冻、干燥、盐腌等方法来预防。微生物超标是肉类产品不安全的主要问题。屠宰后的动物即丧失了先天的防御机能，微生物侵入组织后迅速繁殖，特别动物性食品含有丰富的蛋白质，为微生物的繁殖提供了很好的养料，所以在加工过程中也极易被微生物污染，造成微生物超标，原料腐败变质等种种问题。

参与肉类腐败过程的微生物是多种多样的，一般常见的有：腐生微生物和病原微生物。腐生微生物包括有细菌、酵母菌和霉菌，它们污染肉品，使肉品发生腐败变质。它们都有较强的分解蛋白质的能力。病畜、禽肉类可能带有各种病原菌，如沙门氏菌、金黄色葡萄球菌、结核分枝杆菌、炭疽杆菌和布氏杆菌等。它们对肉的主要影响并不在于使肉腐败变质，更严重的是传播疾病，造成食物中毒。比如沙门氏菌，沙门氏菌能产生一种毒性比较强的内毒素——沙门氏菌毒素。沙门氏菌毒素中毒，大多由动物性食物引起。沙门氏菌污染食品后，即使达到相当的程度，也很难用感官发现。主要原因是沙门氏菌不产生具有可感觉到的外部特征（如气味、外形、外观等）。沙门氏菌毒素中毒，是在人们摄入了大量的沙门氏菌后，才得以发生的。进入人体的沙门氏菌，将定居于小肠，然后穿透上皮细胞层而发生作用。一般中毒发作时间大多在8~24h。中毒者会产生恶心、呕吐、腹泻、发热等急性胃肠炎症状，大多数人可经2~4d后复原，中毒严重者也可以致死。

（1）微生物污染肉品的途径。①通过水污染。肉制品加工企业用水一般为自来水，国家水质标准允许每毫升含有100个细菌。在肉制品生产中，无论是原料肉的清洗、冷却，加工设备、刀具、容器等的清洗，车间墙壁地面的保洁都需大量的水，水中含有的微生物种类和数量都与肉制品的污染有密切的关系。②通过泥土污染。泥土中的细菌主要为腐生性球菌、杆菌、需氧性芽孢杆菌和厌氧性芽孢杆菌等，一般病原菌在土壤中不会繁殖，但可以生存一段时间，如沙门氏菌可以存活几天到几周。土壤中本身还存在一些能够长期生活的厌氧病原菌，如肉毒杆菌、破伤风梭菌等。肉品在加工中如落地，就有可能被上述病原菌污染。③通过人与动物污染。从业人员的不良卫生习惯，如工作衣帽不洁、手不洁造成的污染是很常见的。同时生产车间又是鼠、蝇、蚊、蟑螂、潮湿虫、蜘蛛等小动物活动的地方，它们也是病原菌的传播者。④通过用具和杂物污染。肉制品经过热加工后，本来含菌量很少或者无菌。由于分装容器、环境不洁或者工具未经消毒，这样的成品一经包装完毕，即已成为不符合卫生质量指标的产品，特别是运送生肉的车辆和容器未经彻底清洗和消毒，如与熟肉制品接触，污染更加严重。所以，生熟肉制品必须分开。⑤通过调味品、添加剂污染。肉制品加工常用调味料或添加剂，这些物质都含一定数量的杂菌。添加剂、香料等，每克可含细菌一万到几十万个。因此，这些成分的加入，不可忽略杀菌问题。

综上所述，肉品的污染来源复杂，由于微生物物种的多样性和来源的广泛性，往往导致肉品多相污染。从业人员必须严格遵守卫生标准，尽可能降低各个环节可能产生的微生物污染。

(2) 化学因素。①兽药。兽药的种类繁多，常见的兽药残留主要有抗生素类、硝基咪唑类、激素类—受体激动剂类等，并对人类产生极大危害，甚至造成死亡，包括过敏反应、毒性作用、潜在致癌性、内分泌紊乱和儿童性早熟等。②农药。农药对禽畜产品的污染通常不是直接的，而是通过对饲料的污染或水体、空气环境的污染而进入动物体内形成蓄积，尤其是通过生物富集和食物链往往可使动物体内的农药残留浓集至数百至数万倍，进入人体后的危害有中毒、致畸、代谢紊乱等。③重金属。食品中铅、镉、汞、砷残留进入人体后长期慢性蓄积可造成各种危害，如贫血、神经症状、生殖毒性、流产和死胎等。

(3) 物理因素。同生物和化学危害物一样，物理性危害物能在动物性食品加工的任何阶段进入食品产品中，物理性危害物是指可以引起消费者疾病或损伤，在食品中没有被发现的外来物质或物体；也会给生产造成严重损失，导致产品召回、生产线关闭甚至法律纠纷等问题。物理性危害物有玻璃、金属、石头、木块、塑料和害虫残体等。

二、羊肉质量安全控制

羊肉及羊肉制品是中国民众餐桌上不可或缺的食品。随着人们的营养需求和生活需求日益增长，羊肉及羊肉制品起着更加重要的作用。羊肉等肉食品的安全问题不仅是一个重要的民生问题，更事关人民群众的身体健康和生命安全，目前对于羊肉质量安全控制包括食品生产卫生规范、卫生标准操作程序、危害分析和关键控制点和可追溯系统等，在一定程度上保证了羊肉生产过程中的安全，也保证了对于羊肉质量安全问题的及时发现与处理。

（一）食品生产卫生规范（GMP）

食品生产卫生规范，又称“良好操作规范”（Good Manufacture Practice，简称 GMP）。GMP 是政府强制性对食品生产、包装、贮存卫生制订的法规，保证食品具有安全性的良好生产管理体系。GMP 要求食品企业应具有合理的生产过程、良好的生产设备、正确的生产知识、完善的质量控制和严格的管理体系，并用以控制生产的全过程。GMP 是食品生产企业实现生产工业合理化、科学化、现代化的首要条件。GMP 能有效地提高食品行业的整体素质，确保食品的卫生质量，保障消费者的利益。实施 GMP 能提高食物产品在全球贸易的竞争力。实施 GMP 也有利于政府和行业对食品企业的监管，GMP 中确定的操作规范和要求可作为评价、考核食品企业的科学标准。

1. GMP 在食品生产中的应用

GMP 不仅能够解决食品加工过程的安全卫生和营养问题，还能很大程度的减少有害因素，从而有效地保证食品的卫生质量。GMP 在食品的国际贸易中，企业 GMP 的执行情况已成为重要的考核内容。加拿大政府把食品的 GMP 作为生产企业必须遵守的基本要求写进了法律条文。这个规范被加拿大进口商作为贸易中的考核标准，凡在不符合“规范”条件下生产的产品均为不合格产品。日本建立了一些与 GMP 相似的“卫生规范”。我国从 1985 年开始至 1994 年，以“食品企业通用卫生规范”为准则，制定颁布了 15 个专业规范，基本形成了我国食品的 GMP 体系。

食品生产卫生规范以降低食品生产过程中人为的错误、防止食品在生产过程中遭到污染或品质劣变，以及建立高效健全的质量管理体系为目标，要求企业具备合理的生产过程、良好的生产设备、正确的生产知识、完善的质量控制以及严格管理体系，从而解决食品加工过程的安全卫生和营养问题，并且减少有害因素，能够有效地保障食品的卫生质量。

2. 食品规范的基本内容与意义

（1）食品生产卫生规范的基本内容。食品从原料到成品过程中各环节的卫生条件和操作规程包括：原材料采购、运输、贮存的卫生；工厂设计与设施的卫生；食品生产用水；食品工厂的卫生管理；食品生产过程的卫生；卫生和质量检验的管理；成品贮藏和运输的卫生；食品生产经营人员个人卫生与健康的要求。

（2）实施食品生产卫生的意义。①为食品生产提供必须遵循的组合标准；②为监督检查提供依据；③为建立国际食品标准提供基础；④认识食品加工的特殊性，提高责任心，消除生产中的不良习惯；⑤便于食品的国际贸易；⑥使企业对原辅料、包装材料严格要求；⑦有助于企业采用新技术、新设备、保证食品质量。

在 GMP 的实施过程中，很大程度上能够提高我国企业的产品质量、减少因产品缺陷和退货或赔偿造成的损失，还能够强化食品企业的质量意识、加速企业的标准化进程，此外还能刺激生产工艺的深入研究和更新生产技术。

（二）卫生标准操作程序（SSOP）

良好的卫生标准操作程序的建立、维护和实施是实行危害分析和关键控制点计划的基础和前提，如果没有对食品生产环境的卫生控制，仍将会导致食品的不安全。SSOP 与 GMP 有着密切的关系，GMP 的规定是原则性的，是相关食品加工企业必须达到的基本条件；SSOP 的规定时间是具体的，主要是指导卫生操作和卫生管理的具体实施。SSOP 没有 GMP 的强制性，是食品企业内部的管理文件，制订 SSOP 计划的依据是 GMP，GMP 是 SSOP 的法律基础，生产出安全卫生的食品是制定 SSOP 的最终目的。同时，SSOP 和 GMP 是进行 HACCP 认证的基础。

1. SSOP 的基本内容

（1）与食品或食品表面接触的水的安全性或生产用冰的安全。食品加工者必须提供适宜温度下足够的饮用水（符合国家饮用水标准）。对于自备水井，通常要认可水井周围环境、深度，井口必须斜离水井以促进适宜的排水，密封以禁止污水的进入。对贮水设备（水塔、储水池、蓄水罐等）要定期进行清洗和消毒。对于公共供水系统必须提供供水网络图，并清楚标明出水口编号和管道区分标记。合理地设计供水、废水和污水管道，防止饮用水与污水的交叉污染及虹吸倒流造成的交叉污染。要检查期间内，水和下水道应追踪至交叉污染区和管道死水区域。

（2）食品接触表面（包括设备、手套和外衣等）的卫生情况和清洁度。保持食品接触表面的清洁是为了防止污染食品。与食品接触的表面一般包括：直接（加工设备、工器具和台案、工作服等）和间接（未经清洗消毒的冷库、卫生间的门把手、垃圾箱等）两种。

①食品接触表面在加工前和加工后都应彻底清洁，并在必要时消毒。②检验者需要判断是否达到了适度的清洁，为达到这一点，他们需要检查和监测难清洗的区域和产品残渣可能出现的地方，如加工台面下或钻在桌子表面的排水。③设备的设计和安装应易于清洁，这对卫生极为重要。设计和安装应无粗糙焊缝、破裂和凹陷，表里如一，以接触到清洁和消毒化合物。④手套和工作服也是食品接触表面，手套比手更容易清洗和消毒。工作服应集中清洗和消毒，应有专用的洗衣房，洗衣设备、能力要与实际相适应，不同区域的工作服要分开。

（3）防止不卫生物品对食品、食品包装和其他与食品接触表面的污染及未加工产品和熟制品的交叉污染。①人员要求。适宜的对手进行清洗和消毒能防止污染。手清洗的目的是去除有机物质和暂存细菌，所以消毒能有效地减少和消除细菌。②隔离。防止交叉污染的一种方式是工厂的合理选址和车间的合理设计布局。一般在建造以前应本着减小问题的原则反复查看加工厂草图，提前与有关部门取得联系。这个问题一般是在生产线增加产量和新设备安装时发生。注意人流、物流、水流和气流的走向，要从高清洁区到低清洁区，要求人走门、物走传递口。③人员操作。人员操作也能导致产品污染。当人员处理非食品的表面，然后又未清洗和消毒手就处理食物产品时易发生污染。

（4）洗手间、消毒设施和厕所设施的卫生保持情况。手清洗和消毒的目的是防止交叉污染。一般的清洗方法和步骤为：清水洗手，擦洗洗手皂液，用水冲净洗手液，将手浸入消毒液中进行消毒，用清水冲洗，干手。卫生间需要进入方便、卫生和良好维护，具有自动关闭、不能开向加工区的门。这关系到空中或飘浮的病原体和寄生虫的进入。检查应包括每个工厂每个厕所的冲洗。如果便桶周围不密封，人员可能在鞋上沾上粪便污物并带进加工区域。

（5）防止食品、食品包装材料和食品接触表面掺杂润滑剂、燃料、杀虫剂、清洁剂、消毒剂、冷凝剂及其他化学、物理或生物污染物。食品加工企业经常要使用一些化学物质，如润滑剂、燃料，生产过程中还会产生一些污物和废弃物，如冷凝物和地板污物等。下脚料在生产中要加以控制，防止污染食品及包装。关键卫生条件是保证食品、食品包装材料和食品接触面不被生物的、化学的和物理的污染物污染。

（6）规范的标示标签、存储和使用有毒化合物。食品加工需要特定的有毒物质，这些有害有毒化合物主要包括：洗涤剂、消毒剂（如次氯酸钠）、杀虫剂（如1605）、润滑剂、试验室用药品（如氰化钾）、食品添加剂（如硝酸钠）等。没有它们工厂设施无法运转，但使用时必须小心谨慎，按照产品说明书使用，做到正确标记、贮存安全，否则会导致企业加工的食品被污染的风险。

（7）员工个人卫生的控制。这些卫生条件可能对食品、食品包装材料和食品接触面造成微生物污染。食品加工者（包括检验人员）是直接接触食品的人，其身体健康及卫生状况直接影响食品卫生质量。管理好患病或有外伤或其他身体不适的员工，他们可能成为食品的微生物污染源。

（8）消灭工厂内的鼠类和昆虫。通过害虫传播的食源性疾病的数量巨大，因此虫害的防治对食品加工厂是至关重要的。害虫的灭除和控制包括加工厂（主要是生产区）全范围，甚至包括加工厂周围，重点是厕所、下脚料出口、垃圾箱周围、食堂、贮藏室等。食品和食品加工区域内保持卫生对控制害虫至关重要。

（三）危害分析和关键控制点（HACCP）

危害分析和关键控制点（HACCP）确保了食品在消费的生产、加工、制造、准备和食用等过程中的安全，在危害识别、评价和控制方面是一种科学、合理和系统的方法。识别食品生产过程中可能发生的环节并采取适当的控制措施防止危害的发生，通过对加工过程的每一步进行监视和控制，从而降低危害发生的几率。在食品的生产过程中，控制潜在危害的先期觉察决定了HACCP的重要性。通过对主要的食品危害，如微生物、化学和物理污染的控制，食品工业可以更好地向消费者提供消费方面的安全保证，降低食品生产过程中的危害，从而提高人民的健康水平。

1. HACCP体系认证的特点

（1）HACCP体系不是一个孤立的体系，而是建立在企业良好的食品卫生管理传统的基础上的管理体系。如GMP、职工培训、设备维护保养、产品标识、批次管理等都是HACCP体系实施的基础。如果企业的卫生条件很差，那么便不适应实施HACCP管理体系，而首选需要企业建立良好的卫生管理规范。

（2）HACCP体系是预防性的食品安全控制体系，要对所有潜在的生物的、物理的、化学的危害进行分析，确定预防措施，防止危害发生。

（3）HACCP体系是根据不同食品加工过程来确定的，要反映出某一种食品从原材料到成品、从加工场到加工设施、从加工人员到消费者方式等到各方面的特性，其原则是具体问题具体分析，实事求是。

（4）HACCP 体系强调关键控制点的控制，在对所有潜在的生物的、物理的、化学的危害进行分析的基础上来确定哪些是显著危害，找出关键控制点，在食品生产中将精力集中在解决关键问题上，而不是面面俱到。

（5）HACCP 体系是一个基于科学分析建立的体系，需要强有力的技术支持，当然也可以寻找外援，吸收和利用他人的科学研究成果，但最重要的还是企业根据自身情况所作的实验和数据分析。

（6）HACCP 体系并不是没有风险，只是能减少或者降低食品安全中的风险。作为食品生产企业，光有 HACCP 体系是不够的，还要有具备相关的检验、卫生管理等手段来配合，共同控制食品生产安全。

（7）HACCP 体系不是一种僵硬的、一成不变的、理论教条的、一劳永逸的模式，而是与实际工作密切相关的、发展变化和不断完善的体系。

（8）HACCP 体系是一个应进行实践—认识—再实践—再认识的过程，而不是搞形式主义，走过场。企业在制订 HACCP 体系计划后，要积极推行，认真实施，不断对其有效性进行验证，在实践中加以完善和提高。

2. HACCP 体系的优越性

（1）强调识别并预防食品污染的风险，克服食品安全控制方面传统方法（通过检测，而不是预防食物安全问题）的限制。

（2）有完整的科学依据。

（3）由于保存了公司符合食品安全法的长时间记录，而不是在某一天的符合程度，使政府部门的调查员效率更高，结果更有效，有助于法规方面的权威人士开展调查工作。

（4）使可能的、合理的潜在危害得到识别，即使以前未经历过类似的失效问题。因而，对新操作工有特殊的用处。

（5）有更充分的允许变化的弹性。例如，在设备设计方面的改进，在与产品相关的加工程序和技术开发方面的提高等。

（6）与质量管理体系更能协调一致。

（7）有助于提高食品企业在全球市场上的竞争力，提高食品安全的信誉度，促进贸易发展。

自从减少或消除有害的食品污染的 HACCP 体系发布以来，新技术在该体系的工艺中就发挥了重要的作用。在整个生产过程中，新技术能有效地防止或消除食品安全的危害，将会被广泛地接受并采用。

（四）可追溯系统

可追溯系统的产生起因于1996年英国疯牛病引发的恐慌，另两起食品安全事件——丹麦的猪肉沙门氏菌污染事件和苏格兰大肠杆菌事件（导致21人死亡）也使得欧盟消费者对政府食品安全监管缺乏信心，但这些食品安全危机同时也促进了可追溯系统的建立。为此，畜产品可追溯系统首先在欧盟范围内产生建立。通过食品的可追溯管理为消费者提供所消费食品更加详尽的信息。在与动物产品相关的产业链中，实行强制性的动物产品“可追溯”化管理是未来发展的必然，它将成为推动农业贸易发展的潜在动力。

国际食品法典委员会（CAC）与国际标准化组织ISO把可追溯性的概念定义为“通过登记的识别码，对商品或行为的历史和使用或位置予以追踪的能力”。可追溯性是利用已记录的标记（这种标识对每一批产品都是唯一的，即标记和被追溯对象有一一对应关系，同时，这类标识已作为记录保存）追溯产品的历史（包括用于该产品的原材料、零部件的来历）、应用情况、所处场所或类似产品或活动的能力。据此概念，畜产品可追溯管理或其系统的建立、数据收集应包含整个食物生产链的全过程，从原材料的产地信息、到产品的加工过程、直到终端用户的各个环节。畜产品实施可追溯管理，能够为消费者提供准确而详细的有关产品的信息，在实践中，“可追溯性”指的是对食品供应体系中食品构成与流向的信息与文件记录系统。

实施可追溯性管理的一个重要方法就是在产品上粘贴可追溯性标签。可追溯性标签记载了食品的可读性标识，通过标签中的编码可方便地到食品数据库中查找有关食品的详细信息。通过可追溯性标签也可帮助企业确定产品的流向，便于对产品进行追踪和管理。

在国内，目前由于肉类加工行业的信息化水平较低，可追溯系统很少付诸实际应用。其中由北京永泰普诺玛自主开发，并在上海五丰上食食品有限公司实际正式运行的“RFID屠宰加工实时生产管理和安全信息追溯系统”，完全采用可读写RFID电子标签技术，实现从活体动物入厂到屠宰交易的全程实时生产管理，已经成为屠宰行业内先进的企业生产经营管理信息化系统。该项目的成功开发，为中国肉类食品安全追溯管理解决了最为关键的屠宰环节的追溯管理，同时，由于该系统实现了完全个体的追溯，与发达国家的系统相比更加具有适应性。2006年9月，上海市300多人因食用“瘦肉精”猪肉而中毒。事件发生后，运用肉类食品安全信息追溯技术，不到十分钟就找出了“祸根”，有效防止了危害范围的进一步扩大。由此可以看出可追溯系统在食品安全上的巨大作用。

而目前国务院商务部的“放心肉”发展规划中，已将可追溯系统作为重要的一项课题。这对提升我国肉类食品安全体系建设，无疑具有巨大的推动作用!

参考文献

高爱琴，李虎山，王志新，等. 2007. 巴美肉羊肉用性能和肉质特性研究. 畜牧与兽医，271（2），45-49.

韩冬新. 2014. 南方A市肉制品质量安全监管研究［D］. 南昌：江西农业大学.

吉帅，侯鹏霞，王洁，等. 2012. 影响羊肉品质的因素及改善措施［J］. 饲料研究（5）：12-14.

李雨露，刘丽萍. 2012. 提高肉制品保水性方法的研究进展［J］. 食品工业科技（20）：379-381.

刘宗敏，史奎春，王鹏，等. 2009. 肉味香精的研究现状及发展趋势［J］. 肉类工业（11）：3-6.

林海，谭畅. 2018. 中国羊肉市场现状分析［C］. 第十五届（2018）中国羊业发展大会论文集.

李桂霞，李欣，李铮，等. 2017. 宰后僵直及成熟过程中羊背最长肌理化性质的变化［J］. 食品科学（21）：119-125.

邱翔. 2008. 成都麻羊肉氨基酸和矿物质含量的分析［J］. 安徽农业科学（18）：7686-7690.

薛慧文. 2005. 食品安全控制体系及其在肉羊养殖和羊肉加工中的应用［J］. 中国草食动物科学（s1）：41-43.

孙焕林，张文举，刘艳丰，等. 2014. 影响羊肉品质因素的研究进展［J］. 饲料博览（1）：8-12.

王梦霖，雒秋江，杨开伦，等. 2009. 年龄和性别对陶赛特×小尾寒羊f1代羔羊屠宰性能与肉品质的影响［J］. 中国畜牧兽医，36（2）：152-155.

王欣荣，吴建平，杨联，等. 2011. 甘南草地型藏羊体质量与体尺指标的相关性研究［J］. 甘肃农业大学学报，46（5）：7-11.

吴澎，贾朝爽，孙东晓. 2017. 食品感官评价科学研究进展［J］. 饮料工业（5）：62-67.
王玉涛，王世锋，刘孟洲，等. 2008. 应用 hs-spme 和 gc/ms 技术检测舍饲合作猪肌肉中的风味物质 [J]. 核农学报，22（5）：654-660.
肖芳，朱建军. 2018. 锡林郭勒草原牛羊肉主要营养成分的分析 [J]. 肉类工业，452（12）：23-26.
肖雄，张德权，李铮，等. 2019. 宰后僵直和解僵过程羊肉风味品质分析 [J]. 现代食品科技，35（6）：287-294.
尹靖东. 2018. 动物肌肉生物学与肉品科学 [M]. 北京：中国农业大学出版社.
杨树猛，杨勤，刘汉丽，等. 2008. 甘加型藏羊毛品质分析及其变化 [J]. 畜牧兽医杂志（2）：84，86.
张德权. 1900. 羊肉加工与质量控制 [M]. 北京：中国轻工业出版社
赵珺，姚素云，董亚丽，等. 2018. 影响羊肉品质和风味的因素及提高措施 [J]. 河南农业（19）：58.
周光宏. 2012. 畜产品加工学 第二版 [M]. 北京：中国农业出版社.
张亚伟，赵丽萍，耿春银，等. 2017. 中国牛肉食用品质评价方法研究及应用 [J]. 中国农业大学学报，22（2）：61-66.
Boukha A，Bonfatti V，Cecchinato A，et al. 2011. Genetic parameters of carcass and meat quality traits of double muscled piemontese cattle [J]. Meat Science，89（1）：84-90.
Choi Y M，Lee S H，Choe J H，et al. 2010. Protein solubility is related to myosin isoforms，muscle fiber types，meat quality traits，and postmortem protein changes in porcine longissimus dorsi muscle [J]. Livestock Science，127（2-3）：0-191.
Hornsey H C. 2010. The colour of cooked cured pork. ii. —estimation of the stability to light [J]. Journal of the Science of Food & Agriculture，8（9）：547-552.
Ordónez Juan A，Hierro E M，Bruna J M，et al. 1999. Changes in the components of dry-fermented sausages during ripening [J]. Critical Reviews in Food Science & Nutrition，39（4）：329-367.
SchaFer A，Rosenvold K，Purslow P P，et al. 2002. Physiological and structural events post mortem of importance for drip loss in pork [J]. Meat Science，61（4）：0-366.

Watson R, Gee A, Polkinghorne R, et al. 2008. Consumer assessment of eating quality-development of protocols for meat standards australia (msa) testing [J]. Australian Journal of Experimental Agriculture, 48 (11): 1360.